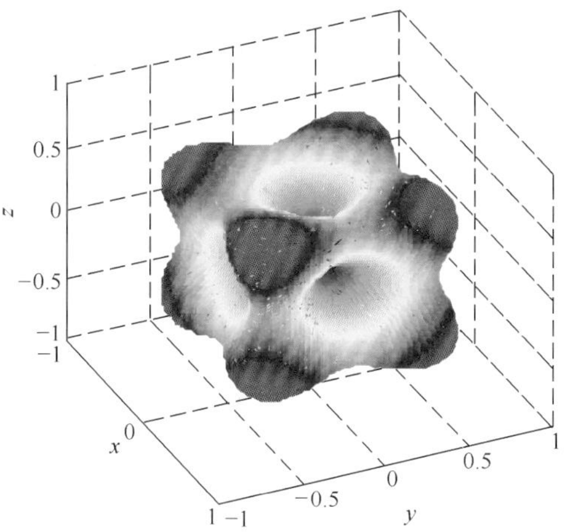

图 3-16　Galfenol 磁单晶体三维自由能分布

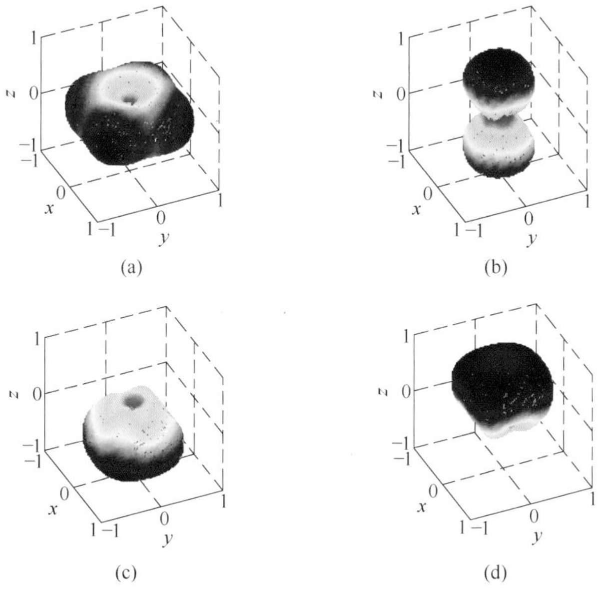

图 3-17　施加磁场或应力时 Galfenol 磁单晶体三维自由能分布变化示意图

(a)拉应力沿 z 轴［0　0　1］方向；(b) 压应力沿 z 轴［0　0　1］方向；

(c)磁场 $\boldsymbol{H}$ 沿 z 轴［0　0　1］方向；(d) 磁场 $\boldsymbol{H}$ 沿 z 轴［0　0　−1］方向。

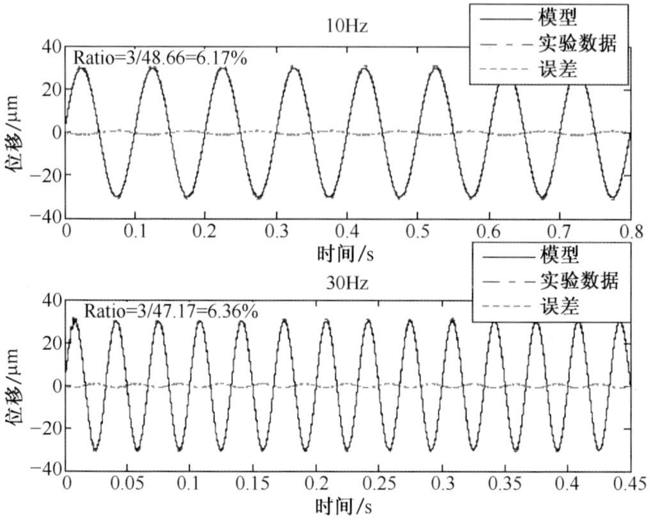

图 4－12　动力学模型验证结果(驱动频率 10Hz,30Hz)

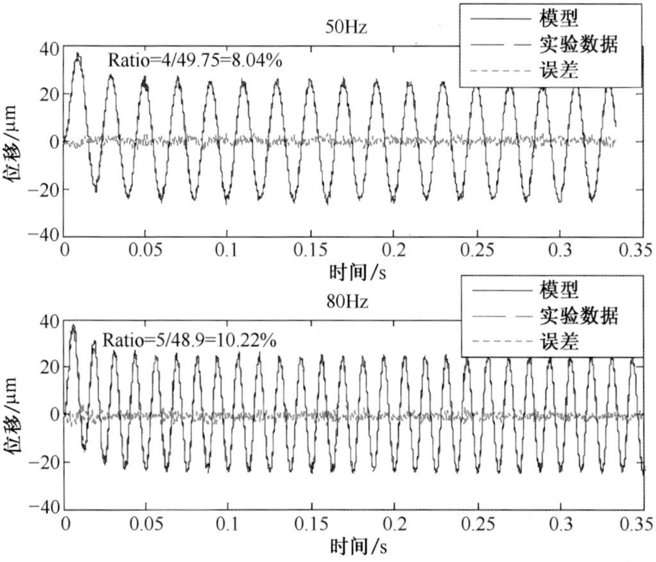

图 4－13　动力学模型验证结果(驱动频率 50Hz,80Hz)

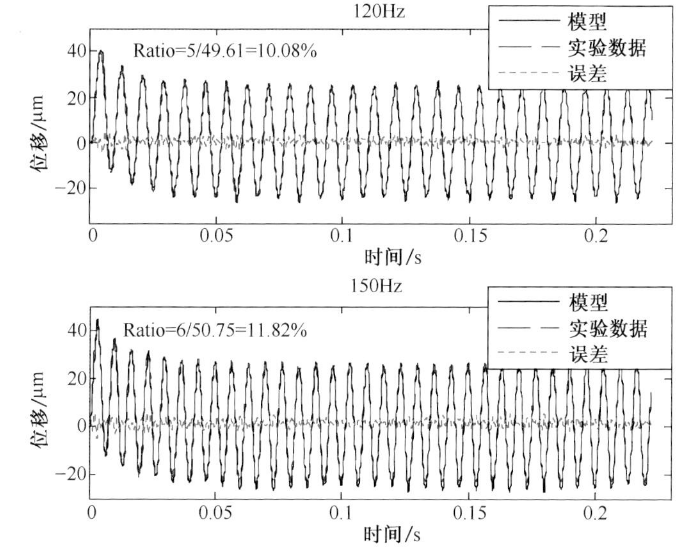

图 4-14　动力学模型验证结果(驱动频率 120Hz,150Hz)

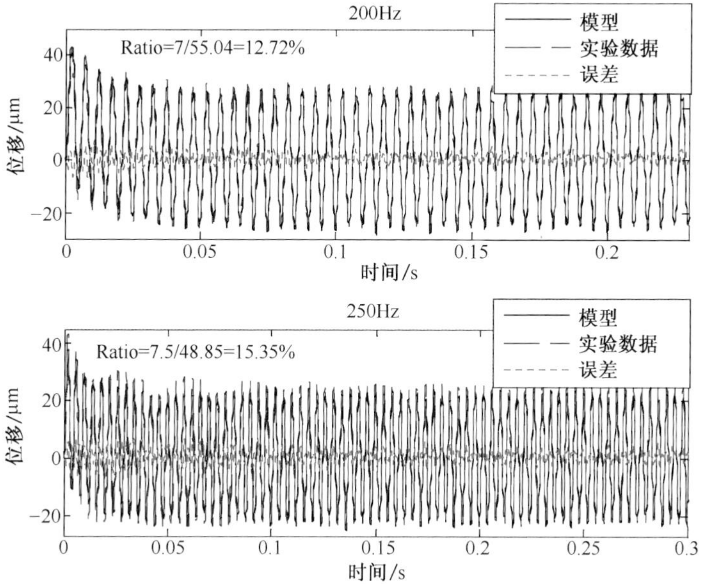

图 4-15　动力学模型验证结果(驱动频率 200Hz,250Hz)

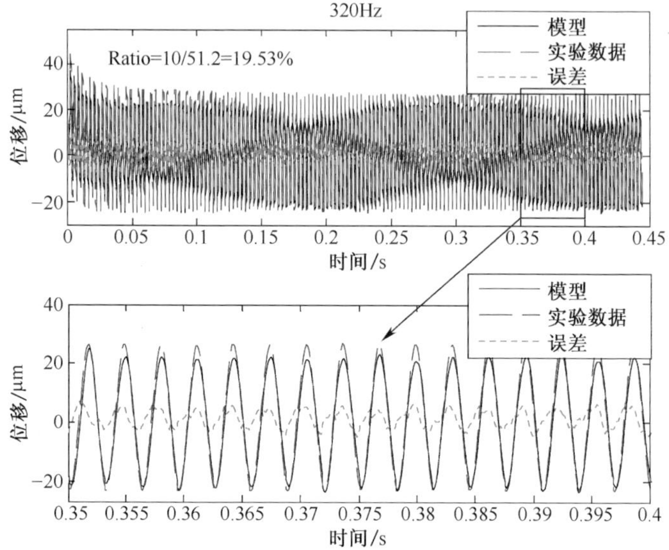

图 4-16　动力学模型验证结果(驱动频率 320Hz)

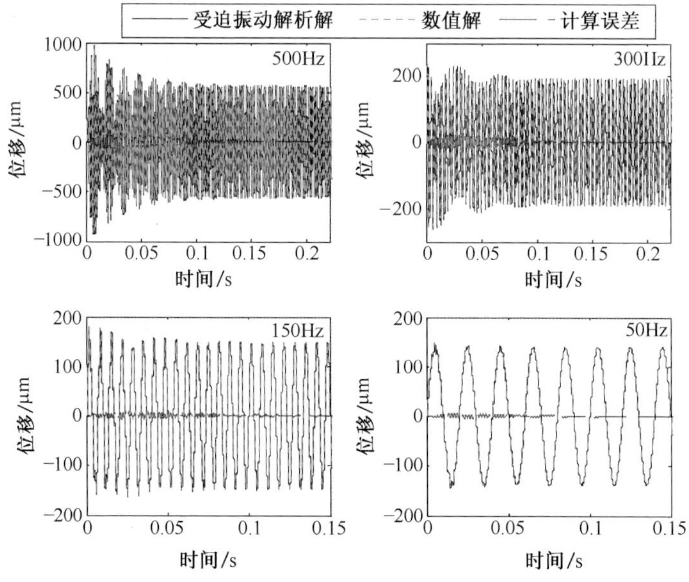

图 5-5　悬臂梁器件受迫振动时域响应曲线

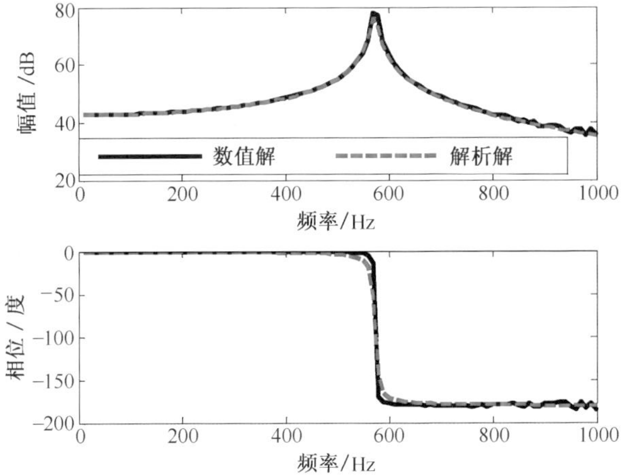

图 5-6　悬臂梁器件受迫振动频率响应曲线

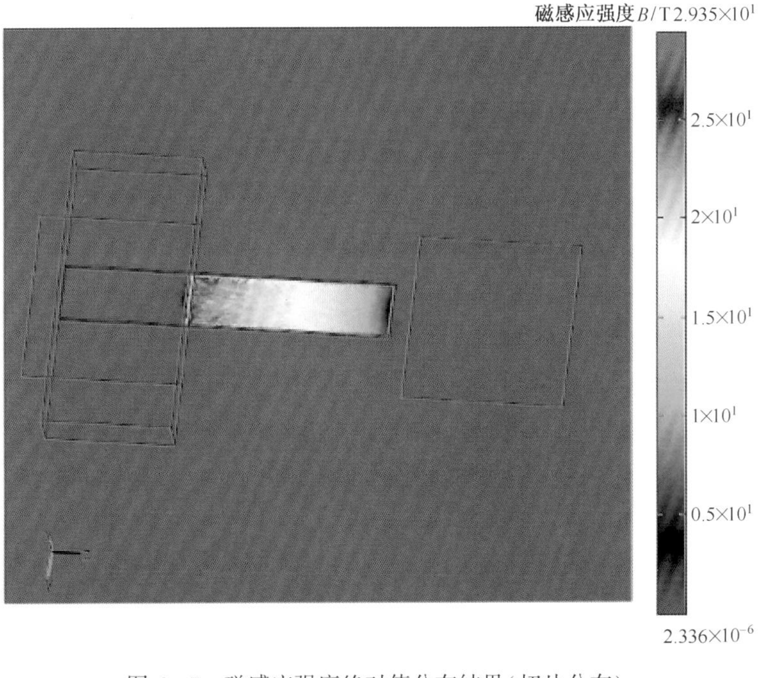

图 6-7　磁感应强度绝对值分布结果(切片分布)

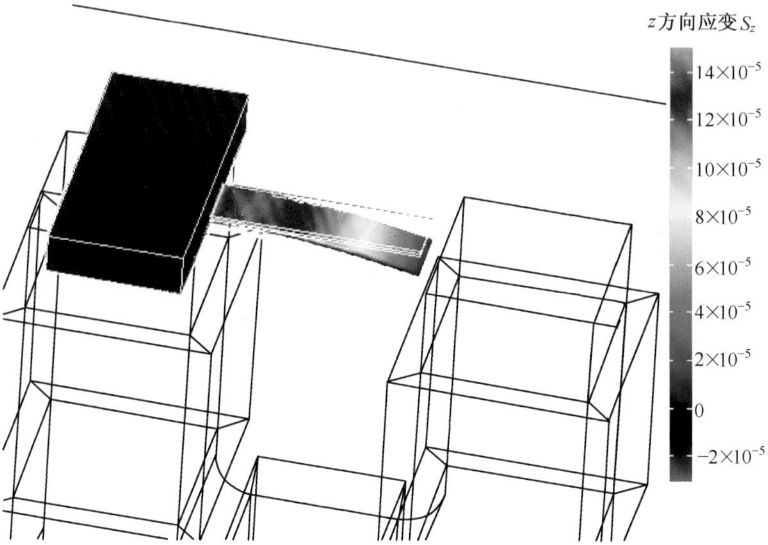

图 6-8　智能悬臂梁 z 轴方向机械应变

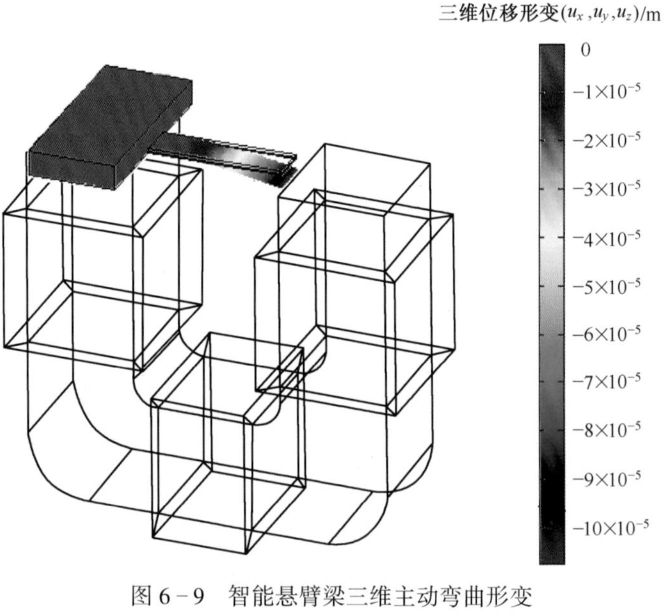

图 6-9　智能悬臂梁三维主动弯曲形变

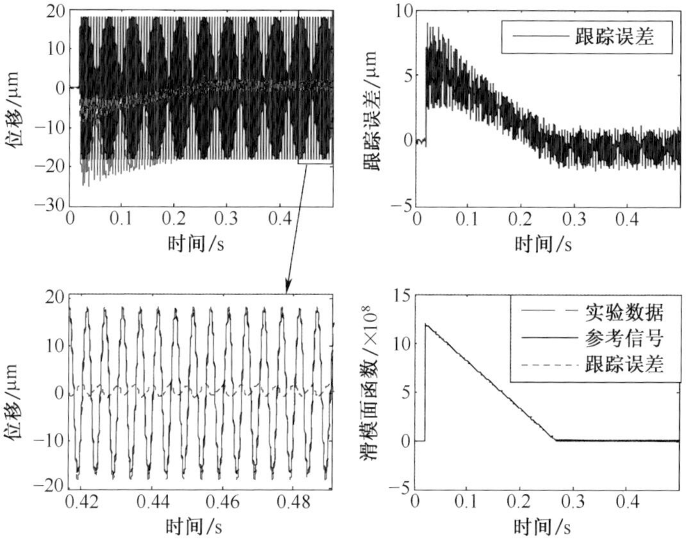

图 7－13　滑模变结构控制实验结果（200Hz）

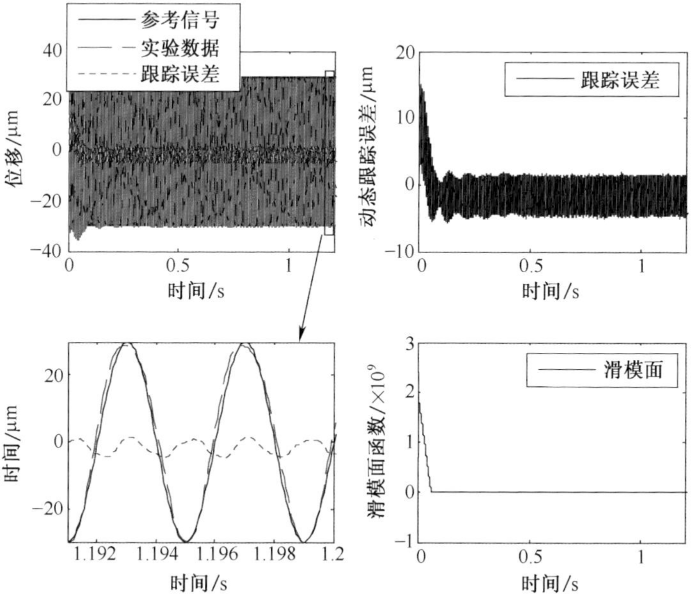

图 7－14　滑模变结构控制实验结果（250Hz）

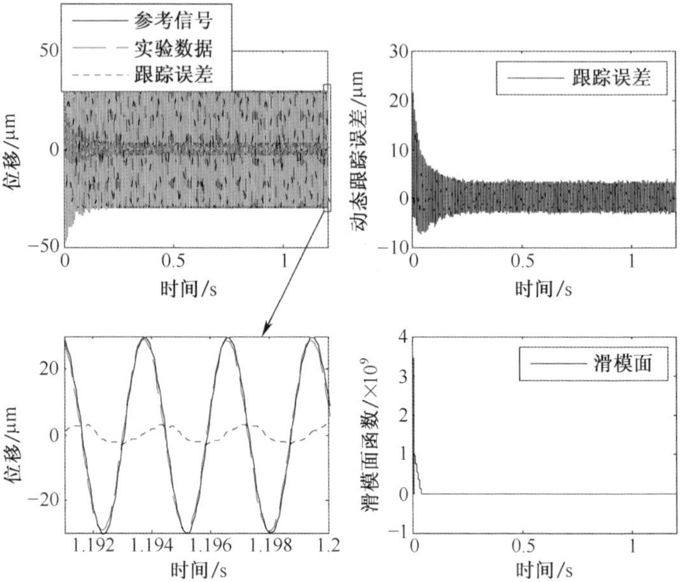

图 7-15　滑模变结构控制实验结果(350Hz)

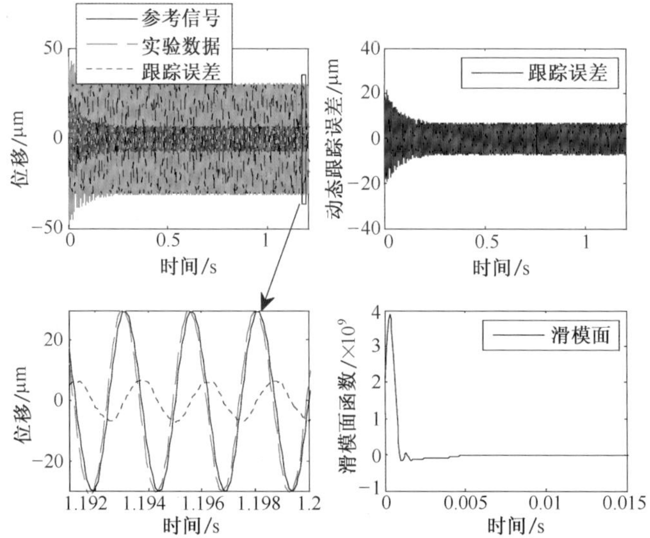

图 7-16　滑模变结构控制实验结果(400Hz)

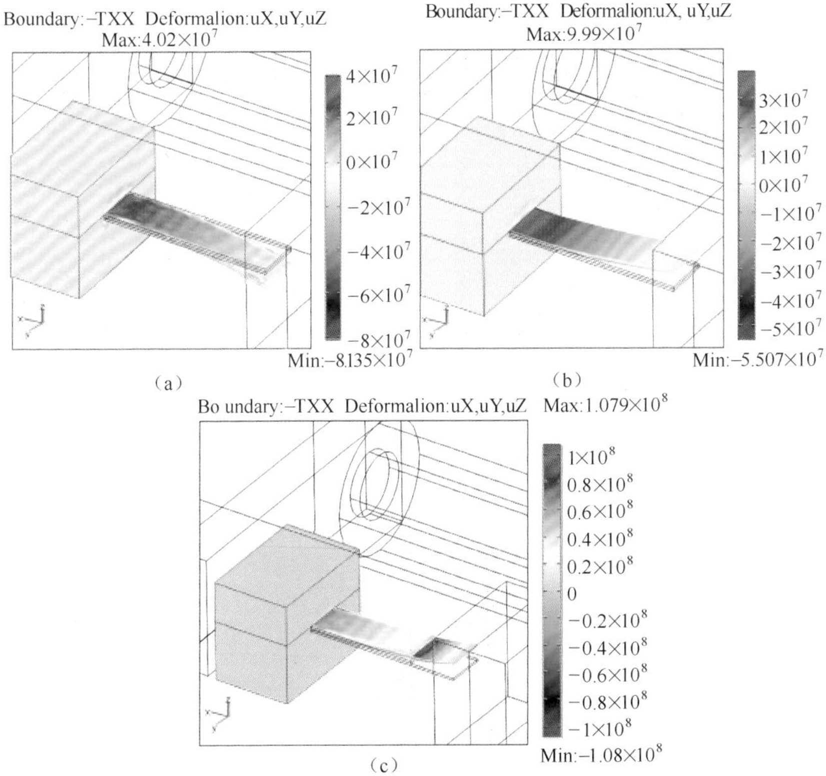

图 8-21 3N 时悬臂梁 x 轴法相应力三维分布图

(a)饱和磁致伸缩应变、100%覆盖比；(b)零磁致伸缩应变、100%覆盖比；

(c)饱和磁致伸缩应变、70%覆盖比。

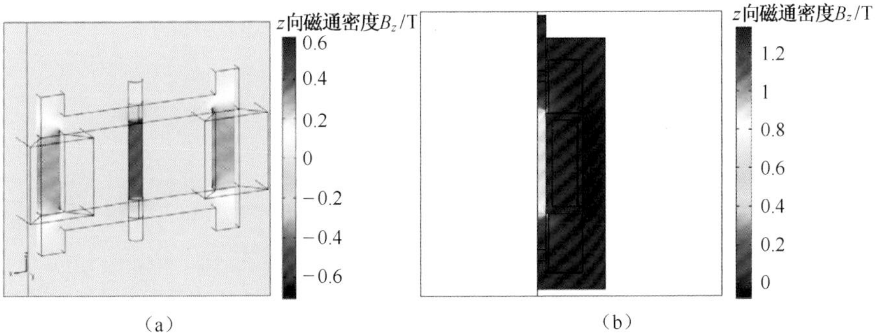

图 8-27 z 方向磁通密度分布图

(a)开放式传感器结构；(b)提出新传感器结构。

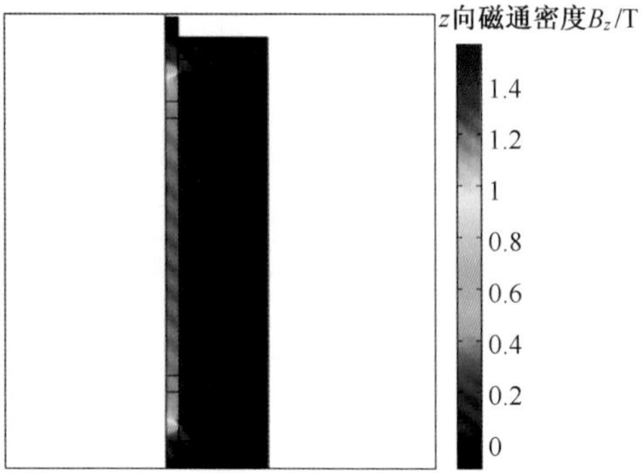

图 8－31　z 方向磁通密度分布(优化后结构)

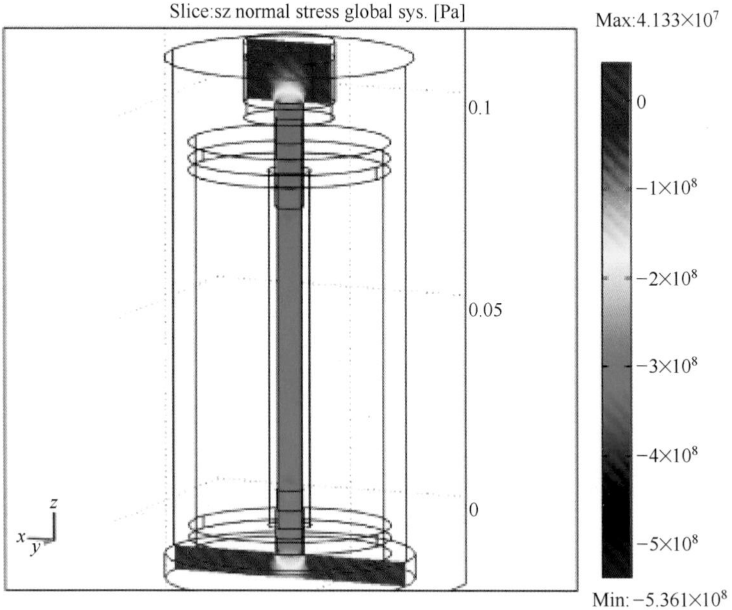

图 8－33　－30MPa 压应力时内部轴向应力分布图

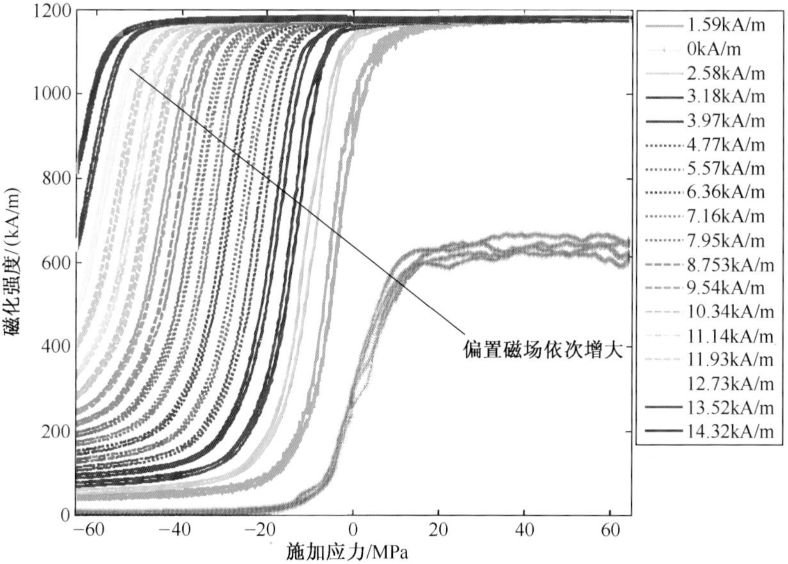

图 8-39　不同偏置磁场下 Galfenol 合金磁场强度随应力的变化关系

国防科技图书出版基金

Galfenol 合金磁滞非线性模型与控制方法

Nonlinear Hysteresis Modeling and Control of Galfenol Alloy

舒　亮　陈定方　著

国防工业出版社

·北京·

图书在版编目(CIP)数据

Galfenol 合金磁滞非线性模型与控制方法 / 舒亮,陈定方著. —北京:国防工业出版社,2016. 1
ISBN 978-7-118-10480-6

Ⅰ. ①G… Ⅱ. ①舒… ②陈… Ⅲ. ①磁性合金—磁滞—非线性控制系统 Ⅳ. ①TG132. 2

中国版本图书馆 CIP 数据核字(2015)第 270481 号

※

国防工業出版社出版发行
(北京市海淀区紫竹院南路 23 号 邮政编码 100048)
北京嘉恒彩色印刷有限责任公司印刷
新华书店经售

*

开本 880×1230 1/32 **插页** 6 **印张** $7\frac{3}{4}$ **字数** 207 千字
2016 年 1 月第 1 版第 1 次印刷 **印数** 1—2000 册 **定价** 50. 00 元

国防书店:(010)88540777 发行邮购:(010)88540776
发行传真:(010)88540755 发行业务:(010)88540717

致　读　者

本书由国防科技图书出版基金资助出版。

国防科技图书出版工作是国防科技事业的一个重要方面。优秀的国防科技图书既是国防科技成果的一部分,又是国防科技水平的重要标志。为了促进国防科技和武器装备建设事业的发展,加强社会主义物质文明和精神文明建设,培养优秀科技人才,确保国防科技优秀图书的出版,原国防科工委于1988年初决定每年拨出专款,设立国防科技图书出版基金,成立评审委员会,扶持、审定出版国防科技优秀图书。

国防科技图书出版基金资助的对象是:

1. 在国防科学技术领域中,学术水平高,内容有创见,在学科上居领先地位的基础科学理论图书;在工程技术理论方面有突破的应用科学专著。

2. 学术思想新颖,内容具体、实用,对国防科技和武器装备发展具有较大推动作用的专著;密切结合国防现代化和武器装备现代化需要的高新技术内容的专著。

3. 有重要发展前景和有重大开拓使用价值,密切结合国防现代化和武器装备现代化需要的新工艺、新材料内容的专著。

4. 填补目前我国科技领域空白并具有军事应用前景的薄弱学科和边缘学科的科技图书。

国防科技图书出版基金评审委员会在总装备部的领导下开展工作,负责掌握出版基金的使用方向,评审受理的图书选题,决定资助的图书选题和资助金额,以及决定中断或取消资助等。经评审给予资助的图书,由总装备部国防工业出版社列选出版。

国防科技事业已经取得了举世瞩目的成就。国防科技图书承担着记载和弘扬这些成就，积累和传播科技知识的使命。在改革开放的新形势下，原国防科工委率先设立出版基金，扶持出版科技图书，这是一项具有深远意义的创举。此举势必促使国防科技图书的出版随着国防科技事业的发展更加兴旺。

设立出版基金是一件新生事物，是对出版工作的一项改革。因而，评审工作需要不断地摸索、认真地总结和及时地改进，这样，才能使有限的基金发挥出巨大的效能。评审工作更需要国防科技和武器装备建设战线广大科技工作者、专家、教授、以及社会各界朋友的热情支持。

让我们携起手来，为祖国昌盛、科技腾飞、出版繁荣而共同奋斗！

国防科技图书出版基金
评审委员会

前言

随着现代社会科技水平的进步和发展,人们对新材料的应用不断提出更多、更苛刻的要求。磁致伸缩材料作为传统智能材料中的一种,在我国先进制造、航空航天以及国防尖端技术发展过程中,扮演着重要的角色。依靠自身的磁致伸缩特性,磁致伸缩材料可以将电、磁、力三种物理信号进行相互转化,从而满足不同场合的应用需求。然而,目前绝大多数的磁致伸缩材料力学性能较差,特别是抗拉伸能力弱、脆性大,无法承受锻压、弯曲、冲击等机械载荷,无法满足航空航天、军事中的复杂、恶劣工况条件的应用需求。

20 世纪末,美国海军武器实验室的研究人员发现,在 Fe 中加入非磁性元素 Ga,其磁致伸缩率可以增加几十倍;纯铁的磁致伸缩率约为 20×10^{-6},加入 Ga 以后,其单晶体沿<100>晶向的饱和磁致伸缩率达到 400×10^{-6}。该类材料被美国海军武器实验室命名为 Galfenol。与其他智能材料(Terfenol-D,压电陶瓷)普遍易脆不同,Galfenol 具有独特的力学性能,脆性小,可以热轧、焊接,具有良好的抗拉强度,能承受弯曲、冲击等机械载荷。

Galfenol 合金的出现,引起了国内外学术界和工业界的极大关注,吸引了大批的研究机构和人员投入到相关领域的研究,并取得了丰硕的成果。Galfenol 合金在磁致伸缩特性和机械强度方面表现出优良的复合特性,可以为精密位移驱动、冲击载荷传感、扭矩检测、主动减振等多个领域的应用提供新的解决途径。尤其是在复杂、恶劣工况条件下,可以解决冲击、大挠度等机械载荷带来的材料易断裂或者失效的应用难题。在美国、日本等发达国家,已经开发出针对不同场合的应用产品,应用于微电机、精密机床加工、飞机机翼减振、扭矩传感等领域。这些产品和技术的推广,将对21世纪工业界各种高新技术的发展,以及对传统工业技术的革新产生重大的影响。

Galfenol合金具有各向异性特征,其磁化过程表现出磁滞非线性和饱和非线性,这些问题成为Galfenol合金应用以及相关器件设计、开发中的难点问题。本书从Galfenol合金的磁致伸缩机理和制备方法入手,针对合金的各向异性和磁化过程展开研究讨论,采用基于能量函数的三维建模方法描述了合金的各向异性特征,并研究了相关器件的三维耦合动力学建模方法,解决了Galfenol驱动型器件设计中的理论问题。书中同时阐述了器件的精密控制方法问题,并对Galfenol合金作为敏感元件在力传感中的应用问题进行了系统的论述。

全书共分8章。第1章介绍了磁致伸缩材料的历史、分类以及与Galfenol合金的对比;第2章介绍了合金的制备方法与物理属性;第3章介绍了磁致伸缩材料的相关建模方法,并讨论了Galfenol合金的三维磁化非线性建模理论;第4章介绍了Galfenol驱动器件设计理论与方法;第5章介绍了Galfenol智能器件的耦合动力学建模方法;第6章介绍了Galfenol合金的三维磁-机全耦合非线性模型;第7章介绍了Galfenol合金驱动器件的精密控制方法;第8章介绍了Galfenol合金的应用研究及其典型工程应用,并将之与Terfenol-D、PZT等功能材料进行了对比。

本书是作者多年来紧密围绕“Galfenol磁致伸缩微致动与传感技术的研究与开发”的研究成果,这些研究工作得到了高等学校博士学科点专项科研基金项目“基于磁各向异性的Galfenol本征非线性模型及其应用研究(20090143110005)”(2009—2011)、国家自然科学基金项目“Galfenol智能悬臂梁非线性耦合动力学模型研究(51175395)”(2012—2015)、“超磁致伸缩Fe-Ga合金薄膜成分及结构的预测模型构建(51161019)”(2012—2015)、“面向交变载荷的Galfenol合金力传感模型与测量方法研究(51205293)”(2013—2015)和浙江省自然科学基金“具备可裁剪和可植入功能的冲击力检测新方法研究

(LY15E050011)”(2015—2017)等科研项目的资助，作者对于这些项目的支持表示衷心的感谢。

同时，此次图书的顺利出版，得到了国防工业出版社的大力支持。作者感谢国防科技图书出版基金对图书出版的资助，同时还要感谢国防工业出版社的领导和编辑在图书出版过程中付出的辛勤劳动！

作 者

2015年11月

目录

Contents

第1章

绪　论

1.1　磁致伸缩机理

1. 磁致伸缩效应

铁磁体在外部磁场的作用下产生长度、体积等形状变化的现象称为磁致伸缩效应(Magnetostrictive effect),亦称为焦耳效应(Joule effect),是由物理学家J. P. Joule发现于1842年。随后,物理学家E. Villari发现了磁致伸缩逆效应,即给磁性材料施加外力作用,材料的形状在发生变化的同时,其内部的磁化状态也随之发生改变,磁致伸缩逆效应亦称为Villari效应。

磁性材料在被磁化时,材料的磁致伸缩现象表现为三种形式:①沿着外磁场方向的尺寸的相对变化称为纵向磁致伸缩;②垂直于外磁场方向尺寸的相对变化称为横向磁致伸缩;③体积的相对变化称为体积磁致伸缩。一般纵向或横向磁致伸缩现象又称为线磁致伸缩,表现为材料在磁化过程中具有线度方向的伸长或缩短,体积磁致伸缩数量级一般非常小,本书中提到的磁致伸缩均指线磁致伸缩。

此外,磁性材料在磁场作用下会发生扭转变化的现象,称为维德曼效应(Weidemann effect)。同时,其逆效应表现为材料沿轴向扭转时,其磁化状态发生改变,称为维德曼逆效应(或Matteucci effect)。通常以上所描述的磁致伸缩材料的正效应可用于设计位移驱动器或扭转电机,而其相应的逆效应可用于制作力、扭矩等传感器。

具有以上物理效应的磁性材料称为磁致伸缩材料。需要注意的是,这种材料在不同的磁化状态下,其弹性模量会发生显著的变化,此效应被称为ΔE效应,利用此效应可制作可调谐的振动控制装置或声延迟线等器件。

2. 磁致伸缩机理

从自由能极小的观点来看,磁性材料的磁化状态发生变化时,其自身的形状和体积都要改变,因为这样才能使系统的总能量最小。磁性材料产生磁致伸缩的机制包括自发磁致伸缩与磁场诱发的磁致伸缩。

当铁磁性材料受到外加磁场或者应力场作用时,材料内部的磁畴会发生相应的旋转,从而在宏观上产生体积上的形变。当不考虑材料的磁各向异性时,其原理可由图1-1表示。外加磁场使内部磁畴沿顺磁场方向旋转,应力场则迫使磁畴沿垂直方向旋转,在宏观上形成伸缩形变。由于合金在磁化过程中,磁畴的转动并非完全可逆,即磁畴在转动过程中造成能量损耗,从而形成磁滞。磁致伸缩过程可分为几个过程,图1-2中标明1的阶段称为可逆磁致伸缩,所谓“可逆”,就是说,如果磁场强度退回到零,磁致伸缩也会退回为零,即磁致伸缩率$\lambda=0$,在这一阶段,主要是畴壁位移起作用。在阶段2,λ随着磁场强度增加而上升得很快,这是不可逆磁致伸缩阶段,主要是不可逆壁移过程。所

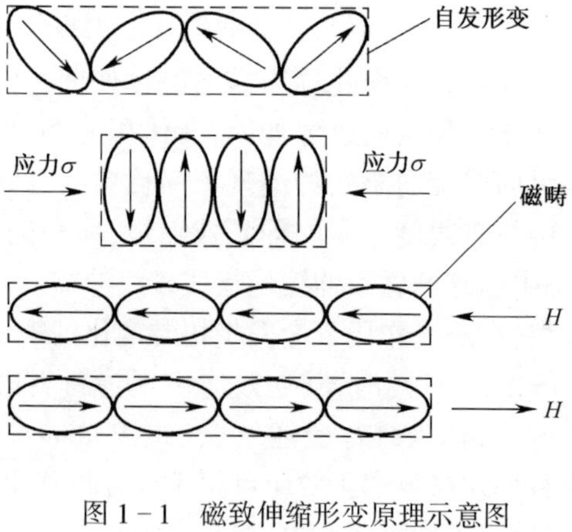

图1-1　磁致伸缩形变原理示意图

谓“不可逆”,是指这时如果磁场强度 H 退到零,磁致伸缩率 λ 不会沿上升曲线退回到零。

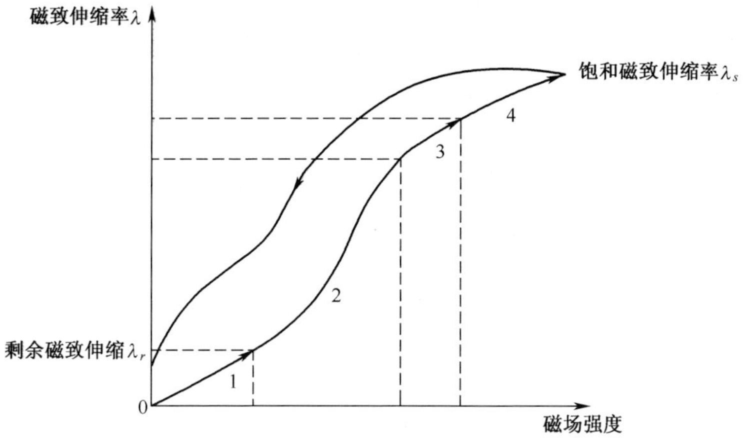

图 1-2　磁致伸缩过程

在阶段 3,主要是磁畴磁矩的转动。阶段 4 称为磁化渐近饱和阶段,磁致伸缩达到饱和 λ_s ,此时,若再增加磁场强度,磁致伸缩率也不再增大。达到饱和磁致伸缩后,如果将磁场强度减到零,磁致伸缩率会降到一个数值,用 λ_r 表示,称为剩余磁致伸缩率,这个阶段是磁畴磁矩转动的过程,磁滞的形成主要是阶段 2 中不可逆的磁畴移动所造成的。

为了直观地理解磁致伸缩的产生机制,给出图 1-3 所示的模型。从永磁体间的偶极子相互作用能角度看,相对于图 1-3(a)所示的规则正方形格子的状态,图 1-3(b)所示的畸变的格子能量状态要低些;但从弹簧中储存的弹性能看,图 1-3(b)要高于图 1-3(a)。磁致伸缩的原因,除单纯的磁偶极子相互作用外,与晶体磁各向异性能的原因一样,还应考虑自旋转间各种类型的相互作用,这些作用因物质的不同而异。磁致伸缩是多种因素平衡的结果。例如,晶格自发畸变,造成自旋转间相互作用能的减少;另外,畸变会造成弹性能的增加,二者间的平衡决定磁致伸缩量的大小[1,2]。

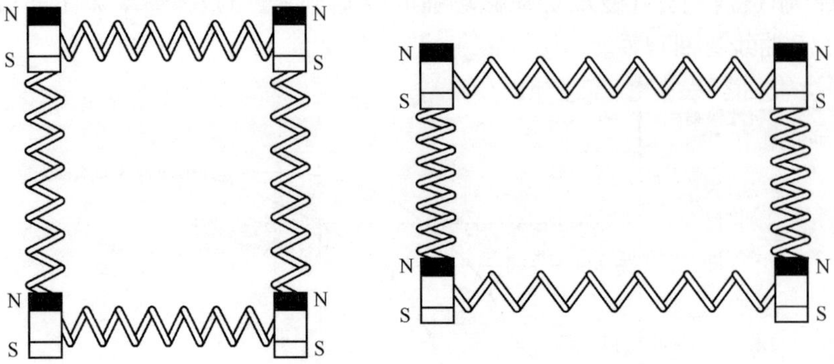

图 1-3　磁致伸缩产生的机制

1.2　磁致伸缩材料类型

1.2.1　传统磁致伸缩材料

在传统磁致伸缩材料中，较早出现和应用的是纯镍以及一些铁镍、镍基合金等金属磁致伸缩材料[3]，如表 1-1 所列。

表 1-1　金属类磁致伸缩材料特性表

材料类型	饱和磁致伸缩率 $\lambda_s/(\times10^{-6})$	机电耦合系数	电阻率 $/(\times10^{-8}\Omega\cdot m)$
Ni (99.9%)	-28	0.30	7
Ni_{50}-Fe_{50}(1J 50)	+28	0.32	40
Ni_{95}-Co_5	-35	0.50	10
Co_{49}-Fe_{49}-V_2(1J 22)	-65	0.30	30
Fe_{87}-Al_{13}(1J 13)	+30	0.22	90

纯镍具有良好的机械强度和延展性，磁致伸缩率高，疲劳强度高，耐腐蚀性能好，但电阻率低，因而必须轧制成 0.1mm 或更薄的带材使用，以降低涡流损耗。含铝 13%的 1J 13 铁铝合金是另一类高电磁性

能的软磁合金，其磁致伸缩率绝对值比纯镍要高，电阻率同时比纯镍高 12 倍，可以加工为较厚的带材进行使用。该合金的缺点是耐腐蚀性能差，表面容易氧化，在腐蚀性介质环境中使用时需要在材料表面涂上特殊的保护膜。1J 22 合金具有更高的磁致伸缩率，但钴的含量大（49%），成本高，且电阻率低，耐腐蚀能力差。1J 50 合金的磁致伸缩特性和力学性能与纯镍相似，但具有较大的电阻率。

在金属磁致伸缩材料制备过程中，材料轧制成型后的热处理是十分关键的，它将直接影响材料的诸多性质。对于纯镍，由带材加工的薄片必须在大气中加热到 500℃，保持 10～15min，这样不仅提高了镍片的软磁特性，而且在镍片的表面形成了能绝缘和抗腐蚀的致密氧化膜。1J 13 铁铝合金冲片的热处理是在空气或氢气环境中经 900 ～950℃退火 2 ～3h，以 100℃/h 速度冷却到 650℃，再以 60℃/h 速度冷却到 200℃以下，然后出炉。而 1J 22 合金则应该在氢气或真空中进行低温（450℃左右）退火，以获得一定的弹性。

1.2.2　稀土超磁致伸缩材料

1842 年，J. P. Joule 发现金属镍在外加磁场的作用下产生了长度的变化，从而发现了磁致伸缩效应。其后，在 1940—1950 年间，镍及其合金被广泛应用于军事及民用范围，但由于其磁致伸缩应变很低（50×10^{-6}），使得其应用范围受到限制。

1972 年前后，Clark 等人发现，Tb 与 Dy 在低温下呈现较大的磁致伸缩效应，是镍的 100～1000 倍，其与铁的合金在室温下即具有较强的磁致伸缩效应。由于 $TbFe_2$ 与 $DyFe_2$ 需要较强的磁场条件才能获得较大的应变，其应用受到一定限制。

1975 年，在美国海军武器实验室，现在称为 Naval Surface Warfare Center，Clark 等人发现了 Tb-Dy-Fe 合金的超磁致伸缩效应（磁致伸缩应变达到 1500×10^{-6}～2000×10^{-6}），并命名该合金为 Terfenol-D。与压电材料和传统的磁致伸缩材料镍、钴等相比，该材料磁致伸缩应变大，其最大应变值是镍的 40～50 倍，是压电陶瓷的 5～8 倍，并且该材料能量密度高，机电耦合系数大，具体性能参数如表 1-2 所列[4]。

表 1-2　几种常用功能材料典型性能指标

参数名	Terfenol-D	镍	压电陶瓷
化学成分	$Tb_{0.27}Dy_{0.73}Fe_{1.93}$	Ni>98%	锆钛酸铅
弹性模量 E/GPa	25~35	320	73
压缩强度 σ_c/MPa	700	—	—
拉伸强度 σ_t/MPa	28	—	—
热膨胀系数 $\alpha/(\times 10^{-6}\cdot°C^{-1})$	12	13.3	10
伸缩应变 $\varepsilon/\times 10^{-6}$	1500~2000	-40	250
密度 $\rho/(kg\cdot m^{-3})$	9.25×10^3	8.9×10^3	7.5×10^3
能量密度 $\omega/(J\cdot m^{-3})$	14000~25000	30	960
居里温度 T_c/℃	380	354	300
机电耦合系数	0.72	0.16~0.25	0.68

从表 1-2 中可以看出，Terfenol-D 的最大特点是饱和磁致伸缩应变大，因而在低频下可使水声换能器获得很高的体积速度和声源级；同时材料能量密度高，机电耦合系数大，有利于换能器的宽带高频率工作。但该材料脆性较大，其抗拉强度只有 28MPa 左右，因而在该材料的应用过程中需要考虑材料机械强度是否满足需求。

新近发现的磁致伸缩材料 Fe-Ga 合金 Galfenol 在力学性能方面比 Terfenol-D 具有更大的优势，且需要的驱动磁场强度更低。磁致伸缩材料的发展历程如表 1-3 所列[5-11]。

表 1-3　磁致伸缩效应的发现及材料的发展历程

时间	磁致伸缩效应及材料的发现
1842 年	Joule 在金属镍中发现磁致伸缩效应，亦称焦耳效应
1865 年	Villari 发现逆磁致伸缩效应
1926 年	单晶铁材料中的各向异性
1965 年	Clark 发现稀土金属 Tb、Dy 中的磁致伸缩效应
1972 年	Clark 发现了磁致伸缩材料 $TbFe_2$ 与 $DyFe_2$(300°K)
1975 年	Clark 发现了超磁致伸缩材料 Terfenol-D
1994 年	Terfenol-D 与聚合物的复合材料(Sandlund 等)
1998 年	Clark 在 NSWC 实验室发现了新型磁致伸缩材料 Galfenol
2002 年	取向型微粒磁致伸缩复合材料(Carman)

常见的超磁致伸缩材料的结构形式包括圆柱状棒体、块状棒体、管状、圆片状材料，以及为降低动态涡流损耗的叠片状材料，如表 1－4 所列。

表 1－4　超磁致伸缩材料的形态

				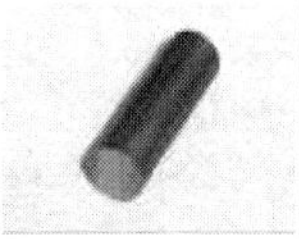
(a)圆柱状棒体	(b)块状棒体	(c)管状	(d)圆片状	(e)叠片状圆柱

1.2.3　铁磁性形状记忆合金

铁磁性形状记忆合金(Ferromagnetic Shape Memory Alloy，FSMA)，是由铁磁材料与形状记忆合金材料构成的复合材料，常见的 FSMA 材料为 Ni_2MnGa 合金。其中铁磁材料的作用是产生磁性力，从而给形状记忆合金材料施加应力，并导致最终的应力诱导的马氏体相变，如图 1－4所示。这一过程结合了磁致伸缩材料与形状记忆合金材料的优点，即保证了系统的快速响应，又可以产生较大的应变。铁磁形状记

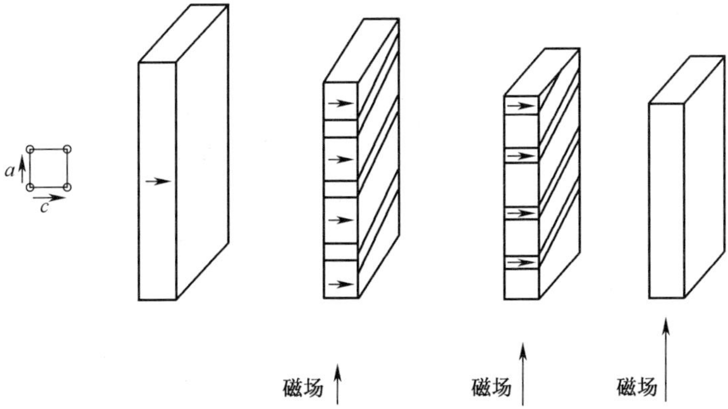

图 1－4　磁场作用下铁磁形状记忆合金的马氏体相变过程

忆合金不仅具有传统形状记忆合金受温度场控制的热弹性形状记忆效应,而且具有受磁场控制的形状记忆效应[12-15]。图 1-5 是芬兰的 Adaptamat 公司的铁磁形状记忆合金材料及其相应的传感器与致动器应用器件,图 1-6 所示是铁磁形状记忆合金材料与其他功能材料的阻尼性能比较。

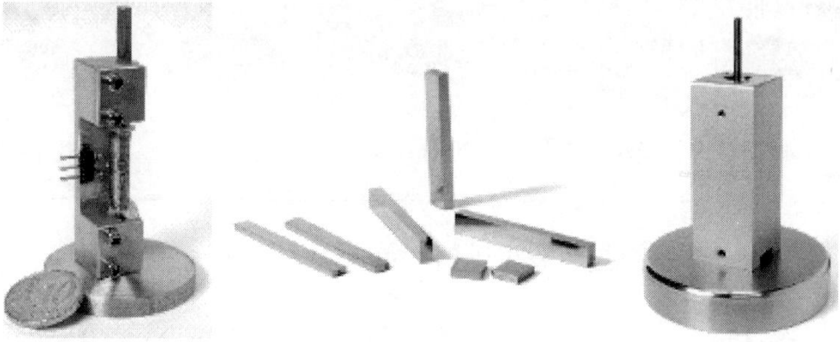

(a) (b) (c)

图 1-5 Adaptamat 公司的铁磁形状记忆合金传感器(a)、材料(b)及其致动器(c)

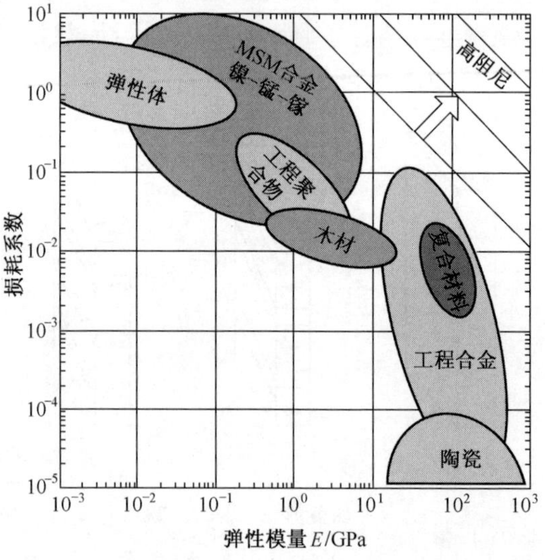

图 1-6 铁磁形状记忆合金材料与其他功能材料的阻尼性能比较

1.3 Galfenol 合金材料

传统磁致伸缩材料主要特点是应变系数大,但其力学性能差,特别是抗拉伸能力弱、脆性大,无法承受锻压、弯曲、冲击等机械载荷。为了克服磁致伸缩材料脆性大的弱点,研究人员在 Fe 中加入非磁性元素 Ga,发现其磁致伸缩率可以增加几十倍[16]。纯铁的磁致伸缩率约为 20×10^{-6},加入 Ga 以后,其单晶体沿<100>晶向的饱和磁致伸缩率达到 400×10^{-6},该合金于 2001 年被美国海军武器实验室所发现,并被命名为 Galfenol。

Galfenol 具有独特的力学性能,脆性小,可以热轧、焊接,具有良好的抗拉强度,能承受转矩、冲击等机械载荷;同时,良好的热稳定性使得该材料具备其他材料无法比拟的优势[17,18],其综合性能参数如表1-5所列。该材料对进一步开拓智能材料的应用领域,提高器件本身的性能具有重要的研究和应用价值。

表 1-5 Galfenol 合金综合性能参数

参 数	值
磁致伸缩率/$\times10^{-6}$	400
弹性模量/GPa	60
驱动磁场强度/Oe	100
抗拉强度/MPa	500
相对磁导率	60~100
磁滞特性/%	5
居里温度/℃	500

表 1-6 显示了超磁致伸缩材料 Terfenol-D、Galfenol 与压电材料(PZT-5H)、形状记忆合金(NiTi)在应变范围、力学性能、驱动条件、频率带宽及线性度方面的特点的比较情况。

表1-6 智能材料性能对比

材料特性 \ 功能材料	NiTi 形状记忆合金	PZT-5H 压电材料	Terfenol-D 超磁致伸缩材料	Galfenol 超磁致伸缩材料
应变/$\times10^{-6}$	60000	1000	1600~2400	300~400
弹性模量 E/GPa	≈20(马氏体) ≈50(奥氏体)	≈60	25~35	≈60
拉伸强度	高 (易延展)	27.6MPa (易脆性)	28MPa (易脆性)	500MPa (易延展)
驱动条件	加热 ≈60℃	电场强度 ≈5kV/cm	磁场强度 ≈1000 Oe	磁场强度 ≈100 Oe
频率带宽	0~1Hz	0.1Hz~1MHz	0~1MHz	0~1MHz
线性度	高非线性 (大滞环)	一阶线性 (小滞环)	非线性 (中等滞环)	非线性 (小滞环)

1.3.1 Galfenol合金磁特性

Galfenol合金是铁基磁致伸缩合金中的一种,合金中Ga元素的含量对于材料的磁致伸缩性能具有重要影响,非铁磁元素Ga的加入会降低合金的饱和磁化强度,并且Ga元素含量越高,合金的整体饱和磁化强度越低。Ga元素含量在15%~20%之间的单晶室温饱和磁化强度在1.8T左右[19],各向异性常数大约为10^{-4} J/m^3,相对磁导率为100~300左右,合金的居里温度可以达到500°C以上。

结晶取向是影响Galfenol合金磁致伸缩性能的又一重要影响因素,无论对于多晶材料还是单晶材料,获得沿实际应用方向相同的易磁化结晶取向是制备材料的关键。表1-7中列举了室温下[100]取向单晶的磁致伸缩率λ_{100}和λ_{111}的数值,从中可以看出,Galfenol合金的主要易磁化方向为[100],[111]方向的磁致伸缩率为负值。

表 1-7　铁基单晶材料磁致伸缩率表（室温，λ_{100}、λ_{111}）

含　量	$\lambda_{100}/(\times 10^{-6})$	$\lambda_{111}/(\times 10^{-6})$
13% Ga	153	-16
15.6% Cr	51	-6
15.6% V	43	-10
16% Al	86	-2
17% Ga	207	—

1.3.2　Galfenol 合金非线性特征

与传统智能材料一样，Galfenol 具有较强的磁-机耦合非线性，表现为合金磁化强度与外界输入磁场和应力场之间的磁滞非线性和饱和非线性。磁致伸缩形变与外加应力之间的非线性耦合关系如图 1-7 所示。从图中可以看出，伸缩形变与应力大小之间分为线性和磁滞非

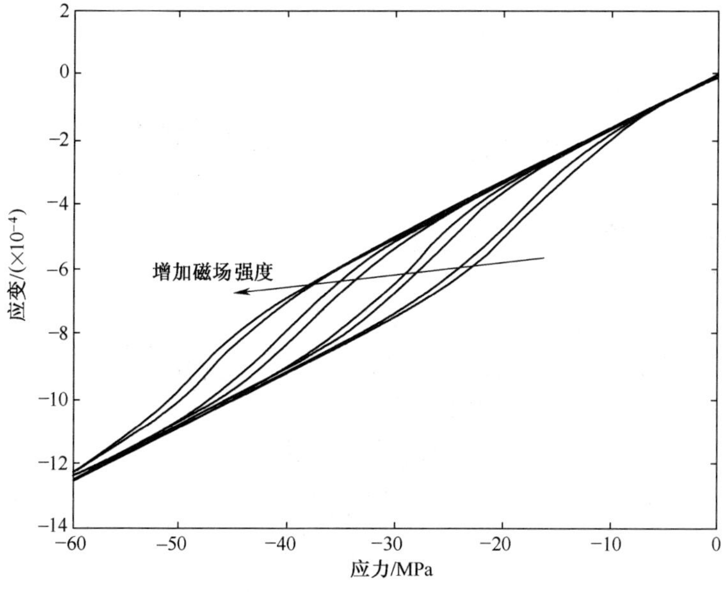

图 1-7　磁致伸缩形变与应力的非线性耦合示意图

线性两部分,其中线性部分为合金的弹性形变过程,斜率的大小与材料的弹性柔顺系数成正比,此时的磁化强度为饱和磁化强度;在磁滞非线性部分,材料磁化过程未达到饱和,磁致伸缩形变与外加应力不满足线性关系,同时,当外界施加的偏置磁场强度不同时,磁滞曲线的斜率也发生相应的变化,这一现象可以理解为材料的弹性模量发生变化,即所谓的“ ΔE ”效应。

磁各向异性是 Galfenol 合金的另外一个重要属性,Galfenol 合金为体心立方结构,具有较大的各向异性特征,材料的磁化过程、饱和磁化所需要的能量、饱和磁化强度大小与所施加的激励的方向有关,其示意图见图 1-8[20]。图中的两组曲线为固定应力条件下,外加磁场分别沿平行方向和垂直方向对合金进行轧向时,磁致伸缩形变与磁场强度的变化关系。从图中可以看出,施加磁场的方向不同时,饱和磁致伸缩形变大小不同,并且,材料达到饱和磁化状态时所需要的磁场大小也不同。研究发现,⟨100⟩ 方向有最大的磁致伸缩率,偏离 ⟨100⟩ 方向的 ⟨110⟩ 和 ⟨111⟩ 磁致伸缩率较低。

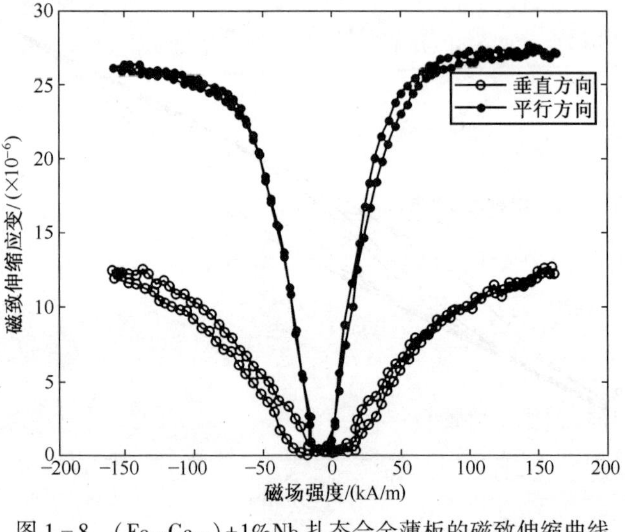

图 1-8 $(Fe_{81}Ga_{19})$+1%Nb 扎态合金薄板的磁致伸缩曲线

第2章

制备工艺与方法

Galfenol 合金的性能与其成分和微观结构紧密相关，其中 Ga 元素的含量对材料的磁致伸缩性能和力学性能具有比较重要的影响。当材料成分配比相同时，材料的显微组织取决于材料的制备工艺，通过不同的制备工艺得到的材料性能相差较大。合金在单晶体或在取向晶体的状态下，沿易磁化方向或与其相近的方向进行磁化时，取得的效果最理想。而当材料中存在第二相或晶体缺陷时，材料的磁致伸缩性能将会被降低，所以最理想的条件是无缺陷的单晶材料，单晶的 Galfenol 合金磁致伸缩性能要优于多晶结构合金。但是单晶的成本高，同时制备尺寸也受到限制，因而实际器件中广泛使用的还是多晶材料。

Galfenol 合金的制备方法主要为定向凝固法，其次还有甩带快淬法和轧制法，另外，有一些学者采用粉末冶金法、电化学沉积法、氢爆法等来研究合金的制备方法。

2.1 母合金的制备

在定向凝固法制备合金的过程中，一般需要先完成母合金的制备。在制备母合金时，需要选用高纯度的 Fe 和 Ga 按照 $Fe_{100-x}Ga_x$ 的配比进行配料，由于 Ga 在高温时容易挥发，所以需要在配料时考虑 Ga 元素的挥发量，按经验添加质量百分比为 1%～2%的挥发量。目前，普遍采用的是真空电弧熔炉方式或真空感应熔炉方式来制备 Galfenol 母合金，真空电弧熔炼示意图如图 2-1 所示[21]。

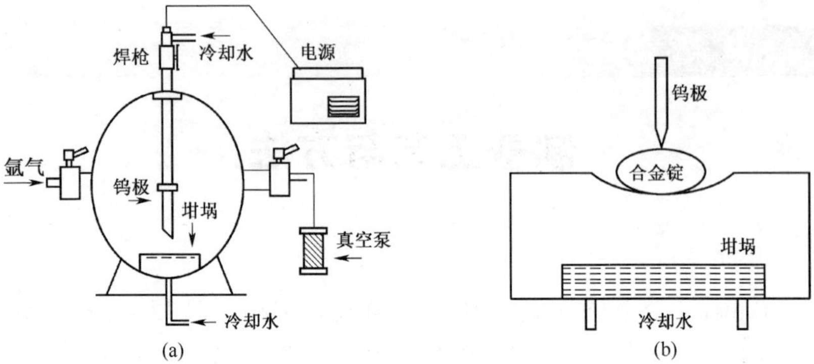

图 2-1 真空电弧熔炼示意图
(a)真空电弧熔炼结构图;(b)合金熔炼示意图。

高真空电弧熔炼炉配有机械泵和分子泵，真空度可以达到 10^{-4}Pa。熔炼前，先使用机械泵预抽电弧炉腔里的空气，然后换高真空分子泵将电弧炉腔内的真空度达到预定值，之后在高真空电弧熔炼炉中，将氩气作为保护气体，在电弧炉中充入保护气体，通过钨极和被熔炼金属接触产生电弧放热将金属原料熔化并搅拌，使其充分混合为成分均匀的 Galfenol 母合金样品，同时将样品经过反复多次的熔炼，确保合金熔炼均匀。

在电弧炉中将熔炼好的母合金经浇铸成型，制备成不同形状的 Galfenol 合金，熔炼浇铸结构示意图如图 2-2 所示[22]。在高真空电弧炉内置有可以翻转的铜坩埚，铜坩埚中通有冷却水。坩埚上方是熔炼用的钨极枪，钨极枪装在连接外接电源的控制手柄上。浇铸时，在翻转坩埚下方放置铜模，并连接供模具加热的加热体，待模具加热到 350°C 左右时，升起电弧枪，旋转翻转坩埚的手柄，将熔化的母合金浇铸在下方的模具中成型。

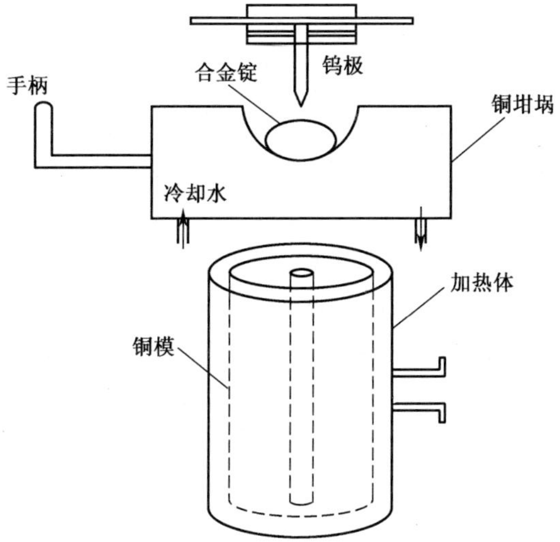

图 2－2　熔炼浇铸结构示意图

2.2　定向凝固法

在按一定配比完成母合金的制备以后,需要对其进行结晶定向。定向凝固法是根据晶体生长时晶粒竞争生长的现象,通过晶粒淘汰,获得具有一定择优取向的材料。应用定向凝固法,可以得到单方向生长的柱状晶,甚至单晶,不产生横向晶界,可以极大地提高材料的磁致伸缩性能[16]。磁致伸缩材料只有在单晶或取向晶体的状态下,沿着易磁化方向或与其相近的方向磁化时才具有较好的磁致伸缩性能。而当材料中存在第二相或晶体缺陷时,材料的磁致伸缩性能都将降低。

一般观点认为,Galfenol 合金的结构是体心立方,合金中大的磁致伸缩主要来源于 Ga 原子替代 α－Fe 体心立方结构中[100]方向上次近邻 Fe 原子,而形成的 Ga－Ga 原子对以及合金中非对称的 Ga 原子团簇,M.Wutting[23－25] 指出,Galfenol 合金中[100]方向上的次近邻的 Ga－Ga 原子替代能引起周围晶格畸变,产生局部的压应变,使得预马氏体短程应变有序,形成了 Ga 原子团簇。Ga 原子团簇的出现改变了局部磁弹性能的密度,从而有利于产生大的磁致伸缩。但这种改变同样会导致合金具有较大的磁致伸缩各向异性,根据 Kumagai 等[26]的研究,<100>方向有最大的磁致伸缩应变,而偏离<100>方向的<110>和<111>晶系磁致伸缩应变较低。所以,材料的轴向织构对磁致伸缩性能影响很大。

除了成分因素外,材料的织构是影响 Galfenol 合金磁致伸缩性能的另一重要因素。值得注意的是,Galfenol 合金的易生长方向是<110>,而易磁化方向是<100>方向,如果能使合金产生{100}织构,才能实现材料的生长方向和易磁化方向一致,从而使制得的材料有较好的磁致伸缩性能。在理想的情况下,希望棒状材料的轴向沿<100>方向取向,显微组织无晶界、无孪晶及其他缺陷,但实际上由于合金自身特性和凝固方法特点决定了获得理想的显微组织是很困难的。

采用定向凝固法制备 Galfenol 合金,不仅可以得到单晶,同时还可以得到合金取向织构多晶[27]。根据凝固特点的不同,常用的定向凝固工艺方法可以分为提拉法、悬浮区熔法、布里奇曼法等。在采用定向凝固法对合金进行制备以后,还要经过热处理、外观检测、磨削、性能测试等工序。对于需要在频率较高条件下工作的材料,一般还需要将材料进行切片处理,然后将切成的薄片组装成相应的棒材,以减少高频状态下材料内部产生的涡流损耗。定向凝固法制备 Galfenol 合金的工艺过程可以表示成图 2-3 中所示的流程。

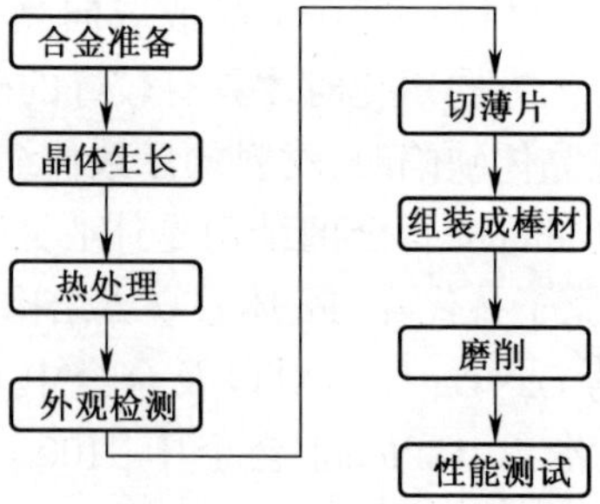

图 2-3 定向凝固法制备 Galfenol 合金的工艺流程

2.2.1　提拉法

提拉法又称为 Czochralski 法，是其创始人 Czochralski 在 1918 年发明的从熔体中提拉生长高质量晶体的方法。基本原理是以一小晶粒（籽晶）为基底，将构成晶体的原料放于坩埚中加热熔化，在熔体表面接籽晶提拉熔体，在受控条件下，使籽晶和熔体在交界面上不断进行原子或分子的重新排列，并随温度逐渐降低而凝固生长出单晶体。如图 2-4 给出了提拉法生长晶体的示意图，其中包括五个部分：加热装置、坩埚和籽晶夹、机械动力系统、气氛控制系统以及后加热装置。首先母合金放置于坩埚中，并被加热到材料的熔点之上；坩埚上方有一根可以旋转和垂直升降的提拉杆，此为机械动力系统一部分，杆的下端为籽晶夹，籽晶安装在夹头上。生长开始时，逐渐降低提拉杆，使籽晶和熔体接触。只要熔体的温度适中，籽晶既不熔掉，也不长大；到达热平衡时，缓慢向上提拉和转动籽晶杆，同时缓慢降低加热功率，以便从籽

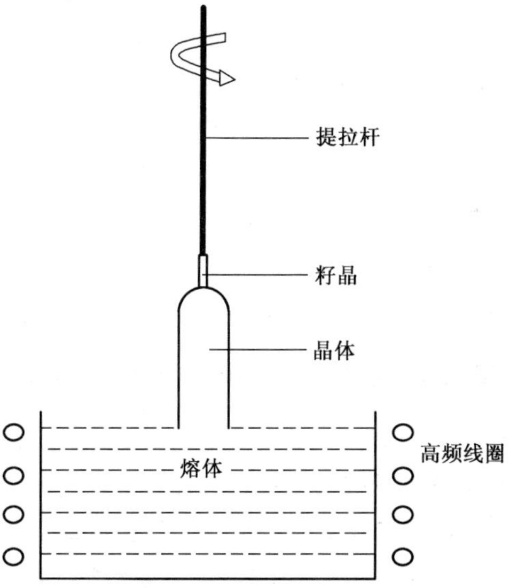

图 2-4　提拉法生长晶体示意图

晶上长成较大的晶粒或单晶体,长大后的晶体取向与籽晶的取向一致。对于 Galfenol 合金而言,单晶<100>方向拥有最好的磁致伸缩性能,由于这种方式生产的材料晶体取向与籽晶的晶体取向一致,因此通过控制籽晶的晶体取向可获得具有<100>取向的合金材料。

采用提拉法制备 Galfenol 合金的要点在于温度控制和晶体提拉速率的控制。在晶体的生长过程中,要求熔体中温度的分布在固液界面处保持熔点温度,保证籽晶周围的熔体有一定的过冷度,熔体的其余部分保持过热。这样才能保证熔体中不产生其他晶核,在界面上原子或分子按籽晶的结构排列成单晶。为了保持一定的过冷度,生长界面必须不断地向远离凝固点等温面的低温方向移动,晶体才能不断生长。提拉速率是影响 Galfenol 合金制备的又一关键因素,适当的转速可对熔体产生良好的搅拌,达到减少径向温度梯度,阻止组分过冷的目的。

采用提拉法制备 Galfenol 合金的优点在于,晶体生长过程中可以对其培育情况直接进行测试与观察,有利于控制晶体的生长条件;同时,在制备过程中,晶体在熔体的自由表面处生长,不与坩埚接触,减少了晶体的应力,避免了坩埚壁上的寄生成核;另外可以控制晶体直径的大小,直径的大小取决于熔体温度和提拉速度,当减小功率和拉速,晶体直径减小,反之直径增加[16]。但是由于 Galfenol 母合金需要整体熔化,Ga 元素又特别容易挥发,这使得晶体生长前后,熔池中合金成分偏差较大,生长的晶体沿轴向成分不均匀;并且,母合金熔体的液流作用、传动装置的振动和加热系统温度的波动,都会对晶体的质量产生影响。

2.2.2 悬浮区熔法(Floating-zone method)

悬浮区熔法是 20 世纪 50 年代提出的一种依靠熔区表面张力和高频电磁力支托的合金制备方法,其基本原理是将母合金棒置于悬浮区熔装置中,通过高频感应线圈加热并使部分合金棒熔化,同时以一定的速率移动线圈,当感应线圈从合金棒的一端移动到另一端时,合金棒的每一部分都依次经历由熔化到凝固的过程,从而合金棒内形成层状的定向凝固组织。

与提拉法相比，悬浮区熔法可以避免坩埚污染，同时由于该法是母合金一部分一部分依次熔化，Ga 元素挥发少。但这种方法制备出的棒材直径小，不适合工业化生产，同时要求感应线圈的相对移动速率必须与加热功率、熔化区宽度、液相温度和液相表面张力等参数相匹配，在实际控制上比较困难。由以上可见，该法适合制备小尺寸的样品。Summers 等[27]采用悬浮区熔法以 350mm/h 的生长速度制备出多晶<110>Fe-Ga 合金；徐翔等[28]采用悬浮区熔法，以 400mm/h 的生长速度制备了 $Fe_{72.5}Ga_{27.5}$淬火态合金，并研究了该合金铸态、淬火态、炉冷态、定向凝固态和快速凝固态试样的磁化曲线的对比，以及在不同冷却方式下获得的 $Fe_{72.5}Ga_{27.5}$合金室温磁致应变曲线，如图 2－5 所示，由图可知退火态试样的室温饱和磁致应变为 -59×10^{-6}，铸态和定向凝固态均为 53×10^{-6}，焠火态合金的室温饱和磁致应变达到 114×10^{-6}。通过实验结果得出定向凝固态试样磁致应变性能与其相结构密切相关，$D0_3$ 相为正向的磁致伸缩，$L1_2$ 相为负磁致伸缩。Kumagai 等[26]采用浮区法制备 Fe-Ga 合金，研究了该合金的各向异性和磁致伸缩。

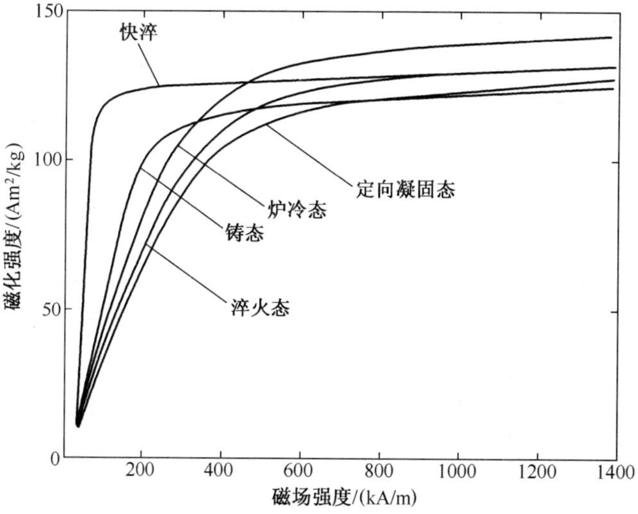

(a)

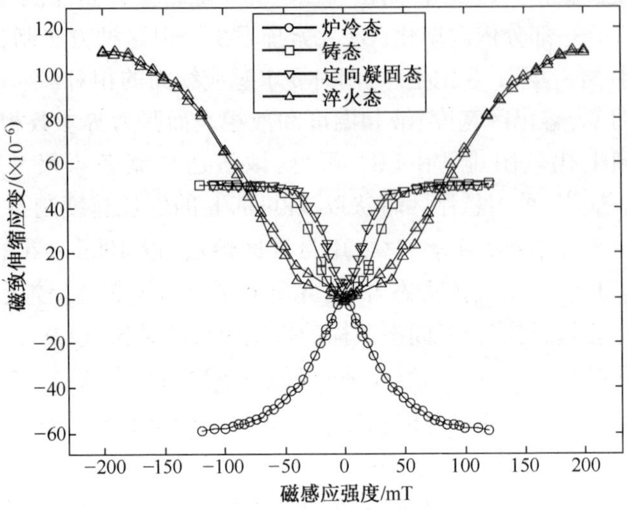

（b）

图 2-5 $Fe_{72.5}Ga_{27.5}$合金不同状态下性能

（a）磁化强度曲线;（b）磁致伸缩应变曲线。

2.2.3 布里奇曼法(Bridgman 法)

布里奇曼法是将电弧熔炼所得 Fe-Ga 母合金置于石英或氧化铝坩埚内,采用感应线圈加热,使得母合金整体熔化,然后向下抽拉熔化合金或将热源上移,通过发生顺序凝固来形成定向凝固组织。感应线圈的移动速率和固液界面的温度梯度对固液界面形态、凝固组织和晶体取向具有重要影响[22]。感应线圈的移动速率小于临界凝固速率时,固液界面以平面方式生长,无择优取向,如采用<100>取向的籽晶,可获得<100>取向的合金材料。但感应线圈的移动速率过慢,Ga 元素挥发严重,组织中易析出 RFe_3 相,使合金的磁致伸缩性能降低。当感应线圈的移动速率大于临界凝固速率时,固液界面存在成分过冷,合金按枝晶或胞状长大方式生长,对合金的磁致伸缩性能有影响。布里奇曼法制备 Galfenol 合金磁致伸缩材料,可以制备单晶体或多晶体的大直径材料。但是由于整体加热及向下抽拉速度的影响,Ga 元素挥发严重;同时难以实现高的温度梯度,因而对凝固组织产生不利影响。Clark 等[29]通过改进的布里奇曼法单晶生长装置,如图 2-6 所示,在装置中改进了熔炼气氛和工艺参数制备出了具有<100>,<110>和<111>取向的单晶 Fe-Ga 合金,其中具有<100>取向的单晶 $Fe_{81}Ga_{19}$ 磁致伸缩率已接近 400×10^{-6} 。

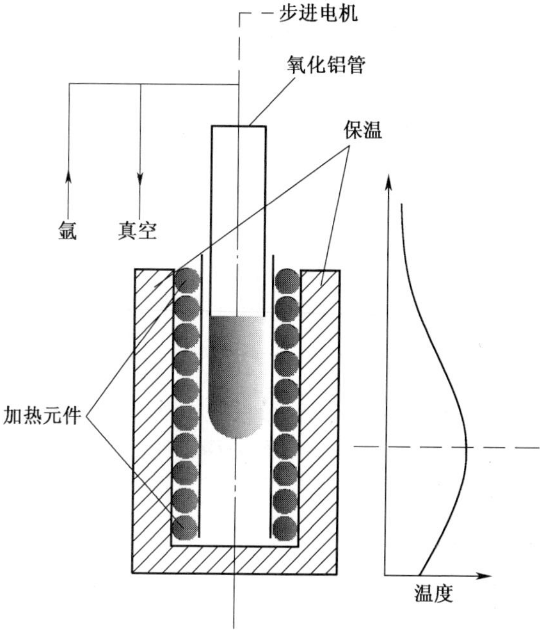

图 2-6　改进的布里奇曼法单晶生长装置

2.2.4　高温度梯度真空定向凝固法

选用纯度为 99.95%的 Fe 和 99.99%的 Ga,在氩气保护下,采用非自耗真空电弧炉对名义成分为 $Fe_{100-x}Ga_x$(x=17,19)的合金进行熔炼,为了保证熔炼试样的成分均匀,试样反复熔炼四次。高温度梯度真空定向凝固装置简图如图 2-7 所示。

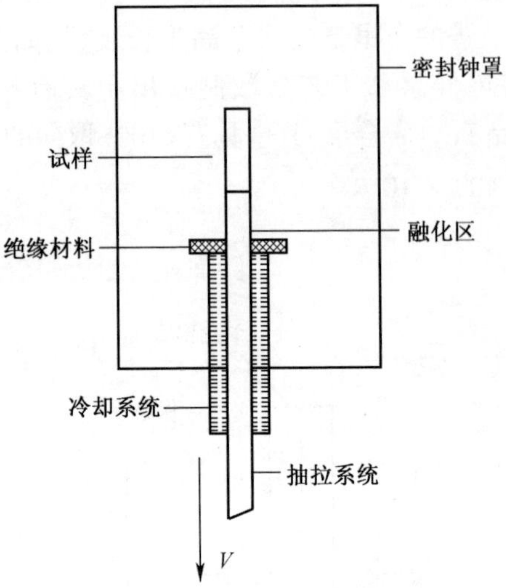

图 2-7　高温度梯度真空定向凝固装置

将制备好的母合金放入石英管内,采用盘式感应加热线圈将母合金局部区域进行熔化,由抽拉系统(下拉速度为 12mm/min)将熔区下拉到冷却液附近,控制熔区与冷却液表面的距离,使温度梯度达到 478K/cm,制备出沿合金轴向定向生长的具有柱状晶组织的 Fe-Ga 合金棒[30]。韩志勇等人[31]采用定向凝固的方法制备了棒状<110>轴向取向多晶 $Fe_{83}Ga_{17}$合金样品,并再经过淬火处理后,研究了其饱和磁致伸缩应变。

2.3　快速凝固法

2.3.1　甩带快淬法

在制备 Fe-Ga 合金薄带时使用最多的方法是甩带快焠法,其结构示意图如图 2-8 所示。

将母合金置于石英管中,通过感应线圈的加热将母合金熔化。石英管置于橡胶管内,由于橡胶管内的低真空,熔化的合金液态也不能流

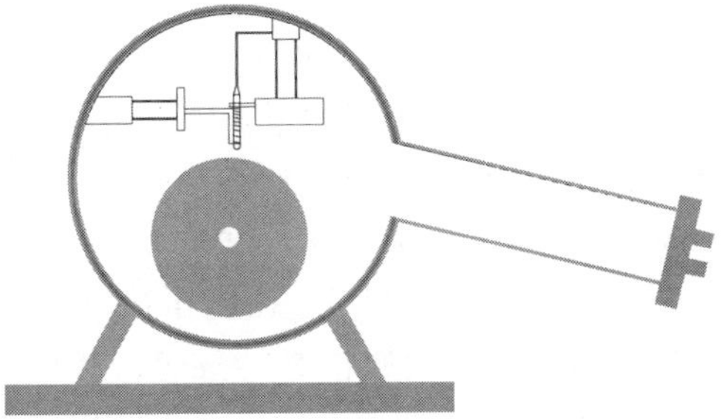

图 2-8　甩带快焠法结构示意图

下。当合金样品完全熔化后，通过橡胶管对玻璃管内充入氩气，液态合金将通过石英管下方的小孔流到铜辊上。液态合金与铜辊接触后快速冷却（降温速率可达 1000℃/min），通过铜辊的薄带甩到取样腔体里面。甩带快焠法工作原理如图 2-9 所示。

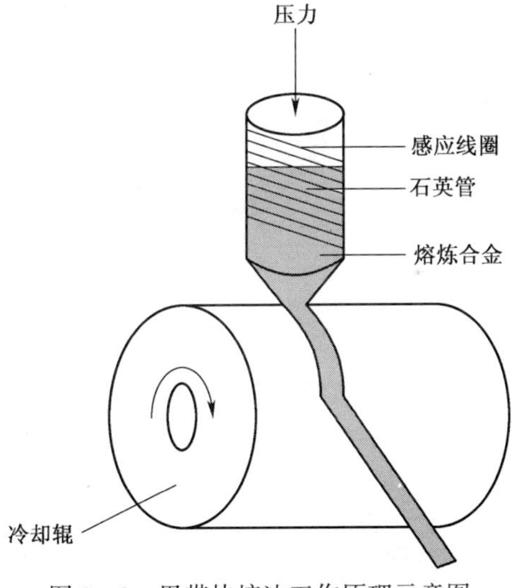

图 2-9　甩带快焠法工作原理示意图

薄带的宽度及厚度跟铜辊的转速以及石英管小孔的形状有关[16]。在甩带快淬法中可以控制和调节的主要工艺参数有：石英管喷嘴尺寸、石英管喷嘴离辊面距离、石英管内通入的气体压力、辊面线速度和辊轮合金的成分。此外,熔体过热温度、石英管喷射角、感应加热线圈的形状和尺寸、喷嘴的形状对薄带的质量也有一定影响。甩带速度就是金属铜辊的切向速度,可以通过调整铜辊的转动速度来实现,铜辊的转速一般可以从 200r/min 调节到 6000r/min,甩带速度可以从 0m/s 调节到 50m/s。石英管口径可以通过机械打磨得到所需的形状和大小。口径的形状和大小很大程度上决定了快淬带的尺寸。

与采用定向凝固方法制备的块状 Fe-Ga 合金相比,采用这种方法制备的 Fe-Ga 合金薄带的磁致伸缩性能有较大的提高,具有较大的磁致伸缩和延展性,同时对于磁场的滞后性小[32]。刘国栋等[33]利用甩带快淬方法制备了 $Fe_{85}Ga_{15}$ 合金样品,测量了样品在沿带片长度方向和厚度方向上的磁致伸缩,得到如图 2-10 所示的甩带 $Fe_{85}Ga_{15}$ 合金在厚度方向和沿带片长度方向上的磁致伸缩曲线。Cheng 等[34]、江洪林等[35]采用甩带快淬法制备出了 Fe-Ga 合金薄带,并对其进行了研究。

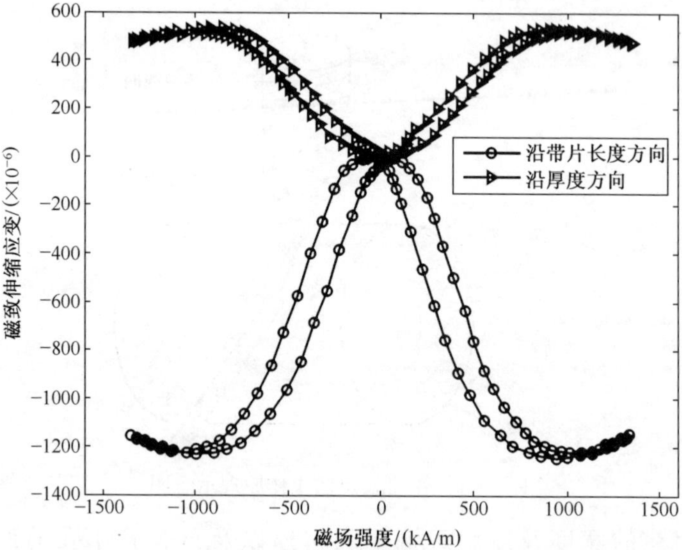

图 2-10 甩带 $Fe_{85}Ga_{15}$ 合金在厚度方向和沿带片长度方向上的磁致伸缩曲线

2.3.2　吹铸法

吹铸是一种非平衡态凝固(急冷)方法。一般采用电弧熔炼后的同成分多晶为原料,将电弧熔炼的合金锭放入一底部带有小孔的石英管内,安放到吹铸机炉腔内,抽真空到 10^{-3} Pa 量级。采用感应加热,使合金处于熔融状态,然后从石英管上部吹入具有一定压力的高纯氩气使熔融合金液体从小孔中喷射到有循环水冷却的铜模内,吹铸法工艺过程如图 2-11 所示。这种方法制备的合金由于冷却速度快,使合金更多地保持了液态金属无序的相结构,可使只有在高温才能存在的相也能在室温中存在,因此该法在磁致伸缩材料中使用较多[32]。张艳龙等[36]采用真空感应熔炼惰性气体吹铸方法,制备出来了晶粒组织

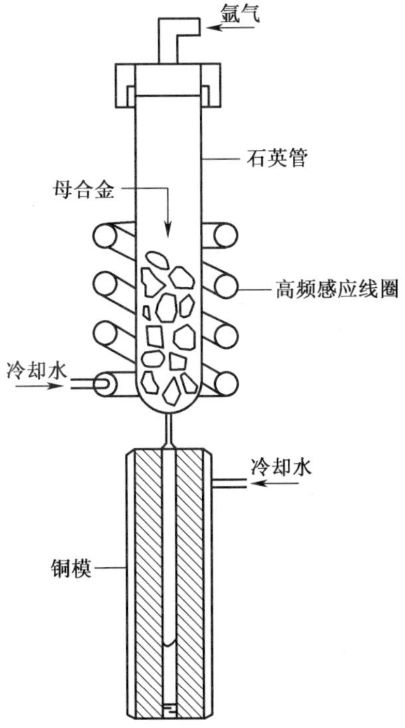

图 2-11　吹铸法工艺过程图

沿径向择优生长的 ϕ3mm$Fe_{82}Ga_{18}$合金棒，研究了 $Fe_{82}Ga_{18}$合金不同热处理方式下的相结构和磁致伸缩性能，得到如图 2-12 所示的在不同热处理条件下的磁致伸缩曲线。

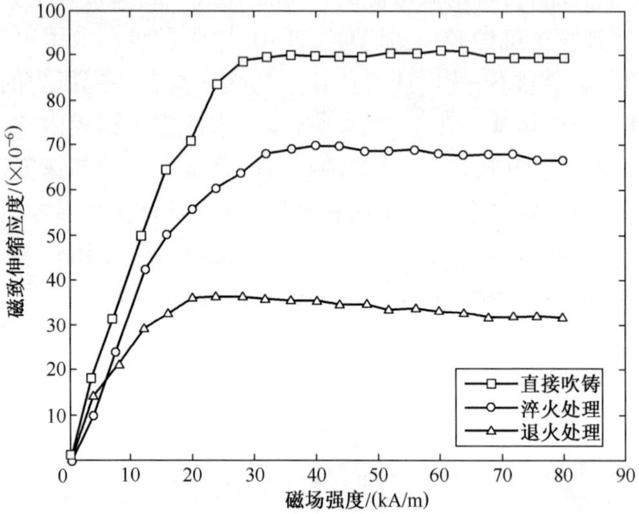

图 2-12 吹铸 $Fe_{82}Ga_{18}$合金不同热处理条件下的磁致伸缩曲线

2.4 其他制备方法

针对国内外现状来说，以上方法是使用比较多的，定向凝固法适合于制备取向多晶材料，但生产设备昂贵，效率低，又受到材料尺寸和形状限制，因而也存在许多其他的制备工艺方法，以及对新的制备工艺的探索。

2.4.1 轧制

这种制备工艺主要用于 Fe-Ga 合金箔的制备。轧制过程是利用旋转的轧辊与轧件之间的作用力，通过压缩产生塑性变形的过程。通过轧制，合金具有一定的织构。Na 等[37]将含有稀土元素的 Fe-Ga 合金轧制，制备成具有<100>取向的合金箔，再经过高温退火后，研究了其最大磁致伸缩率。李纪恒等[20]将（$Fe_{81}Ga_{19}$）+1%Nb 的母合金，在真空电弧炉中氩气的保护下反复炼成纽扣锭，经热锻、热轧及冷轧，再热轧及冷轧，最后将轧制的样品经高温退火处理后水淬至室温制备出具有{001}<100>立方织构的样品，实验结果表明轧制薄片（$Fe_{81}Ga_{19}$）+1%Nb 合金的磁致伸缩与样品的织构有着密切的关系，通过采用标准电阻应变技术测量轧态样品的磁致伸缩率，测得的磁致伸缩率曲线如图 1－8 所示。可以看出在同一大小的磁场下，磁场平行轧向的磁致伸缩率 $\lambda_{//}$ 比磁场垂直轧向的磁致伸缩率 $\lambda_{\perp}$ 要大。

2.4.2 粉末冶金法

将母合金制成粉末，由粉末烧结或粉末黏结成型，在成型过程中用高压烧结和磁场处理可提高其性能，其工艺过程如图 2－13 所示。由于制备过程中母合金需要加工厂粉状形态，进行再加工过程时，材料的取向性能不如定向凝固样品性能高。但是，由于采用粉末冶金的方法，可以获得比较复杂形状的材料样品，这一特有优势使得该制备方法获得研究学者的广泛关注。

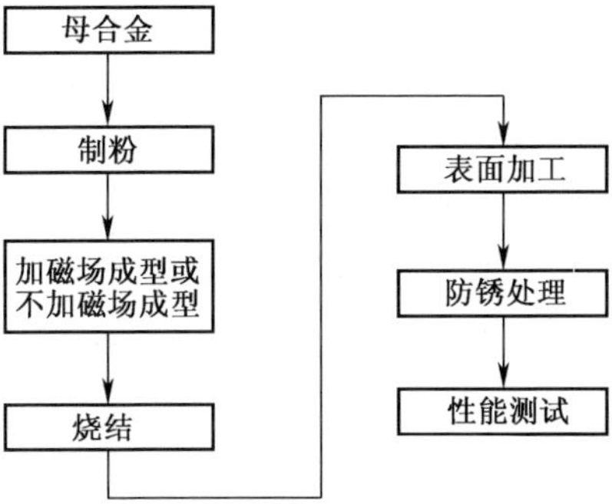

图 2－13　粉末冶金法制备磁致伸缩材料工艺过程

在采用粉末冶金法制备磁致伸缩材料的工艺过程中，将母合金制粉方法有球磨粉、快淬粉、气体雾化法[38]等，文献[22]中还介绍了使用氢化-歧化-脱氢工艺法（HDD）[22]制备 $Tb_{0.27}Dy_{0.73}Fe_{2-x}$ 多晶的方法。参考此方法,可以用来制备其他类型的磁致伸缩合金材料,下面将重点介绍气体雾化法以及氢化-歧化-脱氢工艺法(HDD)。

1. 气体雾化法

气体雾化法制备合金粉末是将Fe-Ga合金在高纯氩气保护下高温加热使合金充分融化,高纯氩气作为雾化气体,雾化压力为3.4MPa,产生高速气流作用于熔融液流,使气体动能转化为熔体表面能,进而形成细小液滴并凝固成粉末颗粒。图2-14为气体雾化$Fe_{81}Ga_{19}$合金粉末颗粒组织形貌SEM像[38]。气体雾化法制得的粉末具有化学成分均匀、球形度高、粉末粒度可控、氧含量低、生产成本低以及适应多种金属及合金粉末的生产等优点,已成为高性能及特种合金粉末制备技术的主要发展方向。

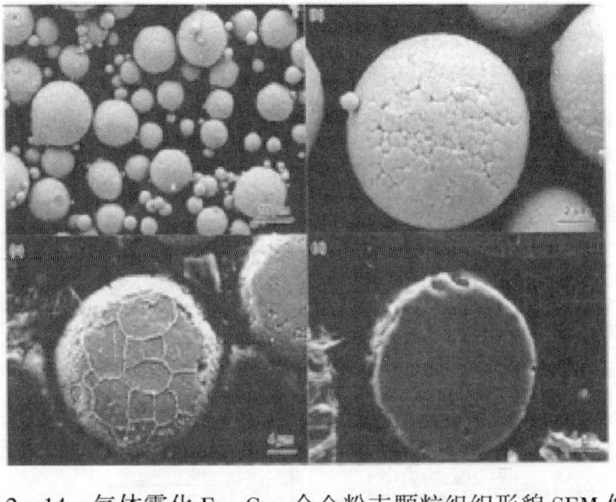

图2-14　气体雾化$Fe_{81}Ga_{19}$合金粉末颗粒组织形貌SEM像

2. 氢化-歧化-脱氢工艺法

此法的工艺流程如图2-15的方框图所示。首先将母合金在室温1MPa的氢气下氢化,从而得到α-Fe、RH_2和RH_3的粉末和团块混合物,其次将上述混合物进一步粉碎并等静压下制成所需要的形状,然后在800℃的真空下脱氢,最后在1150℃温度和6.67×10^4Pa的氩气下烧结1h得出合金粉末。

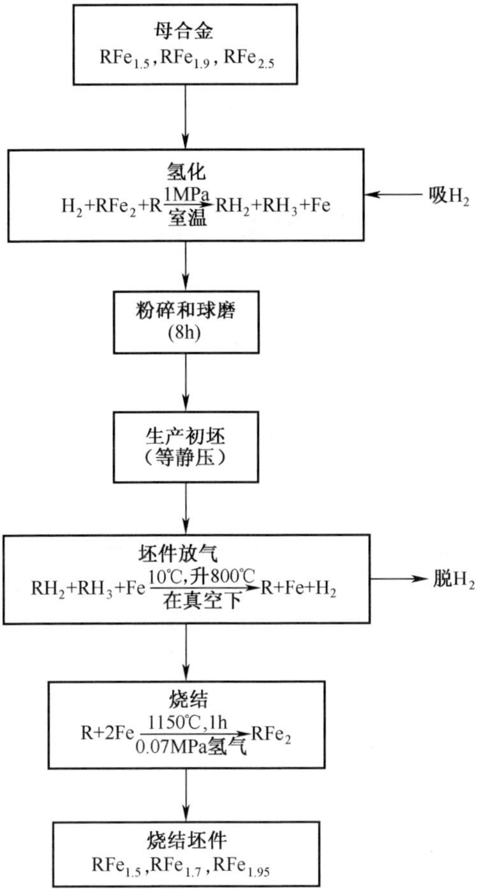

图 2-15 氢化-歧化-脱氢工艺流程图

2.4.3 电化学沉积法

用电化学沉积法可以制备 Fe-Ga 合金低维样品，低维材料具有独特的表面效应、体积效应、量子尺寸和宏观隧道效应等，因而在电学、力学、热学、磁学、光学等方面表现出异于传统材料的各种性能[39]。

第3章

磁化非线性模型

本征非线性是智能材料工程应用领域的重要科学问题，当合金受到外加磁场 $\boldsymbol{H}$ 或者应力张量 $\boldsymbol{\sigma}$ 作用时，材料内部的磁畴会发生相应的旋转，从而产生伸缩形变。由于各向异性的存在，对于相同的磁化强度 M，不同方向施加的驱动场强所需要的能量大小不同，沿易磁化方向<100>施加场强所需能量最小。这种 $\boldsymbol{M}$，$\boldsymbol{H}$，$\boldsymbol{\sigma}$ 三者同时在强度大小和方向上的耦合，使得建立基于磁各向异性的本征非线性模型十分复杂，如何表征这种耦合是 Galfenol 磁致伸缩建模过程中需要解决的一个重要问题。本章首先介绍了当前普遍采用的磁滞建模理论和方法，并对各种磁滞建模理论进行了对比，进而采用能量公式，研究了考虑 Galfenol 合金各向异性的三维非线性建模方法，建立了合金的自由能函数，研究了函数的极值求解方法，在此基础上建立了 Galfenol 合金的三维本征非线性模型。

3.1 磁滞非线性建模理论

磁滞非线性模型是材料磁致伸缩行为表征的关键，基本的磁滞非线性建模理论主要包括 Preisach 模型、Jiles-Atherton 及其相应的扩展模型，以及新近发展起来的自由能模型等。

3.1.1 Preisach 模型

Preisach 模型是较早的描述磁滞特性的模型[40-44]。这个基于数学的经验性模型是德国物理学家 Preisach 在 1935 年基于对磁化现象物理机理的一些假设提出的一种磁滞模型[45]，并被应用于多种滞后系统，而且建立了许多改进的 Preisach 模型[46,47]。该模型的最终输出是通过对多个连续的基本磁滞环单元进行累积与加权求和的结果[48]。磁滞滞后的加权函数取决于材料本身并需要得到辨识与确定。数学家 Krasnoselskii 将该模型进行了一般化处理，使得 Preisach 模型完全成为一种数学模型，它根据磁滞现象采用纯粹的数学公式来模拟磁滞回路，属于现象学理论体系范畴，与产生磁滞的物理机制无关，而抽象出一种基于多值函数算子的纯数学工具。一般化后的 Preisach 模型可适用于诸多具有磁滞特性的更一般的非线性物理过程的分析[49]。

经典 Preisach 模型表达如下[50]：

$$f(t)=\iint_{\alpha\geqslant\beta}\mu(\alpha,\beta)\gamma_{\alpha\beta}[u(t)]\mathrm{d}\alpha\mathrm{d}\beta \tag{3-1}$$

式中：$f(t)$ 为系统输出；$u(t)$ 为系统输入；$\mu(\alpha,\beta)$ 为 Preisach 模型中的权函数，α、β 分别对应于系统输入的“上升”和“降低”的阈值；$\gamma_{\alpha\beta}[u(t)]$ 为取决于输入值的磁滞算子，此时其取值只能是+1 或−1 两种情况。Preisach 模型是通过对历史输入的积分运算来求当前输入的响应，具有全局记忆的特征。

当系统输入始终为正时，$\gamma_{\alpha\beta}[u(t)]$ 的取值只能是+1 或 0，而非+1或−1，所以，输入 $u(t)$ 和输出 $f(t)$ 仅位于第一象限。磁滞算子数学解释如图 3－1 所示，当输入信号逐渐递增时，算子输出始终为 0，直到达到“上升”阈值 α（$\alpha>\beta$），算子输出跃变为 1，继续增大系统输入，$\gamma_{\alpha\beta}[u(t)]$ 保持不变；当 $u(t)$ 逐渐减小时，算子的输出为 1，经过“下降”阈值 β 时跃变为 0，然后保持不变。

为了对 Preisach 经典数学公式进行求解，一般需要对公式进行离散化。模型的几何描述如图 3－2 所示，为满足 $\alpha>\beta$，点集合（β,α）被限制在图中的三角形 T 里。α_0 和 β_0 分别为驱动器的输入饱和电压和零电压，定义如图 3－2(a)的几何三角形区域：

$$T=\{(\beta,\alpha)\in R^2\mid\alpha\geqslant\beta,\alpha_0\geqslant\alpha\geqslant\beta\geqslant\beta_0\} \tag{3-2}$$

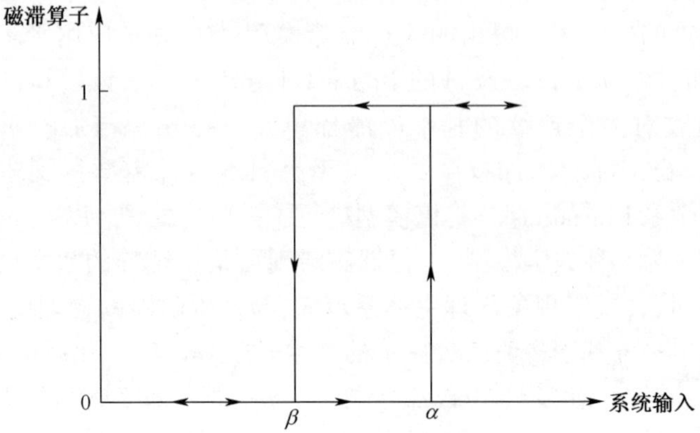

图 3-1　磁滞算子数学解释图

设
$$T_0 = \{(\beta,\alpha) \in T \mid \gamma_{\alpha\beta}[u(t)] = 0\} \tag{3-3}$$
$$T_+ = \{(\beta,\alpha) \in T \mid \gamma_{\alpha\beta}[u(t)] = +1\} \tag{3-4}$$

设系统开始运行时，$u(t)=0=\beta_0$，此时所有的磁滞算子均为0，即$T=T_0$。增大系统输入，当输入值升高到u_1时，阈值小于u_1的磁滞算子的输出变为1，在几何上表示为一水平线从下往上移动，把T划分为T_0和T_+两个区域，如图3-2(b)所示。当系统输入从u_1下降到u_2时，所有阈值大于u_2的磁滞算子输出均为0，几何上表示为一垂直线从右向左移动，如图3-2(c)所示。现选取若干极值点α_1，β_1，α_2，β_2，α_3，β_3。电压从0上升到极大值α_1，再下降到极小值β_1，再上升到极大值α_2，再下降到极小值β_2，如此连续三次，则形成如图3-2(d)的折线。

根据式(3-3)、式(3-4)，式(3-1)可以进一步化简为

$$\begin{aligned} f(t) &= \iint\limits_{\alpha \geqslant \beta} \mu(\alpha,\beta)\gamma_{\alpha\beta}[u(t)]\mathrm{d}\alpha\mathrm{d}\beta \\ &= \iint\limits_{T_0} \mu(\alpha,\beta)\gamma_{\alpha\beta}[u(t)]\mathrm{d}\alpha\mathrm{d}\beta + \iint\limits_{T_+} \mu(\alpha,\beta)\gamma_{\alpha\beta}[u(t)]\mathrm{d}\alpha\mathrm{d}\beta \end{aligned} \tag{3-5}$$

当$(\beta,\alpha) \in T_0 = \{(\beta,\alpha) \in T \mid \gamma_{\alpha\beta}[u(t)] = 0\}$时，磁滞算子输出为0，所以式(3-5)可以写为

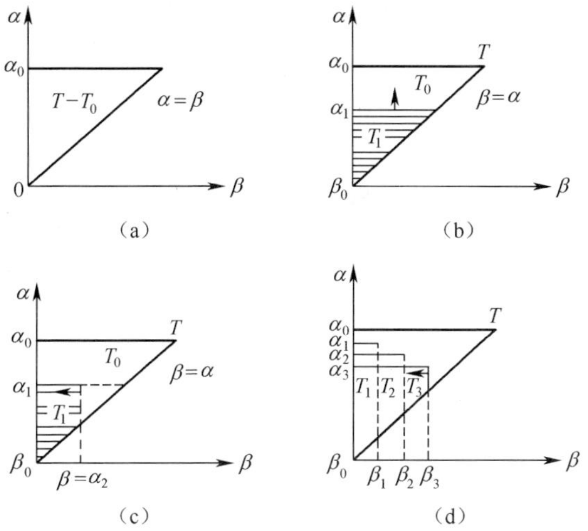

图 3-2　模型几何描述

$$
\begin{aligned}
f(t) &= \iint\limits_{\alpha \geqslant \beta} \mu(\alpha,\beta)\gamma_{\alpha\beta}[u(t)]\,\mathrm{d}\alpha\mathrm{d}\beta = \iint\limits_{T_+} \mu(\alpha,\beta)\gamma_{\alpha\beta}[u(t)]\,\mathrm{d}\alpha\mathrm{d}\beta \\
&= \iint\limits_{T_+} \mu(\alpha,\beta)\,\mathrm{d}\alpha\mathrm{d}\beta
\end{aligned}
\tag{3-6}
$$

为了求解磁滞模型的离散表达式，首先系统设为零初始状态，然后将输入单调递增到 α_1，再减小折返到 β_1，这样就在主磁滞回线内部形成了一条曲线，见图 3-3(a)，相应的系统输出的变化见图 3-3(b)。

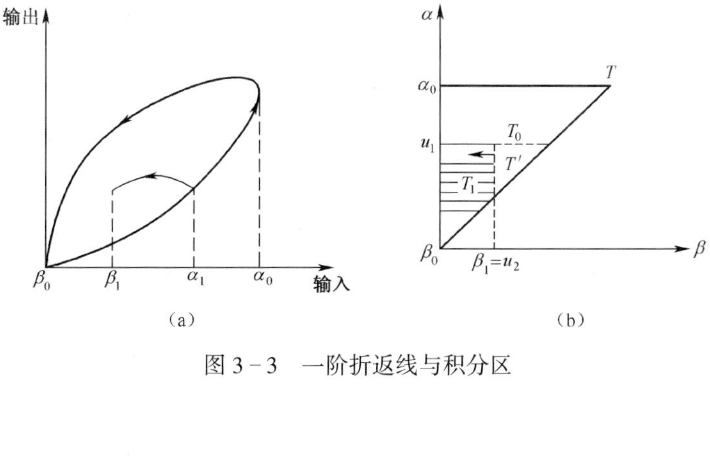

图 3-3　一阶折返线与积分区

输入 $u(t)$ 从0开始单调增大到 α_k，其输出定义为 $f(\alpha_k)$，再单调下降至 β_k，其输出定义为 $f(\alpha_k,\beta_k)$，并将输出变化定义为

$$F(\alpha_k,\beta_k)=f(\alpha_k)-f(\alpha_k,\beta_k) \tag{3-7}$$

结合式(3－7)的定义，由图3－2(d)得到：

$$\begin{aligned} f(u(t)) &= \iint_{T_1}\mu(\alpha,\beta)\mathrm{d}\alpha\mathrm{d}\beta + \iint_{T_2}\mu(\alpha,\beta)\mathrm{d}\alpha\mathrm{d}\beta + \iint_{T_3}\mu(\alpha,\beta)\mathrm{d}\alpha\mathrm{d}\beta \\ &= (f(\alpha_1,\beta_1)-f(\alpha_1,\beta_0)) + (f(\alpha_2,\beta_2)-f(\alpha_2,\beta_1)) + \\ &\quad (f(u(t))-f(u(t),\beta_2)) \end{aligned} \tag{3-8}$$

将式(3－8)作进一步推广，并且区分最终输入值 $u(t)$ 处于单调上升和单调下降情况，即：

$u(t)$ 处于上升时，

$$f(t)=\sum_{k=1}^{n}[f(\alpha_k,\beta_k)-f(\alpha_k,\beta_{k-1})]+f(u(t),u(t))-f(u(t),\beta_n) \tag{3-9}$$

$u(t)$ 处于下降时，

$$f(t)=\sum_{k=1}^{n-1}[f(\alpha_k,\beta_k)-f(\alpha_k,\beta_{k-1})]+f(\alpha_n,u(t))-f(\alpha_n,\beta_{n-1}) \tag{3-10}$$

式中：n 为输入电流序列；α_k 为电流上升或下降系列的极大值；β_k 为电流上升或下降系列的极小值。

通过式(3－9)、式(3－10)可求得任意时刻 $u(t)$ 的输出响应，$f(\alpha_k,\beta_k)$ 的值可通过测试系统主磁滞回线和一阶折返曲线获得。

Preisach模型的优点是算法普遍化，方便用于系统的物理机制难以理解的情况，而且保证了次磁滞环的封闭，磁滞非线性预测能力强，通用性好，适用于表示磁致伸缩、形状记忆合金、压电陶瓷等智能器件的滞后非线性[51-55]。

1990年，Restorff和Clark首先根据铁质物质的现象学磁滞模型提出了磁致伸缩材料的Preisach磁滞模型。针对磁致伸缩材料Terfenol-D随着工作频率的升高，磁滞行为会变化，即表现出动态特性，Tan Xiaobo在Venkataraman和Krishnaprasad两人工作的基础上，提出了一

个新的 Preisach 动态磁滞模型[56,57]，此模型只是在 200Hz 以下模拟的效果较好。

2002 年，Della Torre 等人[58]试图通过 Preisach-Arrhenius 模型研究固定外界磁场条件下，热力场对于磁致伸缩材料退磁曲线的影响，所采取的做法是在基本磁滞环单元引入一个加权函数，以此代表热力场的影响，通过积分运算来描述热力场与磁致伸缩之间的依赖关系。另外一位学者 Suzuki[59]则通过 Preisach 模型研究应力场与磁致伸缩形变之间的关系，指出通过机-磁耦合本征非线性方程的对称性，可以得到外界应力场对铁磁材料磁化率的影响曲线，并通过镍合金对结论进行了验证。

如何找到合适的加权函数，或者用实验的方法对加权函数进行测量，是一项十分困难的工作。Preisach 模型中的加权函数取决于系统状态并且需要通过实验数据进行辨识。针对此工作提出了一些参数辨识的算法。文献[60]中的模型则将加权函数扩展到广义加权函数，并提高了模型的精确度。文献[61]的参数辨识的过程使用了最小二乘法。文献[62]使用该方法在铁电材料上进行了更详细的验证。在文献[57]中，Preisach 模型与线性系统结合并建立了考虑动态效应的 Terfenol-D 的磁滞模型。模型中使用了一种通过参数迭代辨识算法的广义加权函数。该文献将实验数据与模型结果在不同频率条件进行了比较。

3.1.2　Jiles - Atherton 模型

Jiles-Atherton 磁滞模型是一种基于铁磁材料畴壁理论建立起来的磁滞模型，在此模型中，主要的磁化过程是磁畴壁的运动，通过使用一种能量的分析方法，模型建立了磁化过程的可逆与不可逆两部分，并获得了系统的一种微分方程的形式，求和得到材料的总体磁化曲线[63-73]。该模型首先被用来描述磁各向同性铁磁材料的磁滞行为[74]，模型在磁致伸缩材料上有较多的应用[75]。

1983 年，物理学家 Jiles 和 Atherton 通过对畴壁运动机理的研究，推导出描述不可逆微分磁化率和可逆微分磁化率的两个微分方程，得到磁化强度与外加磁场的磁滞回线[76]，其基本的计算方法是将总的磁化强度 M 分解为可逆磁化强度 M_{rev} 和不可逆磁化强度 M_{irr}，其磁滞表达式可以写为[67]

$$
\begin{aligned}
&H_e = H + \alpha M + H_\sigma = H + \alpha' M \\
&M_{\mathrm{an}} = M_s\left[\coth\left(\frac{H_e}{\alpha}\right) - \frac{\alpha}{H_e}\right] \\
&\frac{\mathrm{d}M_{\mathrm{irr}}}{\mathrm{d}H} = \frac{M_{\mathrm{an}} - M_{\mathrm{irr}}}{\delta k - \alpha'(M_{\mathrm{an}} - M_{\mathrm{irr}})} \\
&M_{\mathrm{rev}} = c(M_{\mathrm{an}} - M_{\mathrm{irr}}) \\
&M = M_{\mathrm{irr}} + M_{\mathrm{rev}}
\end{aligned}
\tag{3-11}
$$

式中：H 为外加磁场，其值为激励线圈上产生的驱动磁场和永久磁铁产生的偏置磁场之和；αM 为材料磁畴间相互作用产生的磁场；H_σ 为预应力 σ_0 诱发的磁场，其值为 $H_\sigma = 9\lambda_s\sigma_0 M/(2\mu_0 M_s^2)$；$M_{\mathrm{an}}$ 为无磁滞磁化强度 。参数 $\widetilde{\alpha} \equiv \alpha + 9\lambda_s\sigma_0/(2\mu_0 M_s^2)$ ，μ_0 为真空磁导率。参数 α ，α_P, k, c 和 M_s 分别为畴壁相互作用系数、无磁滞磁化强度形状系数、不可逆损耗系数、可逆系数和饱和磁化强度，它们一般可由特殊材料的供应商提供。

磁致伸缩的大小通常用 λ 表示，$\lambda = \Delta l/l$，其中 Δl 为铁磁体长度方向上的伸长量。磁材料的磁致伸缩量的绝对值随磁场的增加而增加，当磁场强度达到某一临界值时，磁致伸缩量就不再增加，而达到饱和。在一定应力作用下，各向同性材料的磁致伸缩率 λ 与磁化强度 M 的近似关系为基于能量基础的二次畴转模型：

$$
\lambda = \frac{3\lambda_s}{2M_s^2}M^2 \tag{3-12}
$$

式中：λ_s 为饱和磁致伸缩率。

后来，Sablik 和 Jiles 等对该模型进行了扩展[77-82]，使其不仅能分析由应力引起的磁机械效果，而且能分析磁化强度和磁致伸缩的耦合作用。经过扩展的 Jiles-Atherton 磁滞模型仍为低阶普通微分方程，方程物理思想更加清晰,在应用中也较易实现。

Smith 总结分析了 Preisach 磁滞模型和 Jiles - Atherton 磁滞模型[63],并采用一具有磁致伸缩致动器的悬臂梁结构作为应用分析例子,分别引入 Preisach 磁滞模型和 Jiles-Atherton 磁滞模型建立了悬臂梁的动力学模型,可惜的是没有给出数值计算结果和实验验证结果。Dapino、Smith 和 Calkins 等[64-66]采用扩展的 Jiles-Atherton 磁滞模型和二次畴转磁致伸缩模型,建立了磁致伸缩器件输入电流与输出位移的磁滞行为,表明了该模型可较好地描述器件的主环和小环的磁滞特性,但是该组合模型由于没考虑致动器的涡流、异常和机械结构损耗,因此仅能描述器件的低频特性。河北工业大学课题组也对基于 Jiles-Atherton 的磁致伸缩器件物理模型进行了深入研究[67-73],并基于铁磁损耗的物理理论建立了磁致伸缩器件的动态磁滞模型。后来 Dapino 等人采用该模型对 Terfenol-D 进行了动态磁滞建模。文献[80]与[83]将 Jiles-Atherton 模型进行了扩展,并建议将作用在磁致伸缩材料上的预应力效应用额外的附加磁场来代替。在文献[83]中,使用了二次磁致伸缩效应的 Jiles-Atherton 模型,并考虑了应力对磁化过程影响模型。为了能够描述铁磁材料的磁各向异性和对应力场的依赖关系,文献[81]与[84]利用不同的无磁滞函数分别对该模型的应用进行了改进,以此研究不同条件下磁致伸缩行为的各种耦合关系。

目前,Jiles-Atherton 模型在铁磁材料的磁滞非线性建模方面应用仍十分广泛,由于模型是基于铁磁材料物理磁化过程的建模理论,因而当涉及到铁磁材料内部磁畴和物理磁化过程时,模型具有较强的优势。但是该模型的通用性有一定的限制,与纯数学的磁滞建模方法不同,该方法适用于铁磁类材料的磁化建模,对于压电材料、铁电材料、机械磁滞等现象,该方法具有限制性;此外,从方程(3-11)可以看出,模型求解涉及众多具有具体物理含义的参数,这些物理参数的确定过程往往十分复杂。

3.1.3 Prandtl-Ishlinskii 模型

传统的 Prandtl-Ishlinskii 模型(PI 模型)[85]是采用无关线性 play

算子(或称 backlash 算子)作为基本迟滞单元,通过对有限个具有不同阈值的迟滞单元的加权叠加来描述迟滞行为。PI 模型具有以下几点性质[86]:

(1) PI 模型具有多值映射和非局部记忆的性质,这与实际工程中的各种智能材料如压电、磁致伸缩、形状记忆合金等材料所表现的迟滞特性是相符合的。

(2) 满足一定不等式约束条件的 PI 模型,其逆模型唯一存在且与模型本身具有相同结构。

(3) 满足一定不等式约束条件的 PI 模型,其初始加载曲线是一个凸函数,因此,迟滞环总是逆时针方向的且迟滞环是奇对称的。

PI 模型计算的核心思想在于通过加权权重函数,对基本的磁滞算子进行权重运算,累加求和后得到对磁滞非线性现象的描述,基本的磁滞算子单元可以表示为下面的函数[86]:

$$y(t) = H_{r_h}[x, y_0](t) \tag{3-13}$$

式中:H_{r_h} 为算子函数;x 为输入;y 为输出;y_0 为初始值。当采用不同的阈值 r_h 时,磁滞算子需要采用递归方程进行定义,即

$$y(t) = H(x(t), y(t_i), r_h) \tag{3-14}$$

方程(3-14)中系统输出取决于初始条件 $y(t_0)$ 和 play 算子,初始条件可以通过下面的方程进行计算:

$$y(t_0) = H(x(t_0), y_0, r_h) \tag{3-15}$$

带死区的 play 算子,在分段单调区间 $t_0 \leqslant t_1 \leqslant \cdots \leqslant t_i \leqslant t \leqslant t_{i+1} \leqslant \cdots \leqslant t_N$ 中,在分段单调输入信号 $x(t)$ 作用下,play 算子写为

$$y(t) = H_r[x](t) = \max\{x(t) - r, \min\{x(t) + r, y(t)\}\} \tag{3-16}$$

式中:$r \in R_0^+$ 为算子的阈值。在初始时刻 t_0,算子的初始一致条件为

$$y(t_0) = \max\{x(t_0) - r, \min\{x(t_0) + r, y_0\}\} \tag{3-17}$$

式中:$y_0 \in R$ 为独立算子初始值。图 3-4 所示为 play 算子的输入-输出关系图,通过对具有不同阈值的 play 算子进行线性加权叠加,可以得到传统的 PI 模型:

$$y(t)=\boldsymbol{w}_h^{\mathrm{T}}\boldsymbol{H}_{r_h}[x,\boldsymbol{y}_0](t) \tag{3-18}$$

式中：$\boldsymbol{r}_h=[r_{h0}\quad r_{h1}\quad\cdots\quad r_{hm}]^{\mathrm{T}}$为阈值向量，并且有$0<r_{h0}<r_{h1}<\cdots<r_{hm}<+\infty$；$\boldsymbol{w}_h^{\mathrm{T}}=[w_{h0}\quad w_{h1}\quad\cdots\quad w_{hm}]^{\mathrm{T}}$为权向量；$\boldsymbol{y}_0=[y_{00}\quad y_{01}\quad\cdots\quad y_{0m}]^{\mathrm{T}}$为初始值向量；$\boldsymbol{H}_{r_h}=[x,y_0](t)=[H_{r_0}[x,y_{00}](t)\quad H_{r_1}[x,y_{01}](t)\quad\cdots\quad H_{r_m}[x,y_{0m}](t)]^{\mathrm{T}}$为 play 算子向量。

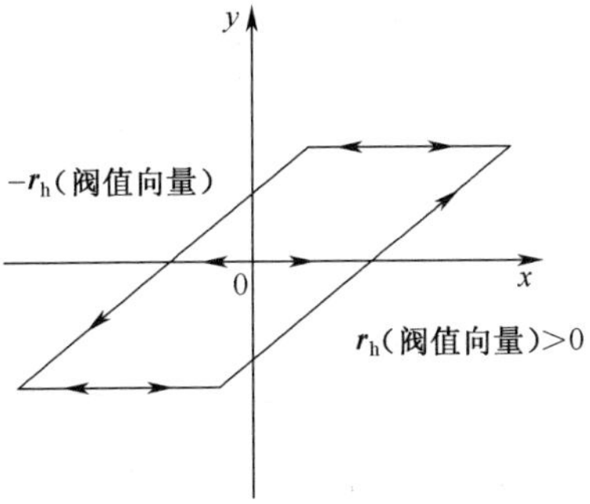

图 3-4　play 算子的输入-输出关系

由于大多数智能材料表现出的迟滞环不是奇对称的，也不一定是凸的，因此，性质 3 使模型的应用条件过于苛刻，影响了 PI 模型的应用。Kuhnen[86]在传统 PI 模型的基础上串联了一个具有无记忆性、非凸和非奇对称等性质的算子，从而使得改进后的 PI 模型具有非局部记忆性、非凸和非奇对称等性质。这个算子采用不同阈值的死区算子的加权叠加。死区算子写为

$$S(x(t),r_s)=\begin{cases}\max\{x(t)-r_s,0\}, & r_s>0\\ x(t), & r_s=0\\ \min\{x(t)-r_s,0\}, & r_s<0\end{cases} \tag{3-19}$$

式中：$r_s\in R$是死区算子的阈值，图 3-5 给出了死区算子的输入-输出关系，不同阈值的死区算子的加权叠加为

$$S[x](t)=\boldsymbol{w}_s^{\mathrm{T}}\boldsymbol{S}_{r_s}[x](t) \tag{3-20}$$

式中：$\boldsymbol{r}_s^{\mathrm{T}}=[r_{s0}\quad r_{s1}\quad\cdots\quad r_{sl}]^{\mathrm{T}}$为死区算子的阈值向量，$0<r_{s0}<r_{s1}$

$< \cdots < r_{sl} < +\infty$；$\boldsymbol{w}_s^{\mathrm{T}} = [w_{s0} \quad w_{s1} \quad \cdots \quad w_{sl}]^{\mathrm{T}}$ 为死区算子的权值向量；$\boldsymbol{S}_{r_s}^{\mathrm{T}} = [S_{r_{s0}} \quad S_{r_s1} \quad \cdots \quad S_{r_{sl}}]^{\mathrm{T}}$ 为死区算子向量。最终，改进的 PI 模型为

$$y(t) = S[x](t) = \boldsymbol{w}_s^{\mathrm{T}} \boldsymbol{S}_{r_s}[\boldsymbol{w}_h^{\mathrm{T}} \boldsymbol{H}_{r_h}[x, y_0]](t) \tag{3-21}$$

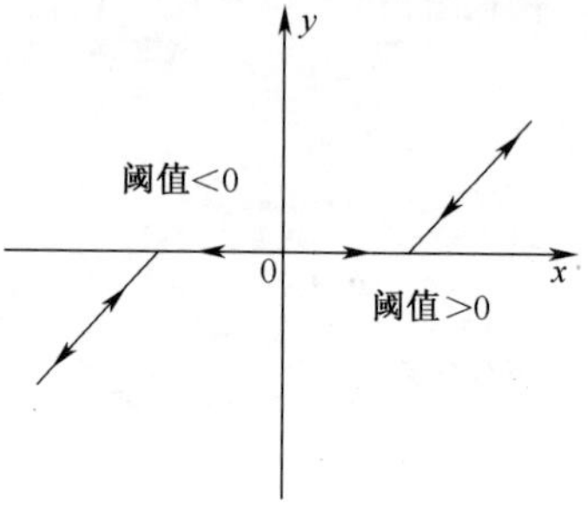

图 3-5 死区算子的输入-输出关系

3.1.4 自由能磁滞模型

2003 年，R. C. Smith 和俄亥俄州立大学的 M. J. Dapino 等学者在 Jiles-Atherton 模型的基础上提出了一种自由能磁滞模型[87]，该建模方法认为，当磁致伸缩材料受外部磁场作用时，其晶体内部磁矩重新排列，导致其自由能发生变化，产生磁化强度 M。模型的建立主要分为两个部分：①对均质材料在内部场恒定的情况下建立其 Helmholtz-Gibbs 自由能关系；②通过考虑实际材料的非均质性及内部有效场的非恒定性，带入随机分布函数，导出有关磁场强度 H 与局域磁化强度 M 的磁滞关系模型。进一步，可在对磁机相互作用的研究基础上来预测磁场强度 H 与应变 ε 的非线性关系。建模过程的具体框图如图 3-6 所示。

该模型将 Helmholtz-Gibbs 自由能和统计学分布理论进行综合，对中高等驱动强度下的磁滞模型进行了相关模拟，其主要输入输出参数包括磁场强度和磁化强度、机械应变等。模型中采用了 Boltzmann 统计学理论，将外界热场和机械场的相关能量关系函数代入材料的伸缩形变求解中，进而达到建立本征非线性磁-机-热三场耦合模型的目的。

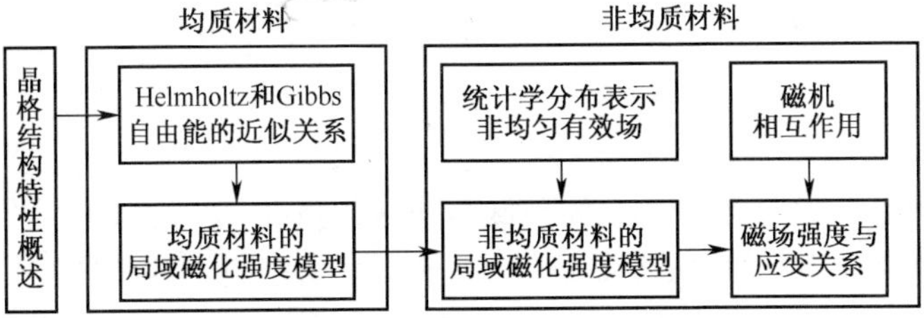

图 3-6　自由能磁滞模型建立的具体思路

3.1.4.1　均质材料磁滞模型

假设磁矩之间的相互作用是绝热的,且下列表达式中温度均是稳定在居里温度以下,通过考虑其产生的内部能,可以用公式来表示 Helmholtz 势能 ψ 。又假设预应力主导磁各向异性,则材料的自由能如图 3-7 所示。根据平均场理论,可得到 Helmholtz 能的表达式为

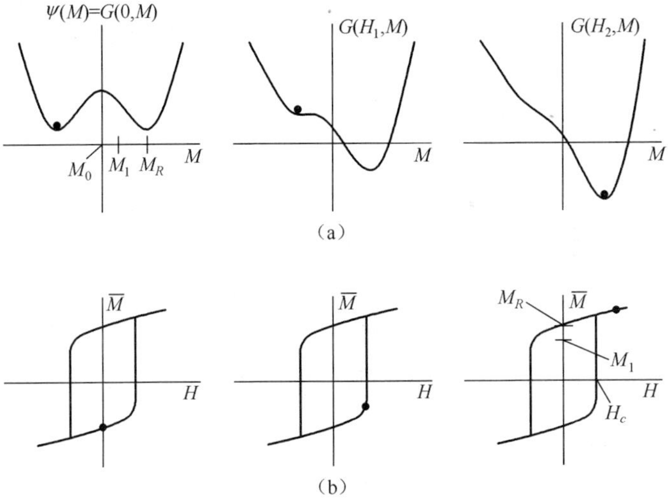

图 3-7　材料的自由能

(a)不同磁场下的 Helmholtz 能和 Gibbs 能($H_2 > H_1 > 0$);

(b)均质、各向同性材料的局域磁化强度 $\overline{M}$ 与磁场 H 之间的关系。

$$\psi(M,T)=\frac{H_hM_s}{2}[1-(M/M_s)^2]+\frac{H_hT}{2T_c}\left[M\ln\left(\frac{M+M_R}{M_s-M}\right)+M_s\ln(1-(M/M_s)^2)\right] \tag{3-22}$$

式中：H_h 为偏置磁场；M_s 为局域饱和磁化强度；T_c 为居里温度。

由统计力学可知，等温条件下，三个平衡态附近的势能，其一阶可近似为二次行为。则 Helmholtz 自由能可由分段二次关系式表示为[88,89]

$$\psi(M)=\begin{cases}\frac{1}{2}\eta\,(M+M_R)^2, & M\leqslant -M_I\\ \frac{1}{2}\eta\,(M-M_R)^2, & M\geqslant M_I\\ \frac{1}{2}\eta\,(M_I-M_R)^2\left(\frac{M^2}{M_I}-M_R\right), & |M|<M_I\end{cases} \tag{3-23}$$

式中：M_I 为拐点时产生的磁化强度；M_R 为局域剩余磁化强度；η 为转换后的斜率且 $\eta=\frac{\mathrm{d}H}{\mathrm{d}M}$。

材料的 Gibbs 能可写为

$$G(H,M,T)=\psi(M,T)-HM \tag{3-24}$$

对于均质材料，有效场 H_e = 应用场 H，平均局域磁化强度为

$$\overline{M}=x_+\langle M_+\rangle+x_-\langle M_-\rangle \tag{3-25}$$

式中：x_+，x_- 分别为磁矩中含有正方向和负方向的磁矩的概率；M_+ 和 M_- 分别为正方向和负方向所得到的磁化强度的期望值，可表示为

$$\langle M_+\rangle=\int_{M_I}^{\infty}M\mu(G)\,\mathrm{d}M\quad,\quad\langle M_-\rangle=\int_{-\infty}^{-M_I}M\mu(G)\,\mathrm{d}M \tag{3-26}$$

其中

$$\mu(G)=C\mathrm{e}^{-GV/kT} \tag{3-27}$$

式中：k 为玻耳兹曼常数；C 为常数，可根据磁化强度积分值为 1 来选

择该常数；V 为晶格体积。

式(3－27)定量地表述了取得 Gibbs 能的概率。考虑玻耳兹曼能量平衡，可在晶格体积 V 内得到材料的近似弛豫过程特性，然后对常数 C 进行估计，即可求得平均磁化强度值：

$$\langle M_+\rangle=\frac{\int_{M_I}^{\infty}M\mathrm{e}^{-G(H,M)V/kT}\mathrm{d}M}{\int_{M_I}^{\infty}\mathrm{e}^{-G(H,M)V/kT}\mathrm{d}M}$$
$$\langle M_-\rangle=\frac{\int_{-\infty}^{-M_I}M\mathrm{e}^{-G(H,M)V/kT}\mathrm{d}M}{\int_{-\infty}^{-M_I}\mathrm{e}^{-G(H,M)V/kT}\mathrm{d}M} \tag{3-28}$$

根据磁矩旋转的决定性方程(3－27)可知，平均局域磁化强度 $\overline{M}$(方程(3－25))是随机的。因此，磁场强度和磁化强度表现出了较强的磁滞特性和非线性，如图 3－7 所示。磁矩转换的停止取决于方程(3－27)中 GV 和 kT 的比值，较大的 kT 值能够很好地模拟热运动突出的区域，反过来会使转换更加平滑。

为了达到对模型进行定性分析和对热运动可忽略区域进行定量分析的目的，需要从两个方面对平均局域磁化强度 $\overline{M}$ 的复杂行为进行简化，其中定性分析可以在分析磁矩旋转后的平衡行为求得。

在热运动可忽略的区域内，根据平衡条件

$$\frac{\partial G}{\partial M}=0 \tag{3-29}$$

结合式(3－24)可得

$$\frac{\partial H}{\partial M}=\frac{\partial^2\psi}{\partial M^2} \tag{3-30}$$

由式(3－30)可知，此线性域内，磁滞核的斜率为 $1/\eta$。拐点 M_I 为关键点，此时恢复力最大。磁致伸缩致动器自由能磁滞模型的原始参数估计值可以根据上述平衡条件得到。

在磁化发生时间较短，热运动可忽略的情况下，跳跃会在瞬间完成,所以,可以通过渐近关系式来简化磁化强度,如图 3-8 所示。通过求解式(3-29)可得 $M_{\min}$,又 $\overline{M}=M_{\min}$,进而求出 $\overline{M}$。

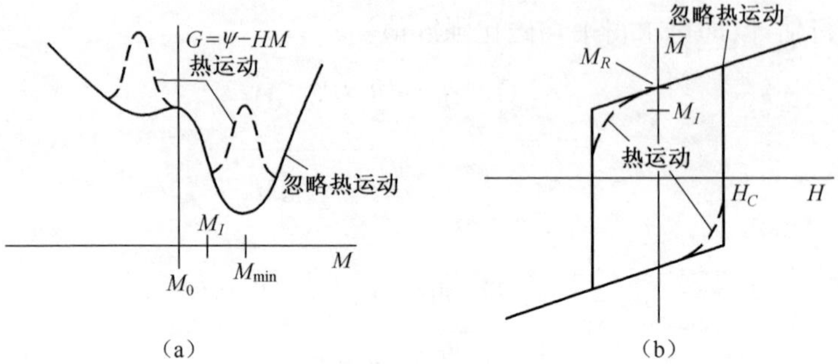

图 3-8 通过渐近关系约束简化磁化强度

(a) Gibbs 能量剖面,玻耳兹曼概率 $\mu(G)=Ce^{-GV/kT}$;(b) 局域磁化强度 $\overline{M}$。

结合 Helmholtz 自由能表达式(3-23)可得到局域磁化强度:

$$[\overline{M}(H;H_c,\xi)](t)=\begin{cases}[\overline{M}(H;H_c,\xi)](0), & \tau(t)=\phi\\ \dfrac{H}{\eta}-M_R, & \tau(t)\neq\phi \text{ 且 } H[\max\tau(t)]=-H_c\\ \dfrac{H}{\eta}+M_R, & \tau(t)\neq\phi \text{ 且 } H[\max\tau(t)]=H_c\end{cases} \tag{3-31}$$

式中:$\overline{M}$ 发生转折的时间集合 $\tau(t)$ 可表示为

$$\tau(t)=\{t\in(0,T_f)\mid H(t)=-H_c\text{或 } H(t)=H_c\} \tag{3-32}$$

磁矩的初始取向值 $[\overline{M}(H;H_c,\xi)](0)$ 可表示为

$$[\overline{M}(H;H_c,\xi)](0)=\begin{cases}\dfrac{H}{\eta}-M_R, & H(0)\leqslant -H_c\\ \xi, & -H_c<H(0)<H_c\\ \dfrac{H}{\eta}+M_R, & H(0)\geqslant H_c\end{cases} \tag{3-33}$$

局域的矫顽力 H_c 可表示为

$$H_c = \eta(M_R - M_I) \tag{3-34}$$

3.1.4.2　非均质材料磁滞模型

局域磁化强度模型(方程(3-25)或方程(3-31))是在假设材料内部晶格和磁畴结构完全均匀的前提下建立的。然而实际情况并非如此,材料本身的缺陷性导致了晶格的结构是非均匀的,进而造成材料中不同区域的自由能剖面是非均匀的。并且,均质材料中有效场 H_e 等于应用场 H 的假设,忽略了磁的相互作用或 Weiss 平均场效应。根据近似统计学分布理论,可对非均质材料的局域磁化强度模型进行延展。

假设参数 M_R、M_Z 或 $H_c = \eta(M_R = M_I)$ 呈现某种分布规律而不是常数,同时考虑由磁畴间的耦合而引起的 Weiss 场效应。

Weiss 场定量地描述了磁致伸缩材料内部原子之间的相互作用,但其并非认为相互作用系数 α 为一定常参数,而是认定有效场 H_e 能够表现出磁矩分布不均匀引起的变化。所以,有效场 H_e 需要进行相应拓展,假设有效场 H_e 是关于应用场的正态分布,其大小可表示为 $H_e = H + H_1$,其中 H_1 是用来描述有效磁场服从概率分布的派生磁场,因而磁化强度可以表示为

$$M(H) = \int_{-\infty}^{\infty} C_2 \overline{M}(H + H_1; H_c, \xi) \mathrm{e}^{-(H-H_1)^2/\bar{b}} \mathrm{d}H \tag{3-35}$$

由此,变化有效场下的非均质多晶材料的完整磁化强度模型为

$$[M(H)](t) = C \int_0^{\infty} \int_{-\infty}^{\infty} [\overline{M}(H + H_1; H_c, \xi)](t) \mathrm{e}^{-H^2/\bar{b}} \mathrm{e}^{-(H_c - \bar{H}_c)^2/b} \mathrm{d}H_1 \mathrm{d}H_c \tag{3-36}$$

式(3-36)没有考虑涡流损失,仍限于低频驱动范围。

3.1.4.3　磁-机本构关系

Gibbs 能表达式(式(3-24))结合了各向同性材料在磁畴量级上的内部能和磁矩能。但这样就忽略了磁-机耦合效应,也不能展示材料的磁致伸缩能力。磁致伸缩关系式可由磁化强度 M 与应变 ε 的二次

型式(式(3-12))表示。当驱动器预应力主导晶格的各向异性时,通过考虑磁弹性 Helmholtz 自由能关系式,磁-机耦合效应可表达为

$$\psi_e(M,\varepsilon)=\psi(M)+\frac{1}{2}Y^M\varepsilon^2-Y^M\gamma\varepsilon M^2 \tag{3-37}$$

相应的 Gibbs 能可表达为

$$G(H,M,\varepsilon)=\psi(M)+\frac{1}{2}Y^M\varepsilon^2-Y^M\gamma\varepsilon M^2-HM-\sigma\varepsilon \tag{3-38}$$

式中:ψ 可由式(3-23)得到;Y^M 为在一定磁化强度下的弹性模量;γ 为磁-机耦合系数。

在强热运动情况下,局域磁化强度 $\overline{M}$ 可由式(3-25)得到,Gibbs 能可由式(3-38)得到。在忽略热运动的情况下,局域磁化强度可写为

$$[\overline{M}(H,\varepsilon;H_c,\xi)](t)=\begin{cases}[\overline{M}(H,\varepsilon;H_c,\xi)](0), & \tau(t)=\phi\\ \dfrac{H}{\eta-2Y^M\gamma\varepsilon}-\dfrac{M_R\eta}{\eta-2Y^M\gamma\varepsilon}, & \tau(t)\neq\phi \text{ 且 } H[\max\tau(t)]=-H_c\\ \dfrac{H}{\eta-2Y^M\gamma\varepsilon}+\dfrac{M_R\eta}{\eta-2Y^M\gamma\varepsilon}, & \tau(t)\neq\phi \text{ 且 } H[\max\tau(t)]=H_c\end{cases} \tag{3-39}$$

式中:$H_c=\eta(M_R-M_I)$;$\tau(t)$ 由公式(3-32)可得;且

$$[\overline{M}(H,\varepsilon;H_c,\xi)](0)=\begin{cases}\dfrac{H}{\eta-2Y^M\gamma\varepsilon}-\dfrac{M_R\eta}{\eta-2Y^M\gamma\varepsilon}, & H(0)\leqslant -H_c\\ \xi, & -H_c<H(0)<H_c\\ \dfrac{H}{\eta-2Y^M\gamma\varepsilon}+\dfrac{M_R\eta}{\eta-2Y^M\gamma\varepsilon}, & H(0)\geqslant H_c\end{cases} \tag{3-40}$$

对于无阻尼磁致伸缩材料,磁-机耦合本构关系式可表示为

$$\sigma = Y^{M}\varepsilon - Y^{M}\gamma M^{2} \tag{3-41}$$

$$M(H,\varepsilon) = C\int_{0}^{\infty}\int_{-\infty}^{\infty}\overline{M}(H + H_{1},\varepsilon;H_{c},\xi)\mathrm{e}^{-H^{2}/\bar{b}}\mathrm{e}^{-(H_{c}-\overline{H}_{c})^{2}/b}\mathrm{d}H_{1}\mathrm{d}H_{c} \tag{3-42}$$

式中当忽略热运动时，$\overline{M}$ 可由公式(3-39)得知；当考虑强热运动或弛豫机制时，$\overline{M}$ 可由公式(3-25)得知，G 可由公式(3-38)得知。

3.1.4.4 数值实现方法

根据文献[89]可知，从计算精度和计算效率两方面进行比较，采用 Gauss-Legendre 方法进行积分离散化，矩阵表示法实现核函数，如此可达到最高的计算精度和最快的效率。

1) 积分离散化

首先将公式(3-36)的积分限划分为有限个小区间 Ω_2，然后针对每个区间应用 Gauss-Legendre 方法进行积分离散化。Gauss-Legendre 方法的一般形式为

$$\int_{-1}^{1} f(x)\mathrm{d}x = \sum A_k f(x_k) \tag{3-43}$$

则上述自由能磁滞模型的数值计算公式可以换算成：

$$[M(H)](t) = \sum_{i=1}^{N_i}\sum_{j=1}^{N_j}\boldsymbol{v}_1(H_{ci})\boldsymbol{v}_2(H_j)[\overline{M}(H_j + H;H_{ci},\xi_i)]v_i w_j \tag{3-44}$$

式中：$\boldsymbol{v}_1(H_{ci}) = c_1\mathrm{e}^{-(H_{ci}-H_c)^2/b}$；$\boldsymbol{v}_2(H_j) = c_2 e^{-H_j^2/\bar{b}}$；$H_{ci}$，$H_j$ 为高斯积分点；v_i，w_j 为权函数。

原离散化后的方程可化为

$$[M(H)](t) = C\sum_{i=1}^{N_i}\sum_{j=1}^{N_j}\mathrm{e}^{-(H_{ci}-H_c)^2/b}\mathrm{e}^{-H_j^2/\bar{b}}[\overline{M}(H_j + H;H_{ci},\xi_i)]v_i w_j \tag{3-45}$$

2) 核函数实现

根据公式(3-31)可知，在忽略热运动的情况下，局域磁化强度可

由分段线性通式来进行描述

$$\overline{M} = \frac{H}{\eta} + M_R\Delta \tag{3-46}$$

式中：$\Delta = 1$ 为局域磁化强度位于核函数的上分支；$\Delta = -1$ 为局域磁化强度位于核函数的下分支。

为了准确地表示式(3-46)分段的判断条件，且有效地提高计算速度，可以采用矩阵运算法进行定义如下

$$\boldsymbol{\Delta}_{\text{int}} = \begin{bmatrix} -1 & \cdots & -1 & 1 & \cdots & 1 \\ \vdots & & \vdots & \vdots & & \vdots \\ -1 & \cdots & -1 & 1 & \cdots & 1 \end{bmatrix}_{N_i \times N_j}$$

$$\boldsymbol{H}_c = \begin{bmatrix} H_{c1} & \cdots & H_{c1} \\ \vdots & & \vdots \\ H_{cN_i} & \cdots & H_{cN_i} \end{bmatrix}_{N_i \times N_j}$$

$$\boldsymbol{h}_k = \begin{bmatrix} H_k + H_1 & \cdots & H_k + H_{N_j} \\ \vdots & & \vdots \\ H_k + H_1 & \cdots & H_k + H_{N_j} \end{bmatrix}_{N_i \times N_j}$$

定义权函数矢量如下

$$\boldsymbol{V}^{\mathrm{T}} = \left[v_1 \boldsymbol{v}_1(H_{c1}) \quad \cdots \quad v_{N_i} \boldsymbol{v}_1(H_{cN_i}) \right]_{1 \times N_i}$$

$$\boldsymbol{W}^{\mathrm{T}} = \left[w_1 \boldsymbol{v}_2(H_1) \quad \cdots \quad w_{N_j} \boldsymbol{v}_1(H_{N_j}) \right]_{1 \times N_j}$$

在某个磁场强度值 H_k 下的磁化强度 $M_k = M(H_k)$ 可由如下算法进行计算：

$$\Delta H = H_k - H_{k-1}$$

$$h_k = h_{k-1} + \Delta H$$

$$\Delta_k = \mathrm{sign}(h_k + H_c \cdot \Delta_{k-1})$$

$$\overline{M} = \frac{h_k}{\eta} + M_R \Delta_k$$

$$M_k = \boldsymbol{V}^{\mathrm{T}} \overline{\boldsymbol{M}} \boldsymbol{W}$$

式中：H_k 为离散化后第 k 个元素对应的磁场强度值；h_k 为有效场；Δ 构造的矩阵中第 ij 个元素表示第 j 个有效场是否刚好跨过第 i 个临界磁场强度；H_c 为临界磁场强度。

3.1.5　神经网络模型

神经网络磁滞模型是一种利用纯数学工具对材料磁滞特性和饱和非线性进行建模的数学方法。神经网络技术本身是在现代神经生物学研究基础上提出的模拟生物过程以反映人脑某些特性的计算技术[90,91]。它不是人脑神经系统的真实描写,而只是它的某种抽象、简化和模拟,人工神经网络是由大量的人工神经元相互联结而成的网络模块,其中人工神经元及其触角是神经网络的基本组成单元。在人工神经网络中,神经元常被称为“处理单元”;有时从网络的观点出发常把它称为“节点”。神经元的模型如图 3－9 所示,人工神经元有许多输入信号,用 t 表示;同时人工神经元只有一个输出信号,用 t 表示;在输出与输入之间的关系可用某种函数来表示,这种函数称为转移函数,一般为非线性的。

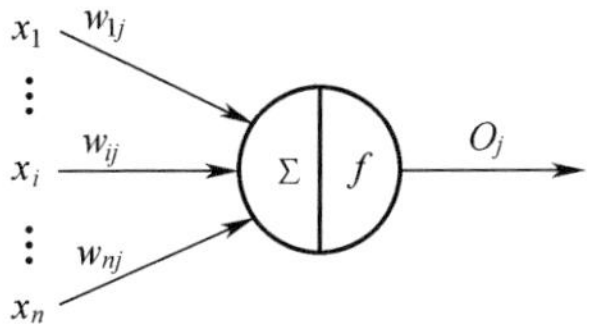

图 3－9　神经元模型示意图

神经元的模型可以用一个数学表达式进行抽象与概括：

$$o_x(t)=f\left\{\left[\sum_{i=1}^{n}w_{ij}x_j(t-\tau_{ij})\right]-T_j\right\} \tag{3-47}$$

式中：τ_{ij} 为输入输出间的突触时延；T_j 为神经元 j 的阈值；w_{ij} 为神经 i 到 j 的突触连接系数或称权重值；$f(\cdot)$ 表示神经元转移函数。

式(3－47)表示在 t 时刻神经元 j 接收来自神经元 i 的输入信号 $x_i(t)$，同时在 t 时刻神经元 j 输出信号 $O_j(t)$。

神经元的数学模型的不同主要取决于不同的转移函数,从而使神经元具有不同的信息处理特性,最常用的转移函数有 4 种:阈值型转移函数、非线性转移函数、分段线性转移函数以及概率型转移函数。

神经网络模型是按一定规则将神经元连接成神经网络,才能实现对复杂信号的处理与存储。根据网络的连接特点与信息流向特点,可将其分为前馈层次型、输入输出有反馈的前馈层次型、前馈层内互联型、反馈全互联型和反馈局部互联型等几种常见类型。在外部输入的激励信号的刺激下神经网络中的连接权值甚至拓扑结构会发生改变,以便使得网络的输出信号无限接近于期望值,这个过程称为神经网络的学习。

人工神经网络有多种类型,其中最常用的是层次型结构的前馈型 BP 神经网络。一个典型的前馈型 BP 神经网络结构如图 3-10 所示。它被分成输入层、隐层和输出层。同层节点间无关联,异层神经元间前向连接。其中输入层含 n 个节点,对应于 BP 网络可感知的 n 个输入;输出层含有 1 个节点,与 BP 网络的 1 种输出响应相对应;隐层节点的数目可根据需要设置。BP 神经网络的学习方法为误差反传算法,这是一种典型的误差修正方法。其基本思路为:在学习过程中由信号的正向传播与误差的反向传播两个过程组成。在正向传播过程中,输入信号从输入层传入,经过隐层处理后,传出到输出层,输出的信号与期望信号不符,则进入反向传播阶段,即误差反传。在误差反传阶段,将输出信号的误差通过某种方式传入隐层,进而传入到输入层,误差在输入层中将分散到各层的所有单元中,此时误差信号作为修正权值的依据。这种权值不断调整的过程是周而复始地进行的,直到输出的误差减小到可接受的程度或到达了预定的学习次数。

层次型结构的前馈型 BP 神经网络实质上是将一组输入输出的问题转化为一个非线性映射问题。该模型的数学表达式为:

输出层表达式:

$$O_k = f\left(\sum_{j=0}^{m} w_{ij} y_j\right), \quad k = 1,2,\cdots,l \tag{3-48}$$

隐层表达式:

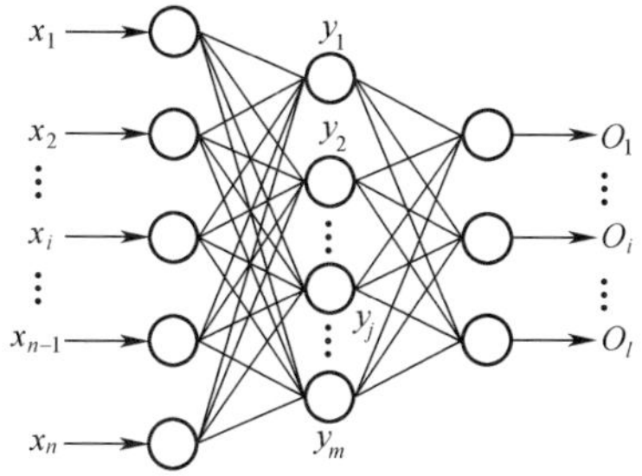

图 3-10　前馈型 BP 神经网络结构示意图

$$y_j = f\left(\sum_{i=0}^{n} v_{ij}x_i\right),\quad j = 1,2,\cdots,m \tag{3-49}$$

转移函数可以采用双极性 Sigmoid 函数(亦称双曲线正切函数)进行表示:

$$f(x) = \frac{1 - e^{-x}}{1 + e^{x}} \tag{3-50}$$

由式(3-48)~式(3-50)构成了 BP 神经网络的数学模型。

刘福贵、陈海燕、刘硕等[92]在分析了 Preisach 类磁滞模型和Jiles-Atherton 磁滞模型各自特点的基础上,采用神经网络技术中的层次型结构的前馈型 BP 神经网络对磁滞特性进行了模拟,得到了神经网络磁滞模型。他们对磁滞特性的神经网络模拟阐述如下:当用神经网络对铁磁材料的磁滞特性进行模拟时,目标就是在给定磁场强度 H 的情况下,通过神经网络最终能够得到一个对应的磁化强度 M。对于非磁滞材料,只需要 1 个输入和 1 个输出,但对于磁滞材料,1 个输入是不够的。因为对于 1 个给定的值,有大量的 M 值与其对应。采用 3 输入 1 输出的 BP 神经网络来模拟材料的磁滞特性(图 3-11)。H 表示磁场强度,H_m 表示某条磁滞回线的磁场强度最大值,H_m 表示磁滞回线的上升分支或下降分支。当 H_m 和 α 给定时,M-H 的轨迹就唯一确定了。从而当输入磁场强度 H 时,就可以得到对应的磁化强度 M。

Adly 等[93]提出了基于 Preisach 模型的神经网络静态模型;Serpico 等[94]提出了基于 play 算子抽出多个变量的前馈网络神经网

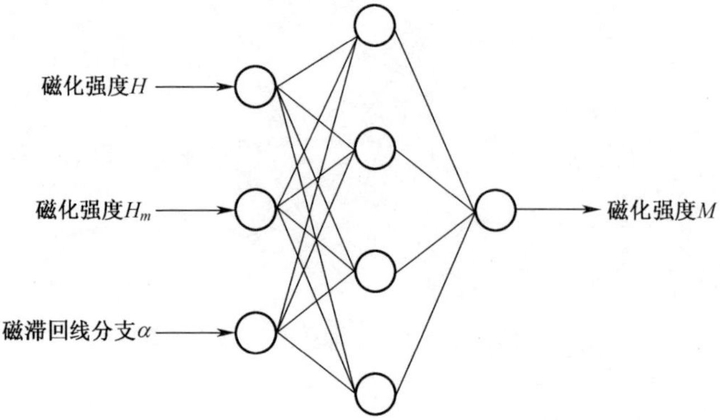

图 3-11　磁滞模型 BP 神经网络

络滞回模型;Cincotti 等[95]提出了以模拟电路为滞回元,采用两个神经网络并联的滞回特性的建模方法;文献[96]中提出了基于三个输入信号的前馈神经网络动态模型,用对应的逆模型抵消压电陶瓷的滞回特性,对模型存在的误差,采用变结构控制进行一定补偿;党选举等[97]提出了对角递归神经网络动态迟滞模型,由于该模型隐含节点和外部都存在反馈,神经网络加权系数的学习在速度上需进一步提高;李慧奇、杨延菊、邓聘等[98]提出了一种基于神经网络结合遗传算法的方法,得到改进的 Jiles-Atherton 磁滞数学模型 5 个常规参数。神经网络滞回模型的优点在于:能够充分逼近任意复杂的非线性系统;能够学习与适应严重不确定性系统。这些特点显示了神经网络在解决高度非线性、严重不确定性系统的建模方面的巨大潜力。但它同 Preisach 模型一样,也是一种基于实验数据的黑箱模型,模型不具透明性,不能揭示过程的机理。

3.1.6　各种模型特性对比

本章前面的几节内容对目前比较典型的磁滞建模理论进行了介绍,除此之外,还有一些针对不同对象的磁滞建模方法,例如,文献[88]中提到的畴壁模型(Domain Wall Model),不同的建模方法起源于不同的研究对象,因而模型特点和各自的适用性存在一定差别。

Preisach 模型、PI 模型、神经网络模型等起源于通过数学工具对磁滞非线性现象的描述，因而模型通用性较强，只需要改变模型的基本权重函数，或者调整模型的本体方程（如神经网络中的转移函数，Preisach 中的折返线，PI 模型中的 play 算子），就可以完成对不同对象的磁滞非线性现象的描述。对于起源于材料本身物理磁化过程的建模方法（Jiles - Atherton 模型、Jiles - Atherton 扩展模型、畴壁模型），可以描述材料内部的磁化过程变化，但适用性有一定限制。表 3 - 1 对常见的磁滞模型的物理属性范围（电-磁耦合、磁、磁-机耦合、电-机耦合）、表征的物理效应（热、动态性、涡流损耗、非线性）等内容进行分类和比较[99]。

表 3 - 1　磁致伸缩材料的模型及其分类

模型分类	电-磁-机械属性				物理效应			英文简写
	电-磁	磁	磁-机	电-机	热	动态性	非线性	
麦克斯韦方程组	√				√	涡流效应	√	Maxwell's equations
Jiles - Atherton 铁磁体磁滞模型		√	√				磁滞饱和	Jiles - Atherton model of ferromagnetic hysteresis
二次定律模型			√				饱和	Quadratic law
Sablik - Jiles 有效场模型			√				磁滞饱和	Sablik - Jiles effective field
磁弹性模型								Elastomagnetic model
线性模型			√		√			Linear
高阶非线性模型			√		√		√	Nonlinear (high order)
非线性耦合模型			√		√		变量耦合	Nonlinear (coupling)
双曲线非线性模型			√		√		√	Nonlinear (hyperbolic)
磁化旋转 2 - D 模型		√	√				√	Magnetization rotation 2 - D

（续）

模型分类	电-磁-机械属性				物理效应			英文简写
	电-磁	磁	磁-机	电-机	热	动态性	非线性	
磁化旋转 3 - D 模型		√	√				√	Magnetization rotation 3 - D
Sablik - Jiles 能量模型			√				磁滞饱和	Sablik - Jiles energy model
微磁学模型		√	√		√		√	Micro - magnetics
Preisach 模型	√	√	√	√	√	√	√ 磁滞	Preisach model
PI 模型	√	√	√	√	√	√	√ 磁滞	Prandtl - Ishlinskii model
神经网络模型	√	√	√	√	√	√	√ 磁滞	Neural Network model
自由能模型	√	√	√	√	√	√	√ 磁滞饱和	Free energy model
Bergqvist - Engdahl 模型	√	√	√	√				Bergqvist - Engdahl model
平面波模型				√		√		Plane Wave Model(PWM)
Jiles - Atherton 扩展模型	√	√	√			涡流效应	磁滞饱和	Jiles-Atherton extended model
电声学模型				√		√		Electro - acoustics

3.2 考虑各向异性的三维磁化非线性模型

绝大多数的晶体材料都具有各向异性特征，在磁致伸缩材料中，由于各向异性的存在，使得材料内部磁化过程不仅与外部磁场或者应力的大小有关，同时也与磁场或应力的施加方向相关。为了全面研究磁致伸缩材料的磁化行为,需要在考虑各向异性的基础上,研究材料的饱和非线性和磁滞非线性特征。

3.2.1　各向异性

自然界中绝大多数固体都是晶体结构,即内部质点(原子、分子、离子)排列成整齐外形,并以多面体出现。组成晶体的质点在空间呈有规则的排列,并每隔一定距离重复出现,有明显的周期性,这种排列情况称为晶格[100]。

固体磁性物质是结晶体,在晶格的不同方向,其结构、力学、磁学性质有很大不同[1,101]。晶体中标记方向的方法如图 3-12 所示,晶向 [100]、[010]、[001] 分别代表 x 轴、y 轴、z 轴, 晶向 [110]、[011]、[101] 分别代表 xy 面、yz 面、xz 面对角线, 晶向 [111] 则代表体对角线。

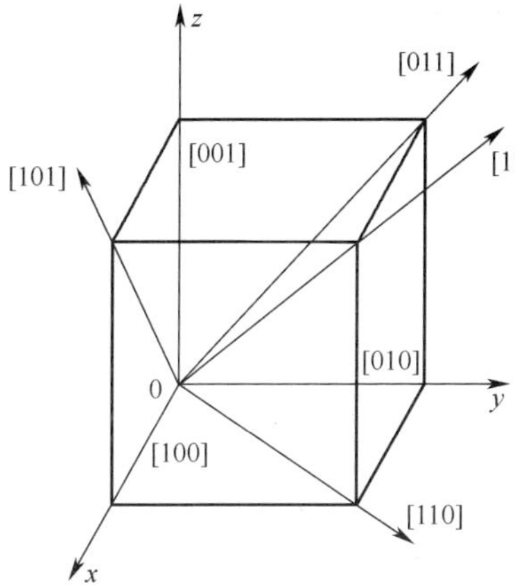

图 3-12　晶向标记

在一个立方体晶体中,材料的磁晶体各向异性能取决于材料磁化的方向 $\hat{\boldsymbol{m}} = [\hat{m}_x \quad \hat{m}_y \quad \hat{m}_z]$,设晶格中磁化方向和晶系之间的方向余弦为 α_1, α_2 和 α_3,那么磁晶体各向异性能密度为

$$E_a = K_1(\alpha_1^2\alpha_2^2 + \alpha_2^2\alpha_3^2 + \alpha_3^2\alpha_1^2) + K_2\alpha_1^2\alpha_2^2\alpha_3^2 + \cdots \quad (3-51)$$

式中：K_1 和 K_2 为由实验测定的磁晶体各向异性常量。

应力各向异性是指物质的磁性随着应力方向的变化而变化的现象。主要表现为弱磁体的磁化率及铁磁体的磁化曲线随应力方向而变。通过对晶体施加应力造成晶体的各向异性能可以近似地表达为

$$E_{\sigma} = -\frac{3}{2}\bar{\lambda}\sigma \sin^2\theta \tag{3-52}$$

式中：$\bar{\lambda}$ 为实验测定的常量；σ 为应力；θ 为应力与晶体轴的夹角。

3.2.2 磁畴

在弱磁体或者铁磁材料中，材料内部磁矩排列相对有序，这种有序只是在局部小区域内存在，这种区域结构称为磁畴。当材料发生自发磁化以后，内磁矩不是大片大片地平行排列，而是分成磁化方向不同的微小的磁畴，这一结构的出现是由于物质内部退磁能和磁畴的畴壁能之间综合作用的结果。退磁能使磁畴结构倾向于细分，而畴壁能则相反，因此，二者在一定尺寸下达到统一，使得总能量最小，从而结构最稳定。

在磁畴内部，原磁矩排列整齐有序，已达到磁化饱和程度，形成一个联合的磁矩。如图 3－13(a)所示，各磁畴的磁矩分别取不同的方向，对外作用互相抵消。正是因为磁畴的存在才使得磁致伸缩材料在未进行技术磁化以前对外不呈现磁性。磁畴的结构可以通过粉纹法或磁光效应法观察到，如图 3－13(b)所示。

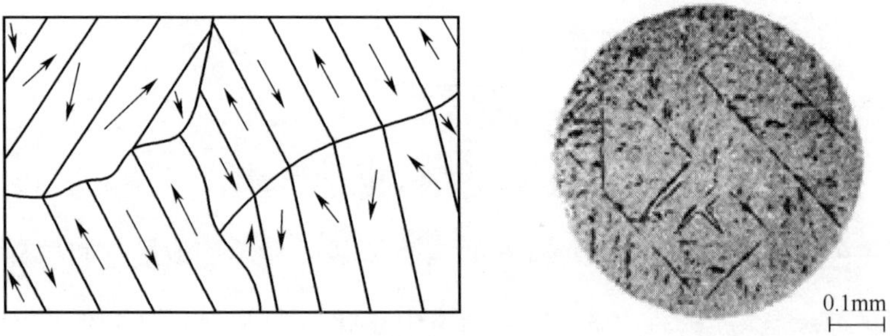

(a)　　　　(b)

图 3－13　磁畴

(a)结构示意图；(b)磁畴相片。

从磁畴相片,我们可以看到相邻磁畴有一个分界,就是畴壁,按畴壁两侧磁矩方向的差别可分为 180°、109°、71°、90°四种,如图 3 - 14(a)所示。畴壁是磁畴之间的过渡层,具有一定的厚度。磁畴的磁化方向在畴壁所在处不是突然转一个大角度,而是经过畴壁的厚度逐步转过去的。图 3 - 14(b)表示 180°壁中磁矩逐渐转向的情况,但从畴壁一边到另一边逐渐转向的磁矩都保持同畴壁平行,这样的畴壁称为 Bloch 壁。

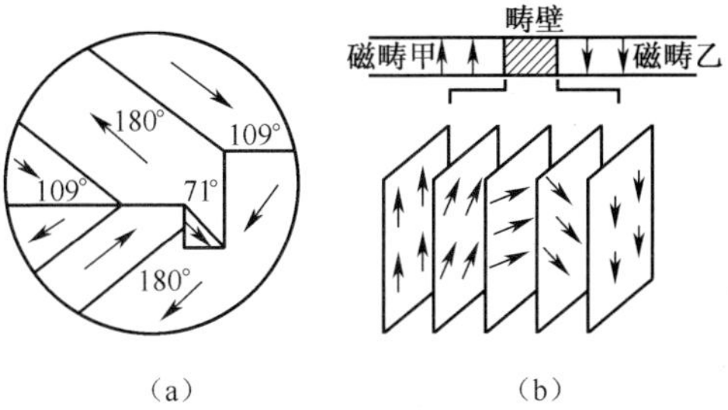

图 3 - 14　畴壁

(a)各种角度的畴壁;(b) Bloch 畴壁磁矩转向。

在技术磁化过程中,外加磁场的作用只是把已经高度磁化的磁畴磁矩从各不同方向转到磁场方向或接近磁场方向,因而在磁场方向有磁矩的联合量或联合分量,这样就对外显出强磁性。

3.2.3　能量公式

3.2.3.1　全局自由能公式

Galfenol 合金具有各向异性,其磁化强度 $\boldsymbol{M}$ 和磁致伸缩应变 $\boldsymbol{S}$ 与驱动磁场 $\boldsymbol{H}$ 和外加应力 $\boldsymbol{\sigma}$ 不仅是强度大小上的非线性函数,更与 $\boldsymbol{H}$ 和 $\boldsymbol{\sigma}$ 的施加方向有关。事实上,当对合金分别在〈100〉和〈111〉方向上进行磁化饱和时,设磁致伸缩应变饱和值分别为 λ_{100} 和 λ_{111},Galfenol 合金易磁化方向为〈100〉,所以,λ_{100} 比 λ_{111} 大;并且,当对合金在〈100〉方向进行磁化饱和时所需要的能量,比〈111〉方向的要高,这是

Galfenol 合金磁致伸缩过程中各向异性的一个集中体现。经过退火处理的 Galfenol 合金具有四角晶系对称结构[102]，其晶格结构如图 3－15 所示。

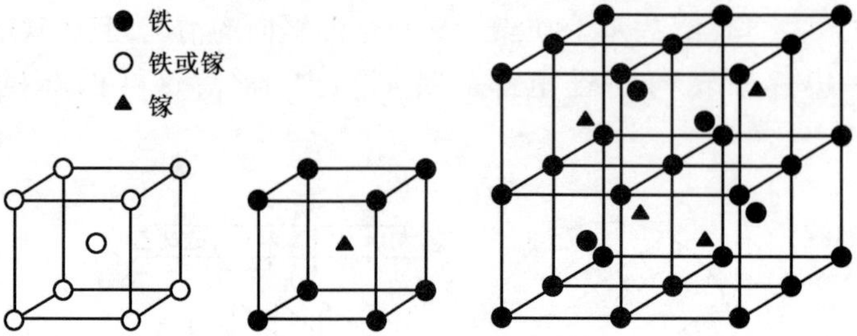

图 3－15　Galfenol 合金晶格结构

基于这种晶格体系，Galfenol 合金的磁晶体各向异性能可以通过以下方程进行计算[103,104]

$$E_a(\hat{\boldsymbol{m}}) = K_2\left(\hat{m}_z^2 - \frac{1}{3}\right) + K_4\left(\hat{m}_x^4 + \hat{m}_y^4 + \hat{m}_z^4 - \frac{3}{5}\right) + K_4'\left(\hat{m}_z^4 - \frac{6}{7}\hat{m}_z^2 + \frac{3}{35}\right) \tag{3-53}$$

式中：x，y 和 z 轴分别与晶格中的［100］，［010］和［001］方向一致；K_4 为四阶立方体磁各向异性常数；K_2 和 K'_4 分别为二阶和四阶单轴晶体磁各向异性常数。

Galfenol 合金中同时存在应力各向异性，其大小取决于应力张量 σ_{ij} 以及磁晶体的对称结构，其能量的大小可以表示为[105]

$$E_T(\hat{\boldsymbol{m}},\sigma_{ij}) = -\frac{3}{2}\lambda_{100}(\hat{m}_x^2\sigma_{xx} + \hat{m}_y^2\sigma_{yy} + \hat{m}_z^2\sigma_{zz}) - 3\lambda_{111}(\hat{m}_x\hat{m}_y\sigma_{xy} + \hat{m}_y\hat{m}_z\sigma_{yz} + \hat{m}_z\hat{m}_x\sigma_{zx}) \tag{3-54}$$

式中：σ_{ij} 为应力张量中的不同分量；λ_{100} 和 λ_{111} 分别为沿［100］和［111］方向的饱和磁致伸缩应变值。不考虑温度变化的影响，则吉布斯自由能公式可以表示成材料内能和磁化能的线性叠加[103]，即

$$G = E_a(\hat{\boldsymbol{m}}) + E_T(\hat{\boldsymbol{m}},\sigma_{ij}) - \mu_0 M_s \hat{\boldsymbol{m}} \cdot \boldsymbol{H}$$
$$= K_2\left(\hat{m}_z^2 - \frac{1}{3}\right) + K_4\left(\hat{m}_x^4 + \hat{m}_y^4 + \hat{m}_z^4 - \frac{3}{5}\right) + K_4'\left(\hat{m}_z^4 - \frac{6}{7}\hat{m}_z^2 + \frac{3}{35}\right) -$$
$$\frac{2}{3}\lambda_{100}(\hat{m}_x^2\sigma_{xx} + \hat{m}_y^2\sigma_{yy} + \hat{m}_z^2\sigma_{zz}) - 3\lambda_{111}\begin{pmatrix}\hat{m}_x\hat{m}_y\sigma_{xy} + \\ \hat{m}_y\hat{m}_z\sigma_{yz} + \hat{m}_z\hat{m}_x\sigma_{zx}\end{pmatrix} -$$
$$\mu_0 M_s \hat{\boldsymbol{m}} \cdot \boldsymbol{H} \tag{3-55}$$

式中：M_s 为材料的饱和磁化强度；$\boldsymbol{H}$ 为驱动磁场向量。

当外界磁场和应力场为 0 时，不考虑退火残余应力，式(3－55)计算的 Galfenol 磁单晶体的三维自由能可以由彩图 3－16 表示。其中能量从大到小依次由红色到蓝色表示。由图中可以看出，自由能的空间分布具有轴对称结构，同时具有 6 个易磁化方向，即自由能最小方向。当施加外界磁场或者应力场时，Galfenol 磁晶体自由能随之发生改变，磁畴沿着能量较小的方向偏转，从而形成宏观上的磁致伸缩应变，如彩图 3－17 所示。

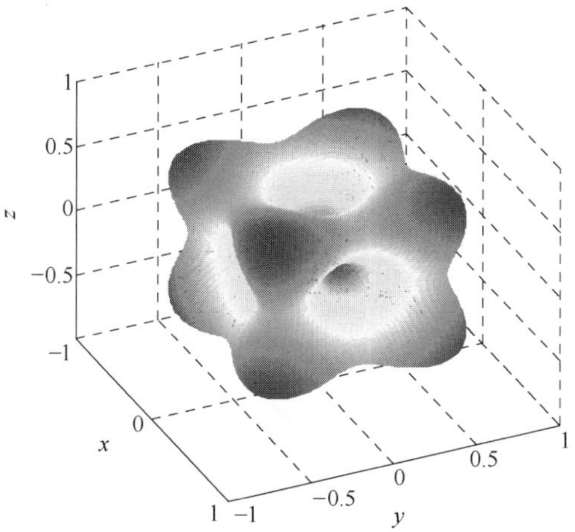

图 3－16　Galfenol 磁单晶体三维自由能分布

当对磁单晶体施加 z 轴方向的拉应力时，xy 平面方向成为能量较高方向，即难磁化方向；当对 z 轴施加压应力时(图 3－17(b))，z 轴成为能量较高方向，并且由于晶体的对称结构，z 轴的正负端能量密度大

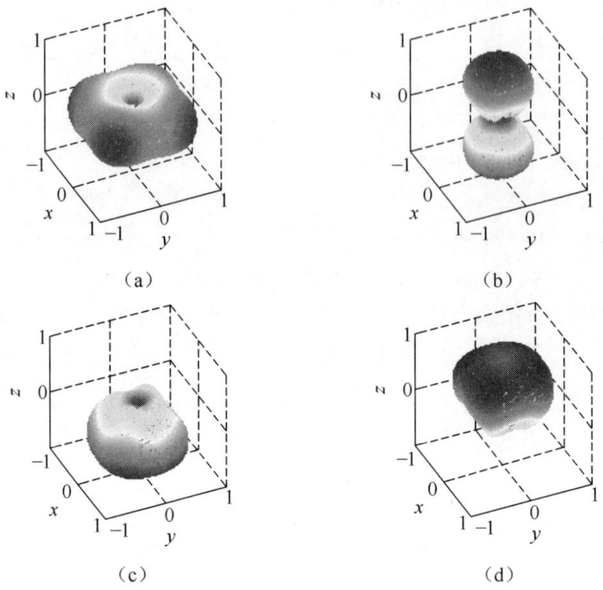

图 3-17　施加磁场或应力时 Galfenol 磁单晶体三维自由能分布变化示意图
(a)拉应力沿 z 轴 [0　0　1] 方向；(b) 压应力沿 z 轴 [0　0　1] 方向；
(c)磁场 $\boldsymbol{H}$ 沿 z 轴 [0　0　1] 方向；(d) 磁场 $\boldsymbol{H}$ 沿 z 轴 [0　0　−1] 方向。

小一致，磁畴沿着 xy 平面方向偏转，使 z 轴成为难磁化方向；当磁单晶体受到外加磁场激励时，磁畴随着磁场的方向发生偏转，从而使得该方向能量较小，成为易磁化方向(图 3-17(c)、图 3-17(d))，与磁场方向相反的一端，则成为难磁化方向。

利用 Stoner-Wohlfarth 模型对磁畴进行近似模拟，并认为 Stoner-Wohlfarth 粒子间无相互作用，其内能大小取决于磁单晶体的磁各向异性，由于 Galfenol 合金中心对称的结构，Stoner-Wohlfarth 粒子呈〈100〉或者〈111〉方向排列，使得〈100〉和〈111〉为 Galfenol 合金的易磁化方向，文献[25]对 Galfenol 合金的磁各向异性进行了研究和测量，研究结果表明当合金中 Ga 的含量低于 20%时，其易磁化方向为〈100〉。当对合金施加磁场或者应力时，磁畴将沿着磁场方向或者垂直于应力的方向发生偏转，从而偏离原来的易磁化状态，形成宏观上的磁致伸缩应变。

一般而言,设由 Stoner-Wohlfarth 粒子组成的铁磁材料,处于热稳定状态时,磁畴可能的稳定朝向有 χ 个方向,则合金的磁化强度 $\boldsymbol{M}$ 和磁致伸缩应变 $\boldsymbol{S}$ 可以表示成各个方向磁化强度 $M_s\hat{\boldsymbol{m}}^k$ 和应变 $\hat{\boldsymbol{S}}_m^k$ 与体积系数 $\hat{\xi}^k$ 进行权重以后的线性叠加[106]:

$$\boldsymbol{M} = M_s\sum_{k=1}^{\chi}\hat{\xi}^k\hat{\boldsymbol{m}}^k, \quad \boldsymbol{S} = \sum_{k=1}^{\chi}\hat{\xi}^k\hat{\boldsymbol{S}}_m^k \tag{3-56}$$

式中:$\hat{\xi}^k$ 为合金中方向为 k 的粒子所占的体积比,无磁滞的体积比系数 $\hat{\xi}^k$ 可以通过能量权重函数进行计算,其计算公式为[107]

$$\hat{\xi}^k = \frac{\exp(-G^k/\Omega)}{\sum_{j=1}^{\chi}\exp(-G^k/\Omega)} \tag{3-57}$$

式中:Ω 为 Armstrong 平滑系数,从方程(3-56)可以看到,为了计算全局磁化强度 $\boldsymbol{M}$ 和应变 $\boldsymbol{S}$,需要知道易磁化方向 $\hat{\boldsymbol{m}}^k$,即磁单晶体能量最小的方向,文献[107]利用全局能量公式对该合金进行了建模,其内能为

$$U(\boldsymbol{m}) = K_4(m_1^2m_2^2 + m_2^2m_3^2 + m_3^2m_1^2) \tag{3-58}$$

则系统的焓函数为

$$\Pi(\boldsymbol{H},\boldsymbol{\sigma}) = U(\boldsymbol{m}) + E_T(\boldsymbol{m},\sigma_{ij}) - \mu_0M_s\boldsymbol{m}\cdot\boldsymbol{H} \tag{3-59}$$

通过对方程(3-59)求极值,可以得到易磁化方向 $\boldsymbol{m}$,则全局磁化强度 $\boldsymbol{M}$ 和磁致伸缩应变 $\boldsymbol{S}$ 可以通过方程(3-56)进行求解。由于方程(3-59)是方向向量 $\boldsymbol{m}$ 的非线性函数,并且需要求解三个自由度,在进行非线性迭代求解方程(3-59)对 $\boldsymbol{m}$ 的导数时,计算量较大,模型计算效率不高。事实上,当对方程(3-59)进行求极值时,需求求解(3-59)对方向向量的导数,注意到张量向量 σ 具有对称结构,所以,取 σ_{ij} 中的半矩阵元素,定义新的应力向量 $\boldsymbol{T} = [T_1 \quad T_2 \quad T_3 \quad T_4 \quad T_5 \quad T_6]$,前三个元素为 σ_{ij} 中的主对角元素,后三个元素为 σ_{ij} 中的剪切分量,同时定义磁致伸缩应变向量 $\boldsymbol{S}_m = [S_1 \quad S_2 \quad S_3 \quad S_4 \quad S_5 \quad S_6]$,其轴向分量的定义为

$$S_{m,i}=\frac{3}{2}\lambda_{100}m_i^2\ ,\ i=1,2,3 \tag{3-60}$$

剪切分量的定义为

$$S_{m,4}=3\lambda_{111}m_1m_2\ ,\ S_{m,5}=3\lambda_{111}m_2m_3\ ,\ S_{m,6}=3\lambda_{111}m_3m_1 \tag{3-61}$$

则方程(3-55)可以改写为

$$\boldsymbol{\Pi}=K_4(m_1^2m_2^2+m_2^2m_3^2+m_3^2m_1^2)-\boldsymbol{S}_m\cdot\boldsymbol{T}-\mu_0M_s\boldsymbol{m}\cdot\boldsymbol{H} \tag{3-62}$$

首先求解 Stoner-Wohlfarth 粒子在 z 轴 [0 0 1] 周围的极值方向,方程(3-62)对 m_1 求导数得到:

$$\begin{aligned}\frac{\partial\Pi}{\partial m_1}=&K_4\left(2m_1m_2^2+2m_3m_2^2\frac{\partial m_3}{\partial m_1}+2m_3m_1^2\frac{\partial m_3}{\partial m_1}+2m_1m_3^2\right)-\\&3\lambda_{111}\left(m_2T_4+m_2T_5\frac{\partial m_3}{\partial m_1}+m_3T_6+m_1T_6\frac{\partial m_3}{\partial m_1}\right)-\\&\frac{3}{2}\lambda_{100}\left(2m_1T_1+2m_3T_3\frac{\partial m_3}{\partial m_1}\right)\end{aligned} \tag{3-63}$$

注意到方向向量 $\boldsymbol{m}=[m_1\quad m_2\quad m_3]$ 为单位向量,$m_1^2+m_2^2+m_3^2=1$,当求解 z 轴 [0 0 1] 周围的极值方向时,分量 m_3 是 m_1 和 m_2 的函数,$m_3=\sqrt{1-m_1^2-m_2^2}$,所以,m_3 对 m_1 的导数为

$$\frac{\partial m_3}{\partial m_1}=-\frac{m_1}{\sqrt{1-m_1^2-m_2^2}}=-\frac{m_1}{m_3} \tag{3-64}$$

将方程(3-64)代入方程(3-63)中,即可得到:

$$\begin{aligned}\frac{\partial\Pi}{\partial m_1}=&2K_4(m_1-2m_1^3-m_1m_2^2)-3\lambda_{100}(m_1T_1-m_1T_3)-\\&3\lambda_{111}\left(m_2T_4-\frac{m_1m_2}{m_3}T_5-\frac{m_1^2}{m_3}T_6+m_3T_6\right)-\mu_0M_s\left(H_1-\frac{m_1}{m_3}H_3\right)\end{aligned} \tag{3-65}$$

同理,可以得到方程(3-62)对 m_2 的导数:

$$\frac{\partial \Pi}{\partial m_2} = 2K_4(m_2 - 2m_2^3 - m_2 m_1^2) - 3\lambda_{100}(m_2 T_{21} - m_2 T_3) - 3\lambda_{111}\left(m_1 T_4 - \frac{m_1 m_2}{m_3}T_6 - \frac{m_2^2}{m_3}T_5 + m_3 T_5\right) - \mu_0 M_s\left(H_2 - \frac{m_2}{m_3}H_3\right) \tag{3-66}$$

可以看到方程(3-65)和方程(3-66)分别为 m_1 和 m_2 的非线性函数,需要联立两个方程,利用数值迭代的方法对方程进行求解,文献[107]利用牛顿公式对方程进行了求解,该方法计算量大,模型执行效率较低,作者在另外一篇文献[108]中利用局域自由能公式对 Stoner-Wohlfarth 粒子的能量进行了定义,该方法可以避免对全局磁化方向进行数值求解,模型执行效率相对较高,本章内容采用文献[108]中建立的局域自由能公式,对 Galfenol 合金进行磁滞非线性建模。

3.2.3.2 局域自由能公式

利用 Stoner-Wohlfarth 模型对磁畴进行近似模拟,设合金中的磁畴由 χ 组方向取向不同的 Stoner-Wohlfarth 粒子系组成,其中第 k 个系列的易磁化方向为 $\boldsymbol{e}^k$,则该粒子系的能量可以理解为将粒子系由易磁化方向 $\boldsymbol{e}^k$ 偏转到方向 $\boldsymbol{m}^k$ 时所需要的能量,即

$$E_L^k = \frac{1}{2}K^k \ \| \boldsymbol{m}^k - \boldsymbol{e}^k \|^2 \tag{3-67}$$

式中:K^k 为粒子系的偏转刚度系数,对具有立方晶格的材料而言,〈100〉或者〈111〉为易磁化方向,当 Galfenol 合金中 Ga 含量低于 20% 时,〈100〉为易磁化方向,此时 $K^k = K_{100}$ 。

对于单个 Stoner-Wohlfarth 粒子,设其磁化强度为 M_s ,其磁-机耦合能 E_c^k 为磁致伸缩应变 $\boldsymbol{S}_m^k$ 引起的应变能量密度函数

$$E_c^k = -\boldsymbol{S}_m^k \cdot \boldsymbol{T} \tag{3-68}$$

对于磁化强度为 M_s 的粒子,其磁化能为

$$E_M^k = -\mu_0 M_s \boldsymbol{m}^k \cdot \boldsymbol{H} \tag{3-69}$$

文献[105]和[108]对单个 Stoner-Wohlfarth 粒子的应变向量 $\boldsymbol{S}_m^k$ 进行了定义,其数学表达式为

$$\boldsymbol{S}_m^k = \begin{bmatrix} \frac{3}{2}\lambda_{100}(m_1^k)^2 & \frac{3}{2}\lambda_{100}(m_2^k)^2 & \frac{3}{2}\lambda_{100}(m_3^k)^2 \\ 3\lambda_{111}m_1^k m_2^k & 3\lambda_{111}m_2^k m_3^k & 3\lambda_{111}m_3^k m_1^k \end{bmatrix}^{\mathrm{T}} \tag{3-70}$$

综合方程(3-67)~方程(3-70),每单个粒子的总自由能为

$$E^k = \frac{1}{2}K^k \parallel \boldsymbol{m}^k - \boldsymbol{e}^k \parallel^2 - \boldsymbol{S}_m^k \cdot \boldsymbol{T} - \mu_0 M_s \boldsymbol{m}^k \cdot \boldsymbol{H} \tag{3-71}$$

为了方程求解的方便,方程(3-71)可以进一步合并同类项,得到

$$E^k = \frac{1}{2}\boldsymbol{m}^{k^T} \cdot \boldsymbol{\Psi}^k \boldsymbol{m}^k - \boldsymbol{m}^{k^T}\boldsymbol{Z}^k \tag{3-72}$$

式中

$$\boldsymbol{Z}^k = [\, c_1^k K^k + \mu_0 M_s H_1 \quad c_2^k K^k + \mu_0 M_s H_2 \quad c_3^k K^k + \mu_0 M_s H_3 \,]^{\mathrm{T}}$$

$$\boldsymbol{\Psi}^k = \begin{bmatrix} K^k - 3\lambda_{100}T_1 & -3\lambda_{111}T_4 & -3\lambda_{111}T_6 \\ -3\lambda_{111}T_4 & K^k - 3\lambda_{100}T_2 & -3\lambda_{111}T_5 \\ -3\lambda_{111}T_6 & -3\lambda_{111}T_5 & K^k - 3\lambda_{100}T_3 \end{bmatrix}$$

为了求解方程(3-72)中的磁化方向 $\boldsymbol{m}^k$,需要对方程(3-72)进行求极值,注意到方向向量 $\boldsymbol{m}^k$ 为单位向量,$m_1^{k\,2} + m_2^{k\,2} + m_3^{k\,2} = 1$,在求极值过程中需要增加约束条件 $\Re = \parallel \boldsymbol{m}^k \parallel_2 - 1 = 0$,利用拉格朗日乘数法对方程(3-72)求极值,构造拉格朗日乘数方程

$$L = \frac{1}{2}\boldsymbol{m}^{k\ T} \cdot \boldsymbol{\Psi}^k \boldsymbol{m}^k - \boldsymbol{m}^{k\ T}\boldsymbol{Z}^k + \lambda^k(\boldsymbol{m}^k \cdot \boldsymbol{m}^{k\ T} - 1) = 0 \tag{3-73}$$

注意到矩阵 $\boldsymbol{\Psi}^k$ 为实对称矩阵,可以将 $\boldsymbol{\Psi}^k$ 进行对角化得到

$$\boldsymbol{\Psi}^k = \begin{bmatrix} K^k - 3\lambda_{100}T_1 & -3\lambda_{111}T_4 & -3\lambda_{111}T_6 \\ -3\lambda_{111}T_4 & K^k - 3\lambda_{100}T_2 & -3\lambda_{111}T_5 \\ -3\lambda_{111}T_6 & -3\lambda_{111}T_5 & K^k - 3\lambda_{100}T_3 \end{bmatrix} = \boldsymbol{U}^{\mathrm{T}}\boldsymbol{D}\boldsymbol{U}$$

$$= \boldsymbol{U}^{\mathrm{T}} \begin{bmatrix} \lambda_1 & 0 & 0 \\ 0 & \lambda_2 & 0 \\ 0 & 0 & \lambda_3 \end{bmatrix} \boldsymbol{U} \tag{3-74}$$

式中:矩阵 $\boldsymbol{U}$ 为矩阵 $\boldsymbol{\Psi}^k$ 的单位特征向量矩阵,其中 $\boldsymbol{U}^{\mathrm{T}} = \boldsymbol{U}^{-1}$;$\boldsymbol{D}$ 为对角矩阵;$\lambda_i(i = 1,2,3)$ 为矩阵 $\boldsymbol{\Psi}^k$ 的特征值。在利用拉格朗日乘数方程求解极值过程中,需要利用坐标变化对导数方程进行对角化,方便求解乘数 λ^k ,定义如下的坐标变换:

$$\begin{aligned} \boldsymbol{p}^k &= \boldsymbol{U}\,\boldsymbol{m}^k \\ \boldsymbol{m}^k &= \boldsymbol{U}^{-1}\,\boldsymbol{p}^k = \boldsymbol{U}^{\mathrm{T}}\,\boldsymbol{p}^k \end{aligned} \tag{3-75}$$

将方程(3-74)、方程(3-75)代入方程(3-72)得到:

$$\begin{aligned} E^k &= \frac{1}{2}\boldsymbol{m}^{k\mathrm{T}} \cdot \boldsymbol{U}^{\mathrm{T}}\boldsymbol{D}\boldsymbol{U}\,\boldsymbol{m}k - \boldsymbol{m}^{k\mathrm{T}}\,\boldsymbol{Z}^k \\ &= \frac{1}{2}\boldsymbol{p}^{k\mathrm{T}}\boldsymbol{D}\,\boldsymbol{p}^k - \boldsymbol{p}^{k\mathrm{T}}\boldsymbol{U}\,\boldsymbol{Z}^k \end{aligned} \tag{3-76}$$

对于约束条件 $\Re = \boldsymbol{m}^{k^T} \cdot \boldsymbol{m}^k - 1 = 0$,在进行式(3-75)的坐标变换以后,其等价约束条件为 $\Re = \boldsymbol{p}^{k^T} \cdot \boldsymbol{p}^k - 1 = 0$,所以,方程(3-73)等价为下面的方程:

$$\widetilde{L} = \frac{1}{2}\boldsymbol{p}^{kT}\boldsymbol{D}\,\boldsymbol{p}^k - \boldsymbol{p}^{kT}\boldsymbol{U}\,\boldsymbol{Z}^k + \lambda^k(\boldsymbol{p}^{kT} \cdot \boldsymbol{p}^k - 1) = 0 \tag{3-77}$$

设 $\boldsymbol{U}\boldsymbol{Z}^k = \widetilde{\boldsymbol{Z}}^k$,方程(3-77)对 $\boldsymbol{p}^k$ 求导数,并令导数为零,得到:

$$\frac{\partial \widetilde{L}}{\partial\,\boldsymbol{p}^k} = \boldsymbol{D}\boldsymbol{p}^k - \widetilde{\boldsymbol{Z}}^k + 2\lambda^k\,\boldsymbol{p}^k = 0 \tag{3-78}$$

对方程(3-78)进一步化简,得到:

$$[\boldsymbol{D} + 2\lambda^k\,\boldsymbol{I}^k]\,\boldsymbol{p}^k = \begin{bmatrix} \lambda_1 + 2\lambda^k & 0 & 0 \\ 0 & \lambda_2 + 2\lambda^k & 0 \\ 0 & 0 & \lambda_3 + 2\lambda^k \end{bmatrix} \boldsymbol{p}^k = \widetilde{\boldsymbol{Z}}^k \tag{3-79}$$

式中:$\boldsymbol{I}^k$ 为单位矩阵,将矩阵方程(3-79)写成方程组的形式,得到:

$$\begin{cases} p_1^k = \dfrac{\tilde{Z}_1^k}{\lambda_1 + 2\lambda^k} \\ p_2^k = \dfrac{\tilde{Z}_2^k}{\lambda_2 + 2\lambda^k} \\ p_3^k = \dfrac{\tilde{Z}_3^k}{\lambda_3 + 2\lambda^k} \end{cases} \tag{3-80}$$

为求解乘数 λ^k，将式(3－80)代入约束条件 $\Re = \boldsymbol{p}^{k^T} \cdot \boldsymbol{p}^k - 1 = 0$ 中，得到：

$$\left(\frac{\tilde{Z}_1^k}{\lambda_1 + 2\lambda^k}\right)^2 + \left(\frac{\tilde{Z}_2^k}{\lambda_2 + 2\lambda^k}\right)^2 + \left(\frac{\tilde{Z}_3^k}{\lambda_3 + 2\lambda^k}\right)^2 = 1 \tag{3-81}$$

将方程(3－81)展开，得到一个以 λ^k 为未知变量的六次多项式方程，求解这样的多项式方程十分困难，为求解磁化方向 $\boldsymbol{m}^k$ 的解析解，需要对约束条件 $\Re = \boldsymbol{m}^{k^T} \cdot \boldsymbol{m}^k - 1 = 0$ 适当放宽限制。事实上，设 Galfenol 合金的易磁化方向为 $\boldsymbol{e}^k$，在对合金进行沿易磁化方向进行磁化之前，合金中的绝大多数 Stoner－Wohlfarth 粒子已经聚集于易磁化方向 $\boldsymbol{e}^k$ 周围，远离 $\boldsymbol{e}^k$ 的粒子的比重相对非常少，因此，当利用方程(3－56)求解全局磁化强度和磁致伸缩应变时，由于所占的体积分数 $\hat{\xi}^k$ 小，远离 $\boldsymbol{e}^k$ 的粒子对于全局的计算结果影响非常小，所以，可以将约束条件 $\Re = \boldsymbol{m}^{k^T} \cdot \boldsymbol{m}^k - 1 = 0$ 放宽为

$$\mathscr{R} = \boldsymbol{m}^{k^T} \cdot \boldsymbol{e}^k - 1 = 0 \tag{3-82}$$

将方程(3－73)对 $\boldsymbol{m}^k$ 求导，得到：

$$\frac{\partial L}{\partial \boldsymbol{m}^k} = \boldsymbol{\Psi}^k \boldsymbol{m}^k - \boldsymbol{Z}^k + \lambda^k \boldsymbol{e}^k = 0 \tag{3-83}$$

所以，

$$\boldsymbol{m}^k = \boldsymbol{\Psi}^{k-1} [\boldsymbol{Z}^k - \lambda^k \boldsymbol{e}^k] \tag{3-84}$$

将方程(3－84)代入约束条件(3－82)中，得到乘数 λ^k 为

$$\lambda^k = \frac{\boldsymbol{e}^k \cdot \boldsymbol{\Psi}^{k-1} \boldsymbol{Z}^k - 1}{\boldsymbol{e}^k \cdot \boldsymbol{\Psi}^{k-1} \boldsymbol{e}^k} \tag{3-85}$$

将式(3－85)代入式(3－84),即可得到磁化以后的磁化方向

$$\boldsymbol{m}^k = \boldsymbol{\Psi}^{k-1}\left[\boldsymbol{Z}^k + \frac{1 - \boldsymbol{e}^k \cdot \boldsymbol{\Psi}^{k-1} \boldsymbol{Z}^k}{\boldsymbol{e}^k \cdot \boldsymbol{\Psi}^{k-1} \boldsymbol{e}^k} \boldsymbol{e}^k\right] \tag{3-86}$$

方程(3－86)给出了计算全局磁化强度和磁致伸缩应变的磁化方向 $\boldsymbol{m}^k$,从方程(3－56)知道,为计算 $\boldsymbol{M}$ 和 $\boldsymbol{S}$,还需要计算各方向 Stoner－Wohlfarth 粒子所占的体积分数。

3.2.3.3　磁滞非线性公式

文献[109]~文献[110]将磁滞非线性理解为体积分数磁化过程中不断演化的结果,其演化方程为

$$\Delta\xi^k = \frac{1}{k_p}(\xi_{an}^k - \xi^k)\,|\Delta H| \tag{3-87}$$

式中: ξ_{an}^k 为无磁滞体积分数,其大小通过方程(3－57)进行计算; k_p 为材料中的钉扎密度,钉扎是材料在形成过程中由于杂质或者不纯净而造成的瑕疵,在材料磁化过程中,当磁畴沿着磁场的方向发生偏转时,钉扎会阻碍磁畴的运动,从而造成磁畴运动过程中的能量损耗,形成宏观现象中的磁滞,钉扎密度越高,材料磁化过程中形成的磁滞越大。设理想状态下,磁畴运动过程中能量损耗为零,称此时的磁化过程完全可逆,体积分数为无磁滞体积分数, $\xi^k = \xi_{an}^k$,实际上磁畴运动过程中伴随着能量损耗,这一过程称为磁畴运动的不可逆过程,其相应的体积分数表示为 ξ_{irr}^k 。

从方程(3－87)看出,体积分数的演化过程是驱动磁场 H 的函数,事实上,当对 Galfenol 合金施加磁场时,合金中的磁畴将由原来初始状态下的磁化方向向驱动磁场方向偏转,从而使得某一个方向上的磁畴越聚越多,其他方向的磁畴越来越少,从而形成了各个方向磁畴体积分数上的变化,这是方程(3－87)所表示的物理含义,解释了驱动磁场产生的磁化过程和磁滞非线性形成的原理,然而实际上,由于 Galfenol 合金磁-机耦合特性的存在,外加应力同样可以产生磁化强度的变化,方程(3－87)无

法解释应力所引起的体积分数的变化,从而无法描述应力引起的 Galfenol 合金磁化强度的变化;并且,方程(3-87)为标量方程,只能描述单个方向上体积分数的演化,无法满足 Galfenol 合金各向异性建模的需求。文献[108]提出了一种体积分数演化方程,解释了体积分数分别随驱动磁场和应力变化而演变的过程,其数学表达式如下:

$$\Delta\xi_{\mathrm{irr}}^{k}=\frac{1}{k_p}(\xi_{an}^{k}-\xi^{k})\left[\mu_0 M_s\sum_{k=1}^{3}\Delta H_i+\frac{3}{2}\lambda_{100}\sum_{k=1}^{3}\Delta T_i+3\lambda_{111}\sum_{k=4}^{6}\Delta T_i\right]$$
$$\Delta\xi^{k}=c\Delta\xi_{an}^{k}+(1-c)\Delta\xi_{\mathrm{irr}}^{k} \tag{3-88}$$

式中:ξ^k 为总的体积分数;$\Delta\xi_{\mathrm{irr}}^{k}$ 为磁畴偏转过程中不可逆过程所占的体积分数;常数 c 为磁化过程中可逆过程所占的比重。当 $c=1$ 时,$\Delta\xi^k=\Delta\xi_{an}^{k}$,表示整个过程完全可逆,宏观中无磁滞出现;当 $c=0$ 时,$\Delta\xi^k=\Delta\xi_{\mathrm{irr}}^{k}$,表示整个过程完全不可逆,磁化过程中磁滞为最大。

方程(3-86)计算了磁化方向 $\boldsymbol{m}^k$,体积分数可以通过方程(3-88)进行计算,则全局磁化强度 $\boldsymbol{M}$ 和应变 $\boldsymbol{S}$ 可以通过方程(3-56)进行计算,模型仿真结果如图 3-18 所示。图 3-18(a)中 $c=0$,材料磁化过程为不可逆过程,应变与磁场强度关系中出现磁滞,磁滞大小取决于钉扎密度的大小;图 3-18(b)中 $c=1$,材料磁化过程完全可逆,磁畴运动过程中无能量损耗,无磁滞出现,但是饱和非线性依然存在,这是由于当所有磁畴已经运动到与磁化方向一致时,继续增大磁场强度无法使该方向的磁畴增多,从而出现饱和非线性。

当偏置磁场为不同常数值时,应变与应力的变化关系如图 3-18(c)和图 3-18(d)所示,其中体积分数分别通过方程(3-87)和方程(3-88)计算。对比图 3-18(c)和图 3-18(d)可以发现,图 3-18(c)中应变与应力呈线性关系,没有磁滞出现,曲线的斜率大小取决于材料的柔顺系数,表明方程(3-87)无法解释应力所引起的体积分数的演化,并且四组曲线完全重合,表明模型无法描述偏置磁场对于材料磁化过程的影响;图 3-18(d)则描述了偏置磁场不同时,应变与应力之间的磁滞非线性关系。图中曲线可以分为直线所表示的线性部分和出现磁滞的非线性部分;可以看到偏置磁场不同时,线性部分在图中出现的位置以及磁滞部分的斜率也不同，这种线性称作铁磁材料的 ΔE 效应，对于弹性材料，应变与应力为线性关系，其斜率为材料的柔顺系数；然后图 3－18(d)中出现了磁滞和斜率的变化，意味着材料的弹性系数发生变化，即 ΔE 效应。当材料中的磁化强度处于死区或者达到饱和时，磁畴的偏转对于应力应变关系无影响，从而出现图 3－18(d)中磁滞部分之外的线性曲线。

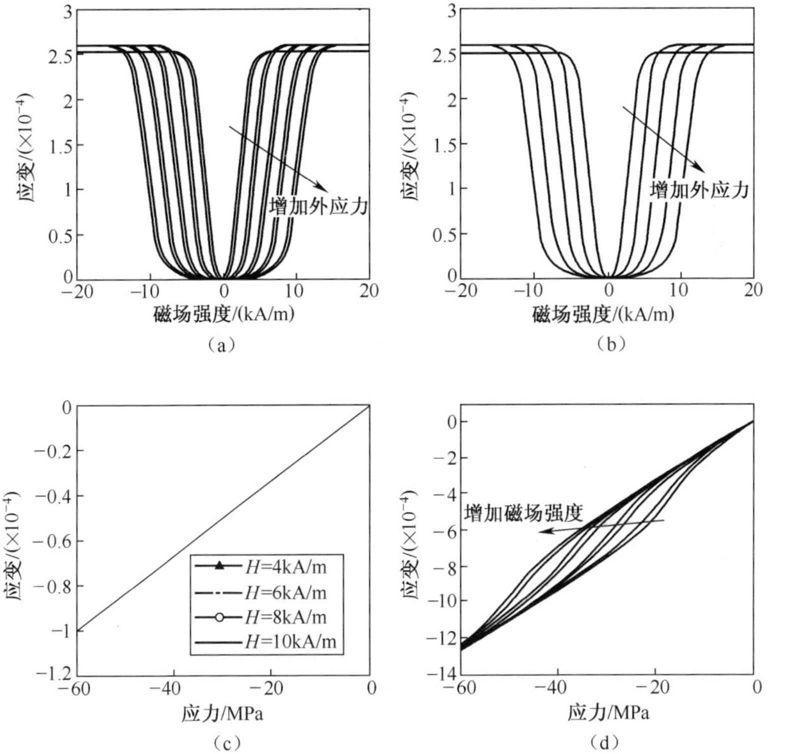

图 3－18　考虑各向异性的磁滞非线性模型数值仿真结果

(a)参数 $c=0$，偏置应力为不同常数值时应变与磁场强度的关系；

(b)参数 $c=1$，偏置应力为不同常数值时应变与磁场强度的关系；

(c)利用方程(2-37)计算体积分数时，不同偏置磁场条件下应变与应力的关系；

(d)利用方程(2-38)计算体积分数时，不同偏置磁场条件下应变与应力的关系。

3.2.4 特性测试

文献[108]中报道了成分分别为<110>$Fe_{81.6}Ga_{18.4}$、<100>$Fe_{79.1}Ga_{20.9}$和<100>$Fe_{81.5}Ga_{18.5}$合金的磁化强度和磁致伸缩应变的实验测量数据。本节将讨论多晶体<100>$Fe_{81.6}Ga_{18.4}$合金的实验研究，并将实验测量结果与建立的磁滞非线性模型进行比较，其中 Galfenol 合金由美国 Etrema 公司生产，磁晶体生长方向为[001]，该方向由合金的制作工艺决定。

为避免动态驱动频率对实验测量结果造成影响，实验过程采用 0.05Hz 准静态正弦信号对系统进行驱动，研究驱动磁场与磁化强度 $\boldsymbol{M}$ 和磁致伸缩应变 $\boldsymbol{S}$ 之间的关系。同时，研究磁滞非线性对于偏置应力 $\boldsymbol{T}$ 的依赖性，采用两组不同的偏置应力：-21.23MPa，-35.40MPa；负号表示外加应力为压应力，压应力通过液压型应力测试系统提供，其装置如图 3-19 所示。

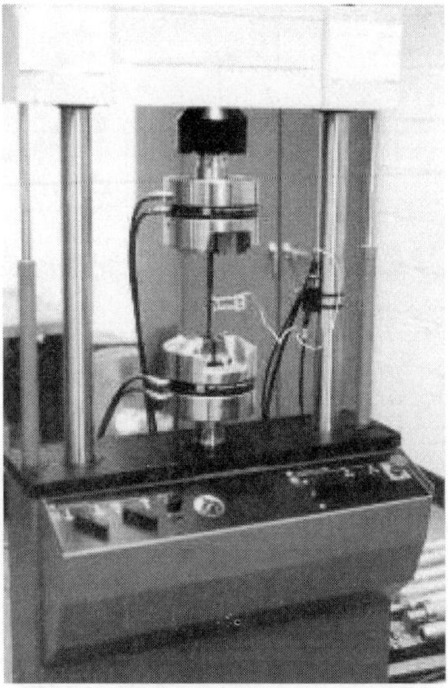

图 3-19　液压型应力测试系统

首先对合金样品施加大小为-21.23MPa 的应力，应力方向与样品轴向方向一致,即晶体生长方向［001］。然后对样品施加频率为 0.05Hz 的正弦驱动磁场,由于合金样品半径较小(半径为 3mm),并且驱动磁场频率较低,可以认为磁感应强度沿样品长轴方向为均匀分布。利用霍耳探头对磁场强度进行测量,同时利用测量线圈和磁通计测量磁感应强度的大小,通过计算公式 $\boldsymbol{M}=\boldsymbol{B}/\mu_0-\boldsymbol{H}$ 换算磁化强度的大小,实验结果如图 3-20 所示。样品长度较短,总长为 7.4cm,可以认为磁致伸缩应变沿样品长轴方向均匀分布,利用应变片对磁致伸缩应变进行测量;同时改变偏置应力大小为-35.40MPa,重复之前的实验步骤,两组测量结果与模型计算结果分别如图 3-20 和图 3-21 所示。

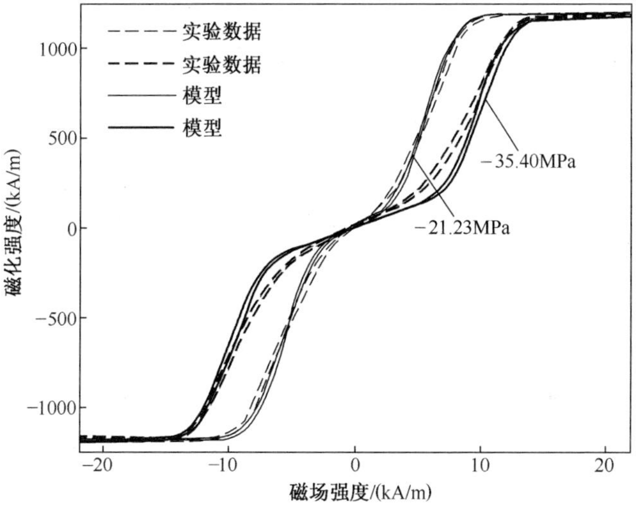

图 3-20　模型与实验测量结果对比(偏置应力分别为-21.23MPa 和 -35.4MPa 时,磁场强度和磁致伸缩应变的非线性关系)

从实验结果可以看出,所建立的模型与测量数据吻合较好,模型可以较好地预测磁化强度和磁致伸缩应变饱和值,并且饱和区间的拐点值吻合程度好。对比图 3-20 和图 3-21 可以发现,磁致伸缩应变位于坐标轴的一、二两个象限;磁化强度则位于坐标轴的一、三两个象限,表明磁致伸缩应变为正值函数,正方向和负方向磁场所产生的应变均

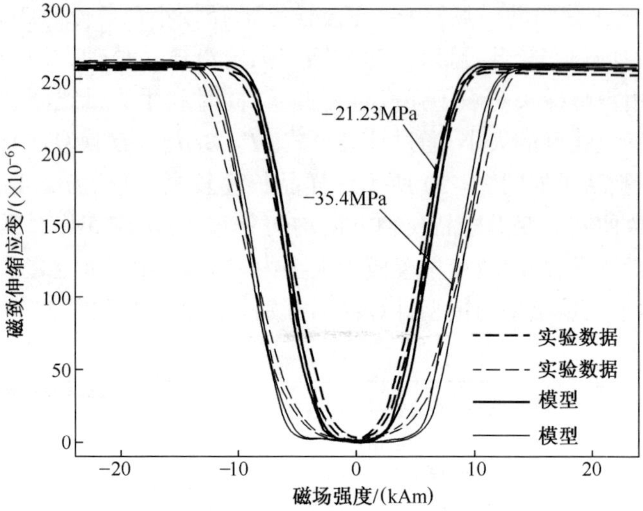

图 3-21　模型与实验测量结果对比(偏置应力分别为-21.23MPa 和 -35.4MPa 时,磁场强度和磁化强度的非线性关系)

为正值,这解释了为什么在磁致伸缩材料应用中会出现倍频现象的原因。

对比两个图中不同偏置应力所代表的不同数据可以发现,在不改变模型参数的条件下,模型可以比较准确地计算不同偏置压力对于合金磁化过程的影响,从图 3-21 可以发现,偏置应力越高,磁致伸缩应变曲线开口越大,并且应变死区和饱和区的拐点值越高;这是因为当偏置应力较大时,合金中的磁畴向垂直于长轴的方向偏转,为克服偏置应力的影响,需要较强的磁场迫使磁畴沿长轴方向偏转,意味着从死区进入线性区间,以及由线性区间进入饱和区间的磁场强度更高,从而出现图 3-21 中的现象。

从图 3-20 和图 3-21 中还可以发现,模型在预测从死区进入线性区间的拐点值时出现一定的误差,这种误差主要是因为在求解合金磁化方向 $\boldsymbol{m}^k$ 时,对约束条件 $\Re = \boldsymbol{m}^{k^T} \cdot \boldsymbol{m}^k - 1 = 0$ 进行线性放宽的结果。在利用方程(3-82)求解合金磁化方向时,假设磁化方向 $\boldsymbol{m}^k$ 与易

磁化方向 $\boldsymbol{e}^k$ 偏角很小，合金中绝大部分的磁畴聚集在易磁化方向 $\boldsymbol{e}^k$ 周围，模型并没有计算散落在易磁化方向之外磁畴对于磁化过程的贡献。事实上，当对 Galfenol 合金样品进行磁化时，模型没有考虑的磁畴也会发生磁化偏转，对宏观磁化过程做出贡献，所以，在图 3－20 和图 3－21 中，模型计算的拐点值相比实验测量结果而言，出现相对滞后的现象。

第4章

Galfenol驱动器件设计理论及方法

Galfenol 合金具有磁致伸缩效应,可以实现电磁和机械之间的能量交换,同时合金脆性小,抗拉强度高,能承受转矩、冲击等机械载荷,利用合金的这些特性,可以设计并构造不同类型和原理的驱动器件。本章将以悬臂梁为例,讨论 Galfenol 智能悬臂梁的设计理论和方法,并研究相关的动力学建模方法。

智能悬臂梁是精密驱动中的一类基础结构,利用它既可以实现微小的位移与力传递,也可以探测微小的位移与力的变化。基于智能悬臂梁结构的各种微驱动器件的研制,被广泛应用于精密开关、高精度数据存储、微纳精细加工等方面,研究悬臂梁结构的驱动器件的设计理论和方法,对于拓宽和推广 Galfenol 合金的研究及应用具有重要意义。

4.1 悬臂梁驱动器优化设计

Galfenol 智能悬臂梁是一类依靠 Galfenol 合金主动磁致伸缩应变而发生主动弯曲形变的智能悬臂梁,目前绝大多数智能梁结构采用的是压电[111]或者是超磁致伸缩材料(Terfenol-D)[112],Zabihollah 等人[113]设计了一种用于噪声主动减震的智能梁结构,将小块压电片黏合到悬臂梁上作为驱动元件,同时将压电薄膜片黏合到梁另外一侧作为传感元件,并引入线性二次调节器(LQR)以实现对悬臂梁的主动减震。由于压电材料和超磁致伸缩材料本身易脆的特性,始终无法承受较大的抗拉强度和转矩,张力或者转矩过大可能导致材料失效或者断裂[114]，为了解决这一问题，一些学者通过不同途径试图解决这一限制，Suhariyono 等人[115]设计了一种轻量复合压电驱动元件（LIPCA）来改进悬臂梁的驱动力问题，通过将压电片与环氧树脂基片和环氧玻璃钢片进行复合，以提高驱动元件的抗拉强度，从而提高悬臂梁的驱动能力。文献[114]则研究了利用压电元件剪切应变进行驱动的智能悬臂梁，通过将两块压电片嵌入到铝制悬臂梁中，然后施加电场使压电元件产生剪切应变，从而驱动悬臂梁动作，并在此基础上研究了利用正反馈对悬臂梁进行主动减震。尽管如此，这些努力始终无法从根本上解决材料属性对其应用带来的限制。另一类智能悬臂梁则采用薄膜型功能材料进行驱动，文献[116]以压电薄膜作为驱动元件，研制了应用于微机电系统的微型开关，并对元件与衬底结合面处的剪切应力和法相应力进行了数学建模。文献[117]则研究了利用磁致伸缩薄膜进行驱动的悬臂梁结构。由于采用了喷溅技术将薄膜材料沉淀到衬底材料上，其脆性要比块状功能材料小，但是驱动力小，一般被用在微机电系统的设计中。

Galfenol 合金具有良好的抗拉性，可以承受较大的法相应力和剪切应力，使其可以适应多种复杂的工作条件。目前国内关于 Galfenol 合金的研究集中在制备工艺与方法上[21,118]，关于 Galfenol 复合型器件的研制主要集中在国外。Ueno[119]等人研制了一种基于 Galfenol 的梁结构，将 Galfenol 加工成厚度为 0.625mm 的 C 形薄片，在薄片开口处与一长度为 10mm 的不锈钢片进行黏合，另一端则固定在基座上，研究结果表明该结构的一阶共振频率达到 1.6 kHz，可以承受末端 500g 的悬挂重量。文献[120]则研究了 Galfenol 悬臂梁在传感器中的应用，通过对悬臂梁末端施加载荷，研究智能悬臂梁弹性弯曲对于磁感应强度的影响，通过测量磁感应强度的变化从而实现对外加负载的传感。另外一些学者则对 Galfenol 复合叠片结构的数学模型进行了研究，文献[121]通过将 Galfenol 的本征非线性模型和经典层合板模型进行耦合，建立了一种磁-机耦合的传感器模型，该模型可以预测准静态条件下的磁感应强度、弹性应变及机械应力。文献[122]则采用类似的方法建立了一种致动器模型，其主要贡献在于利用 Armstrong 模型对 Galfenol 合金进行了建模,并将层合板主动弯曲过程中的应变和机械应力与 Armstrong 模型进行耦合,从而对 Galfenol 层合板的挠度进行预测,但该模型只适合于准静态工作条件,对于动态输入的致动器则需要动力学模型对其进行描述。文献[123]和[124]则研究了基于压电和压电薄膜的悬臂梁的振动模型,利用力平衡原理对智能梁中性面的位置进行了计算,但是计算过程中并未考虑材料伸缩应变对智能梁中性面位置的影响。

本章内容研究 Galfenol 悬臂梁驱动器件的设计问题,同时讨论器件的动力学响应问题,建立一种可以描述 Galfenol 智能悬臂梁动态特性的分布参数模型。为减少电磁回路中高频磁场造成的涡流损耗,设计了一种 U 形层合板电磁线圈,可有效抑制磁路中产生的动态损耗。

4.1.1 悬臂梁驱动器结构

Galfenol 智能悬臂梁的工作原理如图 4-1 中所示,Galfenol 薄片与具有相同平面尺寸的非磁性衬底黏合,当对悬臂梁施加轴向磁场时,Galfenol 层由于磁致伸缩效应会产生伸缩应变,但来自衬底层的约束将迫使悬臂梁弯曲,从而在 z 方向上产生位移。因为磁致伸缩应变与驱动磁场 H 的正负方向无关,为得到交变的位移,需要在交变磁场 H 上叠加直流偏置磁场 H_b 。

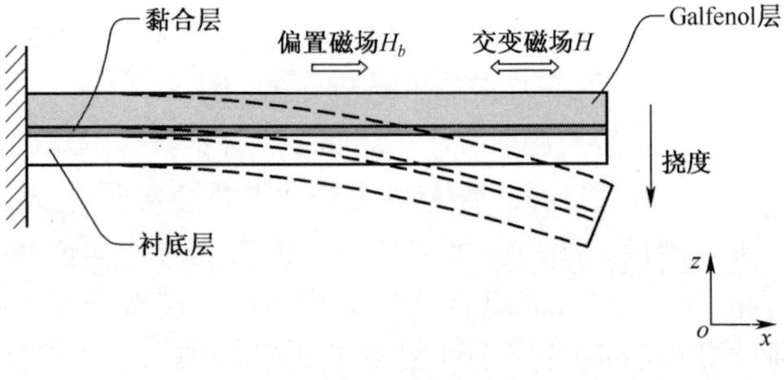

图 4-1 Galfenol 智能悬臂梁工作原理图

智能悬臂梁具有三层结构,其长度为 L ,宽度为 b ,为了方便描述,建立如图 4-2 所示的坐标系统,设中性面为 xy 平面, z 轴与 xy 平面垂直,正方向与无偏置磁场时悬臂梁的弯曲方向相反,坐标原点相互重合,由于悬臂梁平面内尺寸远大于其厚度,所以,悬臂梁发生主动弯曲时平面外应变可以忽略,同时因为悬臂梁长度远大于其宽度($L \gg b$),在计算弹性模量时可以不考虑泊松比的影响。

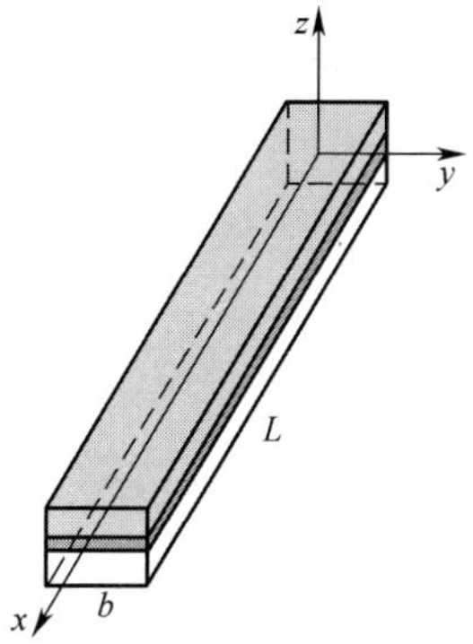

图 4-2　悬臂梁坐标示意图

悬臂梁的厚度用 t 表示,其中下标 g、s 和 m 分别用来区分 Galfenol 层、衬底层和黏合层,如图 4-3 所示,其中 h 表示悬臂梁顶端到中性面的垂直距离。

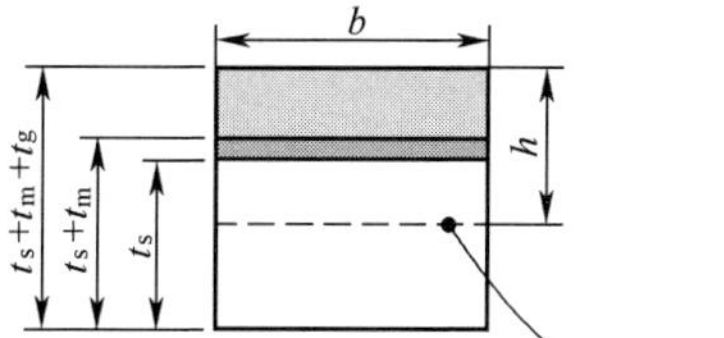

图 4-3　悬臂梁横截面几何尺寸

4.1.2　结构优化设计

由于黏合层和衬底层不会发生磁致伸缩应变,其应力变化满足胡克定律,Galfenol 层中的总应变则为弹性应变与磁致伸缩应变之和,即

$$\varepsilon_x = \frac{\sigma_g}{E_g} + \lambda \tag{4-1}$$

相应的应力为

$$\sigma_{g} = E_{g}(\varepsilon_{x} - \lambda) \tag{4-2}$$

式中：E 为弹性模量（下标 g、s 和 m 分别表示不同的层）；λ 为磁致伸缩应变，是应力和磁场强度的函数，智能悬臂梁的轴向应变可以表示为

$$\varepsilon_{x} = -\kappa z \tag{4-3}$$

式中：κ 为悬臂梁轴向应变的曲率，则 x 轴方向的法相应力可以表示为

$$\begin{aligned} \sigma_{g} &= -E_{g}(\kappa z + \lambda) \\ \sigma_{s} &= -E_{s}\kappa z \\ \sigma_{m} &= -E_{m}\kappa z \end{aligned} \tag{4-4}$$

智能悬臂梁总的内能可以通过对能量密度函数求体积积分得到，即

$$\begin{aligned} U &= \int_{V}\frac{1}{2}E_{s}(\kappa z)^{2}\mathrm{d}V + \int_{V}\frac{1}{2}E_{m}(\kappa z)^{2}\mathrm{d}V + \int_{V}\frac{1}{2}E_{g}(\kappa z + \lambda)^{2}\mathrm{d}V \\ &= \int_{h-t_{g}-t_{s}-t_{m}}^{h-t_{g}-t_{m}}\mathrm{d}z\int_{0}^{b}\mathrm{d}y\int_{0}^{L}\frac{1}{2}E_{s}(\kappa z)^{2}\mathrm{d}x + \int_{h-t_{g}-t_{m}}^{h-t_{g}}\mathrm{d}z\int_{0}^{b}\mathrm{d}y\int_{0}^{L}\frac{1}{2}E_{m}(\kappa z)^{2}\mathrm{d}x + \\ &\quad \int_{h-t_{g}}^{h}\mathrm{d}z\int_{0}^{b}\mathrm{d}y\int_{0}^{L}\frac{1}{2}E_{g}(\kappa z + \lambda)^{2}\mathrm{d}x \\ &= \frac{E_{s}\kappa^{2}bL}{6}[(h - t_{g} - t_{m})^{3} - (h - t_{g} - t_{m} - t_{s})^{3}] + \\ &\quad \frac{E_{m}\kappa^{2}bL}{6}[(h - t_{g})^{3} - (h - t_{g} - t_{m})^{3}] + \\ &\quad \frac{E_{g}\kappa^{2}bL}{6}[h^{3} - (h - t_{g})^{3}] + \frac{1}{2}E_{g}bL\kappa\lambda[h^{2} - (h - t_{g})^{2}] + \\ &\quad \frac{1}{2}E_{g}t_{g}bL\lambda^{2} \end{aligned} \tag{4-5}$$

从式（4-5）可以看出，U 的大小取决于中性面的位置 h，由于中性面的法相应力为零，所以，h 可以通过力平衡方程求得，设

$$F(h) = \int_{A_{s}}\sigma_{s}\mathrm{d}A_{s} + \int_{A_{m}}\sigma_{m}\mathrm{d}A_{m} + \int_{A_{g}}\sigma_{g}\mathrm{d}A_{g}$$

$$
\begin{aligned}
&= -E_s\int_{h-t_g-t_s-t_m}^{h-t_g-t_m}\mathrm{d}z\int_0^b(\kappa z)\,\mathrm{d}y - E_m\int_{h-t_g-t_m}^{h-t_g}\mathrm{d}z\int_0^b(\kappa z)\,\mathrm{d}y - \\
&\quad E_g\int_{h-t_g}^{h}\mathrm{d}z\int_0^b(\kappa z+\lambda)\,\mathrm{d}y \\
&= -\frac{1}{2}E_s\kappa b(2t_s(h-t_g-t_m)-t_s^2) - E_g b t_g\lambda - \\
&\quad \frac{1}{2}E_m\kappa b(2t_m(h-t_g)-t_m^2) - \frac{1}{2}E_g\kappa b(2t_g h - t_g^2) \\
&= 0
\end{aligned}
\tag{4-6}
$$

对方程(4－6)化简,得到:

$$
(E_s t_s + E_m t_m + E_g t_g)h = \frac{1}{2}(E_s t_s^2 + E_m t_m^2 + E_g t_g^2) + E_m t_m t_g + E_s t_s(t_g + t_m) - \frac{E_g t_g}{\kappa}\lambda \tag{4-7}
$$

为了得到最大挠度,磁致伸缩应变 λ 取饱和值 λ_s,同时定义下面的常量对式(4－7)进一步简化:

$$
\begin{aligned}
\tilde{B} &\equiv E_s t_s^2 + E_m t_m^2 + E_g t_g^2 \\
\tilde{A} &\equiv E_s t_s + E_m t_m + E_g t_g
\end{aligned}
\tag{4-8}
$$

所以,智能悬臂梁中性面的位置可以求解得到:

$$
h = \frac{1}{2}\frac{\tilde{B}}{\tilde{A}} + \frac{E_m t_m t_g}{\tilde{A}} + \frac{E_s t_s(t_g + t_m)}{\tilde{A}} - \frac{E_g t_g \lambda_s}{\tilde{A}}\frac{1}{\kappa} \tag{4-9}
$$

将方程(4－9)代入方程(4－5),可以将悬臂梁内能表示成以曲率 κ 为自变量的函数,通过对 κ 求导,并设导数为零,可以解出曲率:

$$
\kappa = -\frac{6\lambda_s\Theta}{E_g^2 t_g^4 + 4\Phi + 6\Psi + 12\delta t + E_m^2 t_m^4 + E_s^2 t_s^4} \tag{4-10}
$$

式中:$\Theta = \alpha t_g + \alpha t_m + \beta t_g + \beta t_s + 2\delta$;$\alpha = E_g E_m t_g t_m$;$\beta = E_g E_s t_g t_s$;$\gamma = E_m E_s t_m t_s$;$\delta = E_g E_s t_g t_m t_s$;$\Phi = \alpha t_g^2 + \alpha t_m^2 + \beta t_g^2 + \beta t_s^2 + \gamma t_m^2 + \alpha t_s^2$;$\Psi = \alpha t_g t_m + \beta t_g t_s + \gamma t_m t_s$。

悬臂梁输出挠度可以由下式进行计算:

$$D = -\frac{1}{2}\kappa L^2 \tag{4-11}$$

从方程(4－10)和方程(4－11)可以看出,挠度 D 取决于饱和磁致伸缩应变 λ_s、弹性模量 E 和厚度 t,由于 λ_s 为常数,所以,D 的大小决定于智能悬臂梁的弹性参数和几何尺寸。为了对悬臂梁的输出挠度进行优化,需要对这两组参数进行优化选择。由于智能悬臂梁总体厚度较小,所以,在优化过程中必须考虑黏合层对于输出挠度的影响,在之前的与课题相关的研究中[125,126],黏合层的影响并没有被考虑到优化设计过程中,仿真结果如图 4－4 所示,分别采用两组不同的弹性模量($E_g/E_s=1$,$E_g/E_s=5$),其中实线表示所提出的模型计算结果,虚线为不考虑黏合层的模型计算结果,黏合层的厚度取作 Galfenol 层厚度的 1/5。

从图 4－4(a)中可以看出,当厚度比相对较小时,挠度随着衬底层厚度的减少而单调增加,当挠度到达最大值后,随着厚度比的增加,挠度开始减小。这是因为当厚度比(t_g/t_s)相对较小时,由于 t_g 为常数,则 t_s 相对较大,厚度较薄的衬底更容易被 Galfenol 层驱动,这解释了图 4－4(b)和图 4－4(c)中挠度随着衬底层厚度的减少而单调增加。当厚度比越过最优值以后,t_g/t_s 取值变大,意味着 t_s 取值很小,当一定厚度的 Galfenol 层与非常薄的衬底层相黏合时,智能悬臂梁轴向应变沿厚度方向近似为均匀分布,衬底层无法引起悬臂梁足够的弯曲[125]。

图 4－4(a)中出现的厚度比最优值,还可以从数学上进行解释,定义厚度比为

$$\tilde{\alpha} \equiv \frac{t_g}{t_s} \tag{4-12}$$

将式(4－12)代入式(4－10)中得到:

$$\kappa = \frac{6\tilde{\alpha}^2 E_g t_g \lambda_s (E_m \tilde{\alpha}^2 t_m (t_g + t_m) + E_s t_g^2 (\tilde{\alpha} + 1) + 2E_s t_g t_m \tilde{\alpha})}{\tilde{\alpha}^4 t_g^4 E_g^2 + t_g^4 E_s^2 + \tilde{\alpha}^4 t_v^4 m E_m^2 + \chi} \tag{4-13}$$

式中:$\tilde{\varepsilon} = 4t_g^2 + 6t_g t_m + 4t_m^2$;$\tilde{\eta} = 4\tilde{\alpha}^2 + 6\tilde{\alpha} + 4$;$\tilde{\mu} = \tilde{\alpha} t_g^2 + \tilde{\alpha} t_g t_m + t_g^2$;$\chi =$

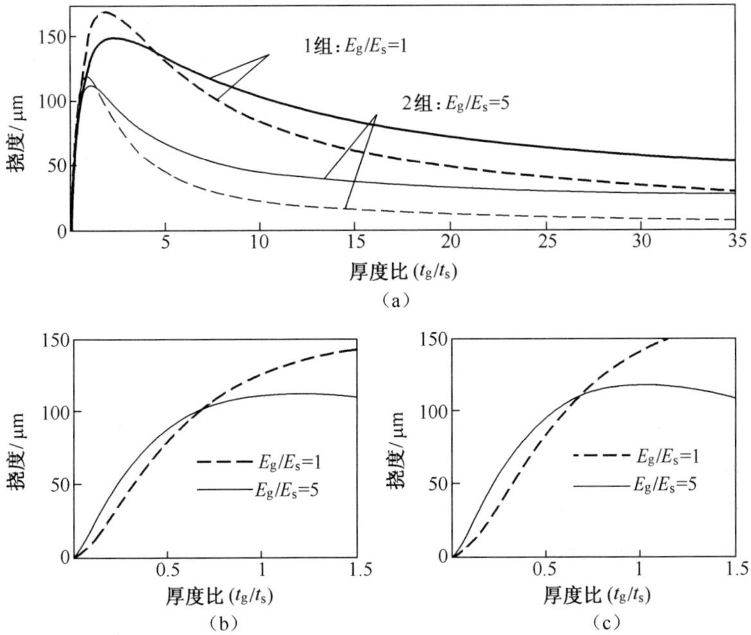

图 4-4　悬臂梁挠度与厚度比之间的关系

(a)考虑和不考虑黏合层时挠度与悬臂梁厚度比之间的变化关系；

(b)考虑黏合层时挠度与厚度比之间的关系(厚度比低于最优值)；

(c)不考虑黏合层时挠度与厚度比之间的关系(厚度比低于最优值)。

$\tilde{\alpha}^4 E_g E_m t_g t_m \tilde{\varepsilon} + \tilde{\alpha} E_g E_s t_g^4 \tilde{\eta} + 12\tilde{\alpha}^2 E_g E_s t_g t_m \tilde{\mu} + \tilde{\alpha} E_s E_m t_g t_m \tilde{\omega}$，$\tilde{\omega} = 4\tilde{\alpha}^2 t_m^2 + 6\tilde{\alpha} t_g t_m + 4t_g^2$。

由于 t_g 和 t_m 为常数，对式(4-13)求极值，得到厚度比最优值为

$$\tilde{\alpha} = \left(\left(\left(\left(\frac{\hat{\alpha}^3}{27\hat{\beta}^3} + \frac{E_s t_g^3}{\hat{\beta}} - \frac{\hat{\gamma}\hat{\alpha}}{6\hat{\beta}^2}\right)^2 - \left(\frac{1}{9}\frac{\hat{\alpha}^2}{\hat{\eta}^2} - \frac{\hat{\gamma}}{3\hat{\eta}}\right)^3\right)^{1/2} - \right.\right.$$

$$\left.\frac{\hat{\alpha}^3}{27\hat{\beta}^3} - \frac{E_s t_g^3}{\hat{\beta}} + \frac{\hat{\gamma}\hat{\alpha}}{6\hat{\beta}^2}\right)^{1/3} +$$

$$\frac{\dfrac{\hat{\alpha}^2}{9\hat{\beta}^2}-\dfrac{\hat{\gamma}}{3\hat{\beta}}}{\left(\left(\left(\dfrac{\hat{\alpha}^3}{27\hat{\beta}^3}+\dfrac{E_s t_g^3}{\hat{\beta}}-\dfrac{\hat{\gamma}\hat{\alpha}}{6\hat{\beta}^2}\right)^2-\left(\dfrac{1}{9}\dfrac{\hat{\alpha}^2}{\hat{\eta}^2}-\dfrac{\hat{\gamma}}{3\hat{\beta}}\right)^3\right)^{1/2}-\dfrac{\hat{\alpha}^3}{27\hat{\beta}^3}-\dfrac{E_s t_g^3}{\hat{\beta}}+\dfrac{\hat{\gamma}\hat{\alpha}}{6\hat{\beta}^2}\right)^{1/3}}-\frac{\hat{\alpha}}{3\hat{\beta}}, \tag{4-14}$$

式中：$\hat{\alpha}=6E_m t_m t_g^2+6E_m t_g t_m^2$；$\hat{\beta}=3E_m t_g t_m^2-E_g t_g^3+2E_m t_m^3$；$\hat{\gamma}=3E_s t_g^3+6E_s t_m t_g^2$；$\hat{\eta}=-E_g t_g^3+3E_m t_g t_m^2+2E_m t_m^3$。

从图 4-4(a)中还可以看出，衬底弹性模量越大，所得到的最大挠度越高，相对应的厚度比最优值也越大，由于 Galfenol 层厚度一定，此时需要的衬底厚度更薄；当厚度比高于最优值时，弹性模量越大的衬底，所得到的挠度要高于弹性模量较小的材料；当厚度比低于最优值时(图 4-4(b)和图 4-4(c))，则刚好相反，这是由于 Galfenol 的驱动能力是一定的，弹性模量大的材料在厚度较大时(厚度比较小)很难被驱动，此时悬臂梁弯曲较小，当材料较薄时(厚度比较大)，衬底容易被驱动，弹性模量大的衬底可以得到较大的挠度。

4.1.3 驱动器特性测试

为了对悬臂梁驱动器进行特性测试，采用了不同厚度的衬底制作了七组不同的样本，由于刚度较大的材料可以得到更大的挠度，同时需要不导磁，选取奥氏体不锈钢片作为衬底，悬臂梁长度为 25mm，宽度为 6.35mm，Galfenol 层厚度为 0.381mm，样本的厚度尺寸见表 4-1，悬臂梁样本和实验装置如图 4-5 所示。由于 Galfenol 合金数量的限制，图中只显示了三块悬臂梁样本，新的样本可以通过将 Galfenol 合金与新的衬底进行黏合获得。

表 4-1　实验样品尺寸

样本号	Ⅰ	Ⅱ	Ⅲ	Ⅳ	Ⅴ	Ⅵ	Ⅶ
衬底厚度/mm	0.762	0.508	0.381	0.254	0.127	0.0762	0.0254
厚度比(t_g/t_s)	1:2	3:4	1:1	1.5:1	3:1	5:1	15:1

悬臂梁挠度通过激光位移传感器进行采集，数据经 AD 返回

dSPACE 控制箱,控制箱同时产生驱动信号给放大电源,对智能悬臂梁进行驱动,系统采样频率为 6kHz,特性测试结果如图 4-6 所示。

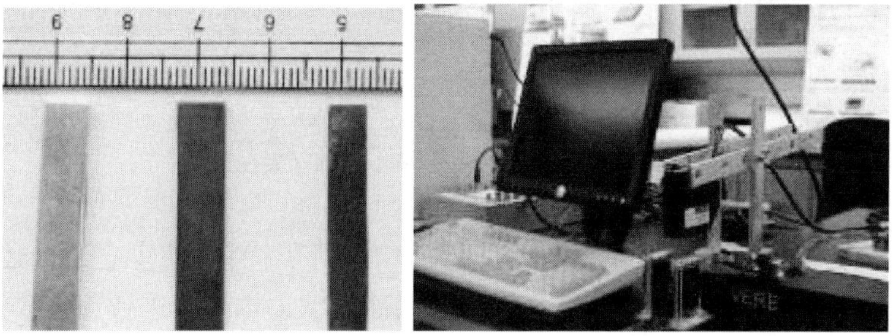

(a)　　　　(b)

图 4-5　Galfenol 智能梁样本(a)和试验装置(b)

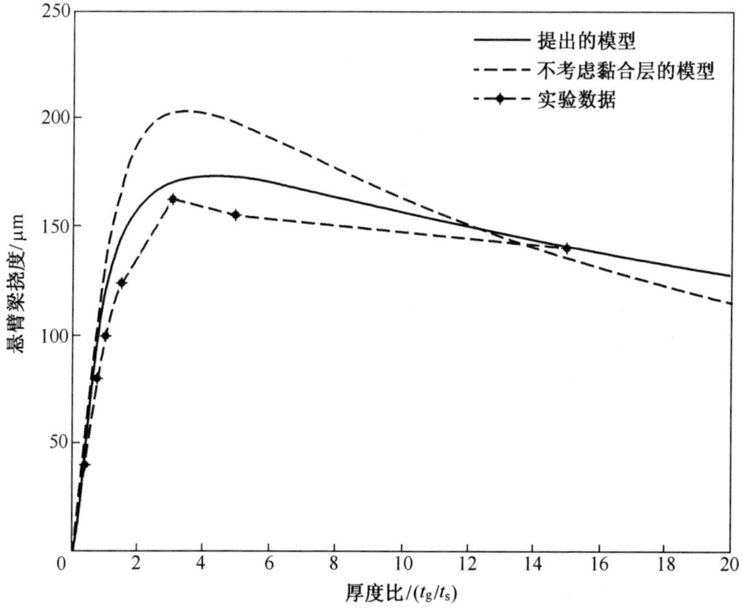

图 4-6　优化模型实验结果

由于衬底厚度的限制,实验中选取的最大厚度比为 15∶1,从图 4-6可以看出,智能悬臂梁的最优厚度比接近于 4,本书所提出的模型，相比不考虑黏合层影响的模型而言，可以更好地预测智能悬臂梁的挠度，事实上，由于考虑了黏合层的影响，可以将黏合层等效为刚度不同的衬底，所以，当不锈钢衬底较薄时($\tilde{\alpha} > 16$)，所提出的模型预测的挠度比不考虑黏合层的模型要高。

4.2 驱动器动力学模型

上一节对悬臂梁驱动器的几何结构进行了优化，并建立了描述悬臂梁静态形变的数学模型，为了对驱动器的动力学响应进行预测，需要建立其动力学模型，考虑到悬臂梁的分布参数结构，本节采用有限元方法，建立智能悬臂梁驱动器的动力学模型。

4.2.1 控制方程

当悬臂梁驱动器发生弯曲形变时，其示意图可以由图 4-7 表示，图中 E 为弹性模量，ρ 为质量密度，I 为转动惯量，下标 m、g 和 s 分别为不同的复合层。

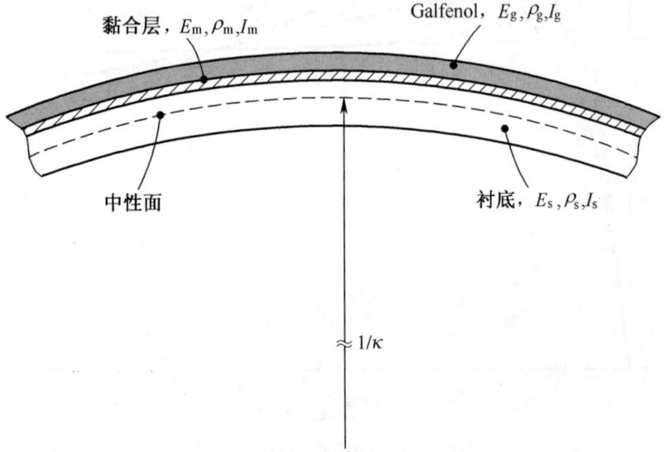

图 4-7 智能悬臂梁弯曲形变示意图

悬臂梁总的弯矩可以通过对复合层每一层横截面进行积分得到：

$$\begin{aligned} M &= -\int_{A_g} E_g(\kappa z + \lambda) z\mathrm{d}A_g - \int_{A_s} E_s \kappa z^2 \mathrm{d}A_s - \int_{A_m} E_m \kappa z^2 \mathrm{d}A_m \\ &= -\kappa(E_s I_s + E_m I_m + E_g I_g) - E_g A_g \lambda\left(h - \frac{t_g}{2}\right) \\ &= (E_s I_s + E_m I_m + E_g I_g)\frac{\partial^2 w(x,t)}{\partial x^2} - E_g A_g \lambda\left(h - \frac{t_g}{2}\right) \end{aligned} \tag{4-15}$$

则相应的剪切力 Q 可以表示为

$$Q = \frac{\partial M}{\partial x} = (E_s I_s + E_m I_m + E_g I_g)\frac{\partial^3 w(x,t)}{\partial x^3} - E_g A_g\left(h - \frac{t_g}{2}\right)\frac{\partial \lambda}{\partial x} \tag{4-16}$$

式中：$w(x,t)$ 为中性面的纵向位移。由方程(4－9)可以看出,悬臂梁中性面的位置不仅取决于材料的属性及尺寸,同时还依赖于悬臂梁的曲率以及 Galfenol 层的磁致伸缩应变,其中,智能梁的曲率可以通过方程(4－17)进行求解[126]。

$$\kappa = \frac{AM^G - BN^G}{AD - B^2} \tag{4-17}$$

式中：A 为智能梁等效轴向刚度系数；B 为智能梁耦合刚度系数；D 为智能梁弯曲刚度系数；N^G 为单位长度 Galfenol 层等效驱动力；M^G 为单位长度 Galfenol 层等效驱动转矩。

智能梁的等效刚度系数可以通过方程(4－18)进行求解：

$$\begin{aligned} A &= \sum_{i=1}^{N} Q_i t_i \\ B &= \frac{1}{2}\sum_{i=1}^{N} Q_i(h_i^2 - h_{i-1}^2) \\ D &= \frac{1}{3}\sum_{i=1}^{N} Q_i(h_i^3 - h_{i-1}^3) \end{aligned} \tag{4-18}$$

式中：N 为智能梁的层数；Q_i 为智能梁第 i 层 x 轴向刚度系数；h_i 为智能梁第 i 层到中间层的垂直距离。

单位长度的等效驱动力 N^G 和等效驱动转矩 M^G 可以通过方

程(4－19)求解：

$$
N^G = \sum_{i=1}^{N} Q_i t_i \lambda_i (H,x)
$$
$$
M^G = \frac{1}{2} \sum_{i=1}^{N} Q_i (h_i^2 - h_{i-1}^2) \lambda_i (H,x) \tag{4-19}
$$

在实验测试中，为了在悬臂梁末端得到交变的输出位移，需要对悬臂梁进行直流偏置，所以，采用偏置磁场 H_b 产生的磁致伸缩应变 λ_b 对方程(4－9)和方程(4－19)进行求解，从而获得智能悬臂梁中性面的位置。

由牛顿力学第二定律，悬臂梁在 z 轴方向上的纵向振动满足下面的方程：

$$
(\rho_g A_g + \rho_s A_s + \rho_m A_m) \frac{\partial^2 w(x,t)}{\partial t^2} + \tilde{c} \frac{\partial w(x,t)}{\partial t} + \frac{\partial Q}{\partial x} = 0 \tag{4-20}
$$

式中：$w(x,t)$ 为悬臂梁纵向振动位移；$\tilde{c}$ 为黏性阻尼系数；Q 为剪切力。

为表述方便，定义如下的符号对方程进行简化：

$$
EI \equiv E_s I_s + E_m I_m + E_g I_g
$$
$$
\rho A \equiv \rho_g A_g + \rho_s A_s + \rho_m A_m
$$

将方程(4－16)代入方程(4－20)可以得到：

$$
\rho A \frac{\partial^2 w(x,t)}{\partial t^2} + \tilde{c} \frac{\partial w(x,t)}{\partial t} + \frac{\partial}{\partial x}\left(EI \frac{\partial^3 w(x,t)}{\partial x^3} + E_g A_g \left(h - \frac{t_g}{2} \right) \frac{\partial \lambda (H,x)}{\partial x} \right) = 0 \tag{4-21}
$$

将方程(4－21)中导数项展开，得到智能悬臂梁的动态振动模型为

$$
EI \frac{\partial^4 w(x,t)}{\partial x^4} + \tilde{c} \frac{\partial w(x,t)}{\partial t} + \rho A \frac{\partial^2 w(x,t)}{\partial t^2} = - E_g A_g \left(h - \frac{t_g}{2} \right) \frac{\partial^2 \lambda (H,x)}{\partial x^2} \tag{4-22}
$$

由方程(4－22)可以看出，在没有外部机械载荷的条件下，智能悬

臂梁驱动源来自 Galfenol 层的磁致伸缩应变,磁致伸缩应变依赖于驱动磁场的强度和磁场沿 x 轴的分布,当磁场分布不均匀时,悬臂梁的负荷取决于 Galfenol 层磁致伸缩应变沿 x 轴方向的二阶导数。

4.2.2　弱形式及其离散化

为对方程(4-22)进行离散化,定义线性空间

$$V \equiv H^2(0,L) = \left\{ v \in H^2(0,L) \mid v(0) = \frac{\partial v(0)}{\partial x} = 0 \right\}$$

对于权重函数 $v(x) \in V$,将方程(4-22)两边同时乘以 $v(x)$,并沿悬臂梁长度方向求积分得到振动方程的弱形式

$$\begin{aligned} &\int_0^L \left(EI \frac{\partial^4 w(x,t)}{\partial x^4} + \tilde{c} \frac{\partial w(x,t)}{\partial t} + \rho A \frac{\partial^2 w(x,t)}{\partial t^2} \right) v(x)\,\mathrm{d}x \\ &= \int_0^L - E_g A_g \left(h - \frac{t_g}{2} \right) \frac{\partial^2 \lambda(H,x)}{\partial x^2} v(x)\,\mathrm{d}x \end{aligned} \tag{4-23}$$

利用 Galerkin 法对方程进行离散化,将智能悬臂梁等分为 N 个线单元(图 4-8(a)),每个线单元含有两个节点,每个节点包括两个自由度(图 4-8(b)),其中 θ_1、θ_2 为旋转方向,Q_1、Q_3 为剪切力,Q_2、Q_4 为转矩。

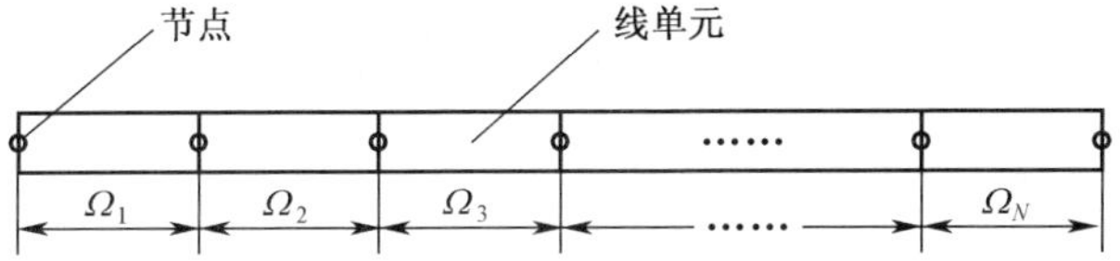

(a)

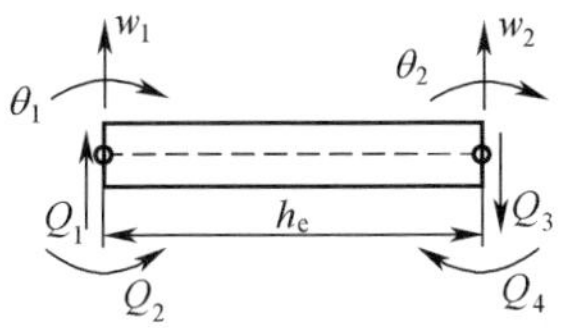

(b)

图 4-8　悬臂梁线单元离散示意图(a)和线单元自由度(b)

当梁单元旋转角较小时，其旋转角度可以近似等于弯曲斜率，定义线单元矢量，其中 w_1 和 w_2 分别为线单元左右节点振动位移。

$$\boldsymbol{w}^e \equiv \begin{bmatrix} w_1 & \dfrac{\mathrm{d}w_1}{\mathrm{d}x} & w_2 & \dfrac{\mathrm{d}w_2}{\mathrm{d}x} \end{bmatrix}^{\mathrm{T}}$$

对于线单元 $\Omega_e = (x_e, x_{e+1})$，对方程（4－23）分步求积分可以得到：

$$\begin{aligned}
&\int_{x_e}^{x_{e+1}} \left(EI \frac{\partial^2 \boldsymbol{w}(x,t)}{\partial x^2} \frac{\partial^2 \boldsymbol{v}(x,t)}{\partial x^2} + \tilde{c} \frac{\partial \boldsymbol{w}(x,t)}{\partial t} \boldsymbol{v}(x,t) + \rho A \frac{\partial^2 \boldsymbol{w}(x,t)}{\partial t^2} \boldsymbol{v}(x,t) \right) \mathrm{d}x \\
&= - \int_{x_e}^{x_{e+1}} E_{\mathrm{g}} A_{\mathrm{g}} \left(h - \frac{t_{\mathrm{g}}}{2} \right) \frac{\partial^2 \boldsymbol{\lambda}(H,x)}{\partial x^2} \boldsymbol{v}(x,t)\,\mathrm{d}x - \\
&\quad \left(\boldsymbol{v}(x,t)\, EI \frac{\partial^3 \boldsymbol{w}(x,t)}{\partial x^3} \right)_{x_e} + \left(\frac{\mathrm{d}\boldsymbol{v}(x,t)}{\mathrm{d}x} EI \frac{\partial^2 \boldsymbol{w}(x,t)}{\partial x^2} \right)_{x_e} + \\
&\quad \left(\boldsymbol{v}(x,t)\, EI \frac{\partial^3 \boldsymbol{w}(x,t)}{\partial x^3} \right)_{x_{e+1}} - \left(\frac{\mathrm{d}\boldsymbol{v}(x,t)}{\mathrm{d}x} EI \frac{\partial^2 \boldsymbol{w}(x,t)}{\partial x^2} \right)_{x_{e+1}}
\end{aligned} \tag{4-24}$$

方程（4－24）为悬臂梁单个线单元振动的弱形式，为得到悬臂梁振动方程的数值形式，将方程（4－24）的根 $\boldsymbol{w}(x,t)$ 近似等价为

$$\boldsymbol{w}(x,t_s) = \sum_{j}^{n} w_j^e(t_s)\,\phi_j^e(x) \tag{4-25}$$

式中：$w_j^e(t_s)$ 为 $w(x,t)$ 在节点 j、时刻 t_s 时的数值；$\phi_j^e(x)$ 为线单元 Ω_e 的插值函数。

由于所定义的线单元含两个节点，每个节点拥有两个自由度，所以，可以采用 Hermite 三次插值函数[127]对方程（4－24）进行数值离散，将方程（4－25）和权重函数 $v(x) = \phi_i(x)$ 代入方程（4－24），得到矩阵形式的振动方程，即

$$[\boldsymbol{M}]\{\ddot{\boldsymbol{w}}\} + [C]\{\dot{\boldsymbol{w}}\} + \boldsymbol{K}]\{\boldsymbol{w}\} = \{\boldsymbol{F}\} + \{\boldsymbol{F}_{BCs}\} \tag{4-26}$$

式中：$K_{ij} = \int_{x_e}^{x_{e+1}} \left(EI \dfrac{\partial^2 \phi_i}{\partial x^2} \dfrac{\partial^2 \phi_j}{\partial x^2} \right) \mathrm{d}x$；$M_{ij}$

$$= \int_{x_e}^{x_{e+1}} (\rho_{\mathrm{g}} A_{\mathrm{g}} + \rho_{\mathrm{s}} A_{\mathrm{s}} + \rho_{\mathrm{m}} A_{\mathrm{m}}) \phi_i \phi_j \mathrm{d}x;$$

$$C_{ij} = \int_{x_e}^{x_{e+1}} \tilde{c}\phi_i\phi_j \mathrm{d}x ; F_i = \int_{x_e}^{x_{e+1}} - E_{\mathrm{g}}A_{\mathrm{g}}\left(h - \frac{t_{\mathrm{g}}}{2}\right)\frac{\partial^2 \lambda}{\partial x^2}\phi_i \mathrm{d}x ;$$

$$\{\boldsymbol{F}_{BCs}\} = \begin{bmatrix} -\dfrac{\mathrm{d}}{\mathrm{d}x}\left(E_{\mathrm{g}}A_{\mathrm{g}}\left(h - \dfrac{t_{\mathrm{g}}}{2}\right)\lambda\right)\Big|_{x_e} \\ E_{\mathrm{g}}A_{\mathrm{g}}\left(h - \dfrac{t_{\mathrm{g}}}{2}\right)\lambda\Big|_{x_e} \\ \dfrac{\mathrm{d}}{\mathrm{d}x}\left(E_{\mathrm{g}}A_{\mathrm{g}}\left(h - \dfrac{t_{\mathrm{g}}}{2}\right)\lambda\right)\Big|_{x_{e+1}} \\ -E_{\mathrm{g}}A_{\mathrm{g}}\left(h - \dfrac{t_{g}}{2}\right)\lambda\Big|_{x_{e+1}} \end{bmatrix}。$$

从方程(4－26)可以看出,智能悬臂梁的载荷取决于 Galfenol 层的磁致伸缩应变以及梁的边界条件,改变 x 轴向磁场分布或边界条件其中任一项,都会改变智能悬臂梁的动态振动。为了将磁致伸缩应变 λ 与驱动电流 I_{c} 建立关系,设 λ 与 I_{c} 之间满足下列线性关系:

$$\lambda = d_{\mathrm{g}}H = d_{\mathrm{g}}NI_{\mathrm{c}} \tag{4-27}$$

式中: N 为驱动线圈的匝数密度; d_{g} 为线性压磁系数; H 为驱动磁场; I_{c} 为驱动电流。为对方程(4－26)进行简化,设驱动磁场沿 x 轴向均匀分布,则 λ 对 x 的导数项为零,同时将 $\{\boldsymbol{F}_{BCs}\}$ 中 λ 项用方程(4－27)进行计算替代,则方程(4－26)可写为

$$[\boldsymbol{M}]\{\ddot{\boldsymbol{w}}\} + [\boldsymbol{C}]\{\dot{\boldsymbol{w}}\} + [\boldsymbol{K}]\{\boldsymbol{w}\} = \{\tilde{\boldsymbol{F}}\}I_c \tag{4-28}$$

式中:

$$\{\tilde{\boldsymbol{F}}\} = \begin{bmatrix} -\dfrac{\mathrm{d}}{\mathrm{d}x}\left(E_{\mathrm{g}}A_{\mathrm{g}}\left(h - \dfrac{t_{\mathrm{g}}}{2}\right)d_{\mathrm{g}}N\right)\Big|_{x_e} \\ E_{\mathrm{g}}A_{\mathrm{g}}\left(h - \dfrac{t_{\mathrm{g}}}{2}\right)d_{\mathrm{g}}N\Big|_{x_e} \\ \dfrac{\mathrm{d}}{\mathrm{d}x}\left(E_{\mathrm{g}}A_{\mathrm{g}}\left(h - \dfrac{t_{\mathrm{g}}}{2}\right)d_{\mathrm{g}}N\right)\Big|_{x_{e+1}} \\ -E_{\mathrm{g}}A_{\mathrm{g}}\left(h - \dfrac{t_{\mathrm{g}}}{2}\right)d_{\mathrm{g}}N\Big|_{x_{e+1}} \end{bmatrix}$$

4.3 模型数值求解方法

4.3.1 有限元模型的数值求解

矩阵方程(4－28)是时间的函数,采用 Newmark 积分法对其进行求解,设采样周期为 Δt ,t 表示当前时刻,$t+\Delta t$ 表示下一个采样时刻,则方程(4－28)的根可以表示为

$$\{\boldsymbol{w}\}_{t+\Delta t} = [\hat{\boldsymbol{K}}]^{-1}\{\hat{\boldsymbol{F}}\} \tag{4-29}$$

其中,

$$\begin{aligned}
&[\hat{\boldsymbol{K}}] = [\boldsymbol{K}] + \alpha_0[\boldsymbol{M}] + \alpha_1[\boldsymbol{C}]\\
&\{\hat{\boldsymbol{F}}\} = \{\hat{\boldsymbol{F}}\}_{t+\Delta t} + [\boldsymbol{M}](\alpha_0\{\boldsymbol{w}\}_t + \alpha_2\{\dot{\boldsymbol{w}}\}_t + \alpha_3\{\ddot{\boldsymbol{w}}\}_t) + \\
&\qquad [\boldsymbol{C}](\alpha_0\{\boldsymbol{w}\}_t + \alpha_2\{\dot{\boldsymbol{w}}\}_t + \alpha_3\{\ddot{\boldsymbol{w}}\}_t)
\end{aligned} \tag{4-30}$$

方程(4－30)中 $t+\Delta t$ 时刻的速度和加速度可以通过下列方程进行求解:

$$\begin{aligned}
&\{\ddot{\boldsymbol{w}}\}_{t+\Delta t} = \alpha_0(\{\boldsymbol{w}\}_{t+\Delta t} + \{\boldsymbol{w}\}_t) - \alpha_2\{\dot{\boldsymbol{w}}\}_t - \alpha_3\{\ddot{w}\}_t\\
&\{\dot{\boldsymbol{w}}\}_{t+\Delta t} = \{\dot{\boldsymbol{w}}\}_t + \alpha_6\{\ddot{\boldsymbol{w}}\}_t + \alpha_7\{\ddot{\boldsymbol{w}}\}_{t+\Delta t}
\end{aligned} \tag{4-31}$$

方程(4－30)和方程(4－31)中的参数表示如下:

$$\alpha_0 = \frac{1}{\beta\Delta t^2},\ \alpha_1 = \frac{\gamma}{\beta\Delta t^2},\ \alpha_2 = \frac{1}{\beta\Delta t},\ \alpha_3 = \frac{1}{2\beta} - 1,\ \alpha_4 = \frac{\gamma}{\beta} - 1,\ \alpha_5 = \frac{\Delta t}{2}\left(\frac{\gamma}{\beta} - 2\right),\ \alpha_6 = \Delta t(1-\gamma),\ \alpha_7 = \Delta t\gamma,\ \beta = 0.25,\ \gamma = 0.5$$

如果智能悬臂梁的初始条件已知,即 t 时刻的状态已知,则下一时刻的状态可以通过方程(4－29)和方程(4－31)进行求解。

方程(4－26)中的结构阻尼为 Rayleigh 阻尼,即阻尼矩阵 $[\boldsymbol{C}]$ 可以表示成刚度矩阵 $[\boldsymbol{K}]$ 和质量矩阵 $[\boldsymbol{M}]$ 的线性组合[128]:

$$[\boldsymbol{C}] = c_0[\boldsymbol{M}] + c_1[\boldsymbol{K}] \tag{4-32}$$

Rayleigh 系数 c_0 和 c_1 可以由分别与基频 ω_m 和 ω_n 相对应的阻尼系数 ζ_m 和 ζ_n 来表示[129]，即

$$\begin{Bmatrix} c_0 \\ c_1 \end{Bmatrix} = \frac{2\omega_m\omega_n}{\omega_m^2\omega_n^2}\begin{bmatrix} \omega_n & -\omega_m \\ -1/\omega_n & 1/\omega_m \end{bmatrix}\begin{Bmatrix} \zeta_m \\ \zeta_n \end{Bmatrix} \tag{4-33}$$

其中悬臂梁的阻尼系数可以通过脉冲响应进行辨识，实验数据和辨识曲线如图 4－9 和图 4－10 所示。图 4－9 为智能悬臂梁脉冲响应曲线，图 4－10 为相应曲线的傅里叶变换，由于悬臂梁阻尼系数非常小，所以，可将图 4－10 中显示的阻尼自然振荡频率（Damped nbatural frequency）近似等于悬臂梁的自然振荡频率，则可以通过对图 4－9 中的幅值衰减曲线拟合得到一阶阻尼系数，Rayleigh 系数 c_0 和 c_1 则可以通过方程（4－33）进行求解。

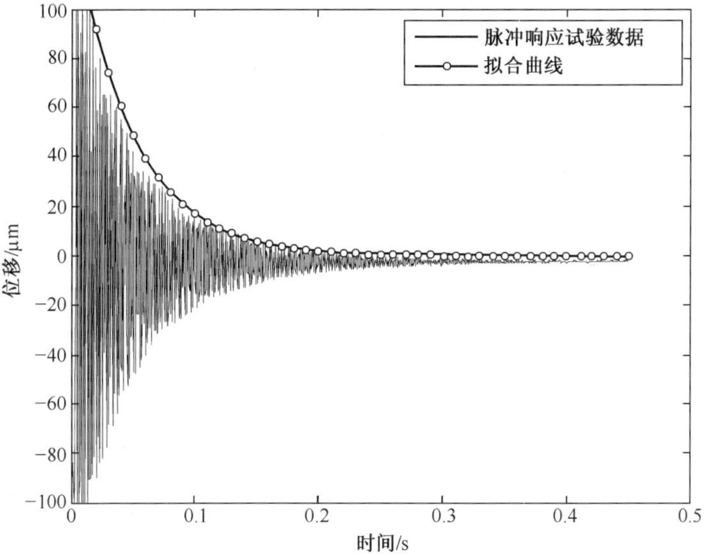

图 4－9　智能悬臂梁脉冲响应实验结果及拟合曲线

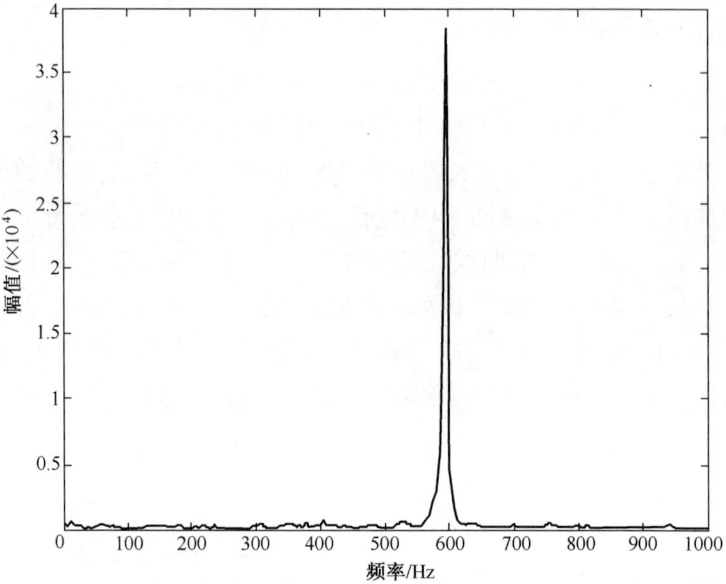

图 4-10　脉冲响应曲线傅里叶变换

4.3.2　动力学模型验证

为了对 Galfenol 悬臂梁驱动器动力学模型进行实验验证，实验装置示意图如图 4-11 所示。

图 4-11 中的装置与静态特性测试中的实验装置一致，智能悬臂梁的样本选取 Galfenol 厚度为 0.381mm，黏合层厚度为 Galfenol 的 1/5，根据静态实验测试得到的结果，厚度比采用与最优值接近的 3∶1 作为不锈钢衬底的厚度，dSPACE 采样频率为 6kHz，激光位移传感器的采样频率为 20μs，从而数据采集系统中存在大约 0.1867ms 的延时，由于该延时是硬件系统采样频率造成的，与悬臂梁的驱动频率无关，所以，在动力学模型验证过程中，不同频率的实验结果中都将添加 0.1867ms 的延时对模型进行相位补偿。实验结果如彩图 4-12～彩图 4-16 所示，动态驱动频率选取 30～320Hz，图 4-17 和图 4-18 中显

示的是智能悬臂梁驱动电流与末端输出位移之间的关系，为了对所提出的动力学模型误差进行量化，定义下面的数学表达式：

$$\text{Ratio} \equiv \frac{\text{meas} - \text{mod}}{\text{meas}} \times 100\% \tag{4-34}$$

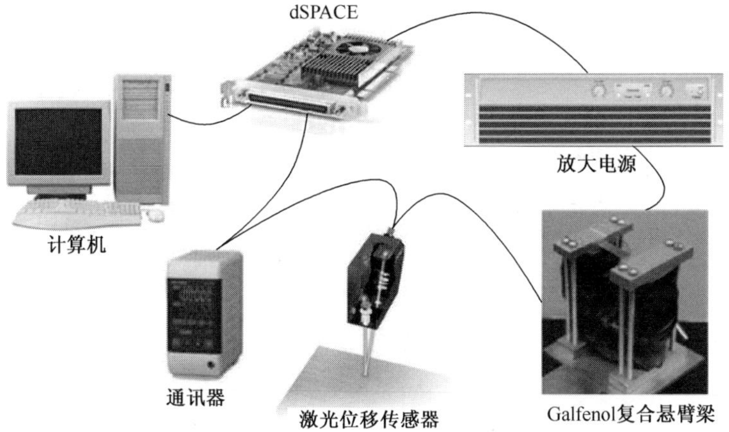

图4-11 实验装置示意图

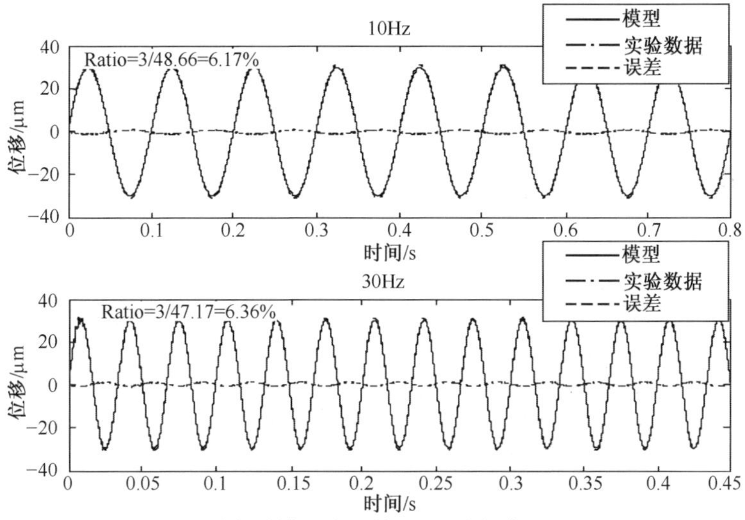

图4-12 动力学模型验证结果(驱动频率10Hz,30Hz)

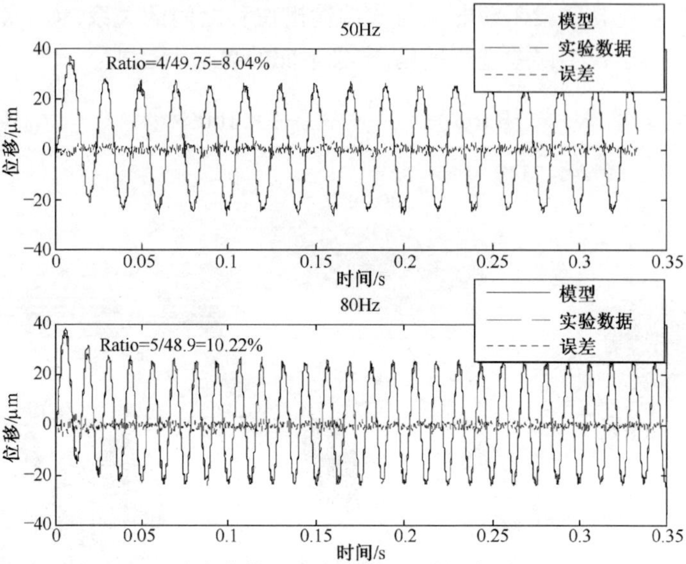

图 4-13 动力学模型验证结果(驱动频率 50Hz,80Hz)

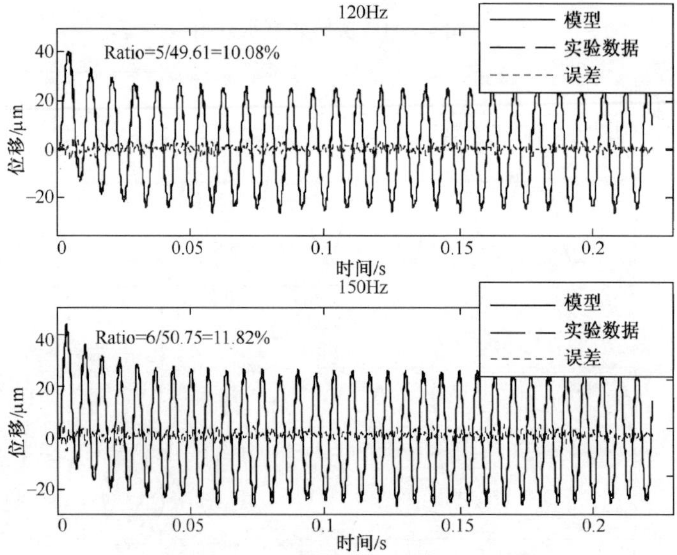

图 4-14 动力学模型验证结果(驱动频率 120Hz,150Hz)

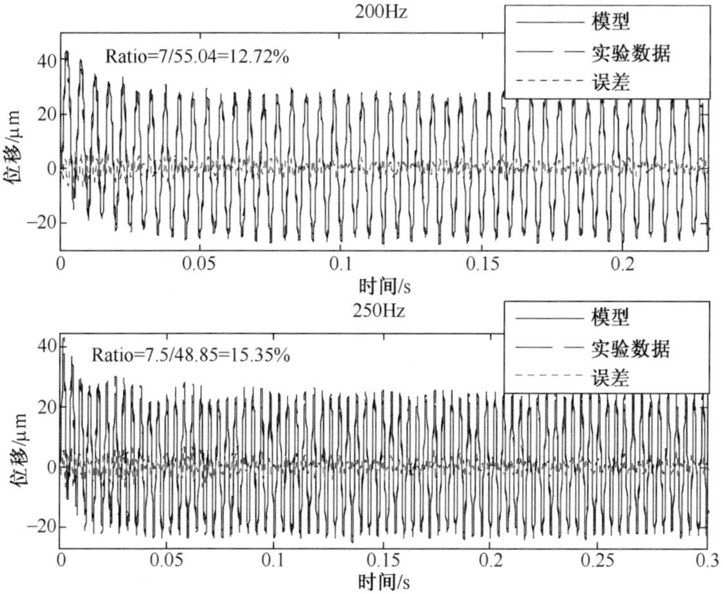

图 4-15 动力学模型验证结果(驱动频率 200Hz,250Hz)

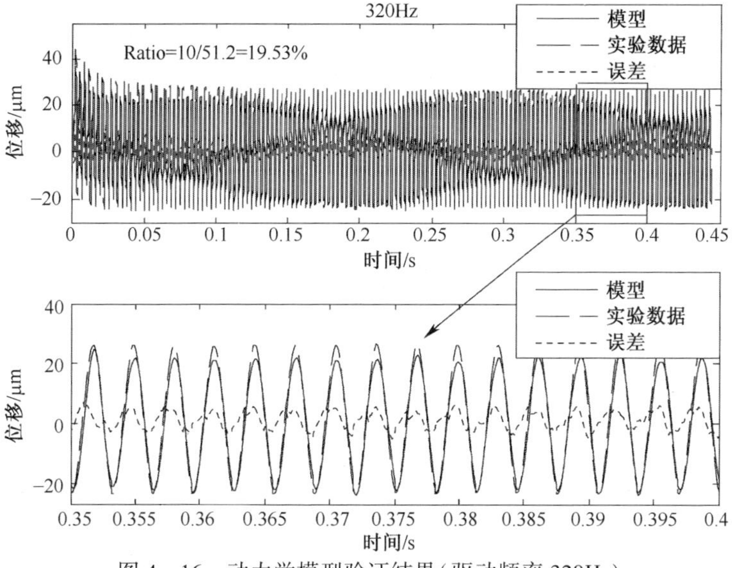

图 4-16 动力学模型验证结果(驱动频率 320Hz)

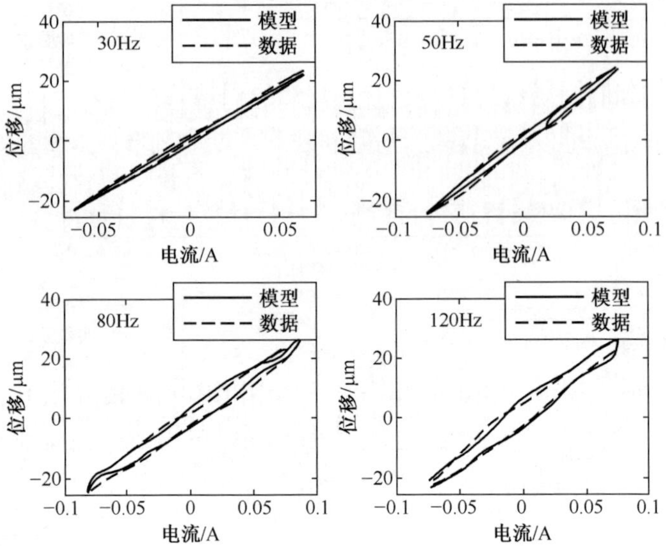

图 4-17　驱动电流与输出位移之间的关系(30~120Hz)

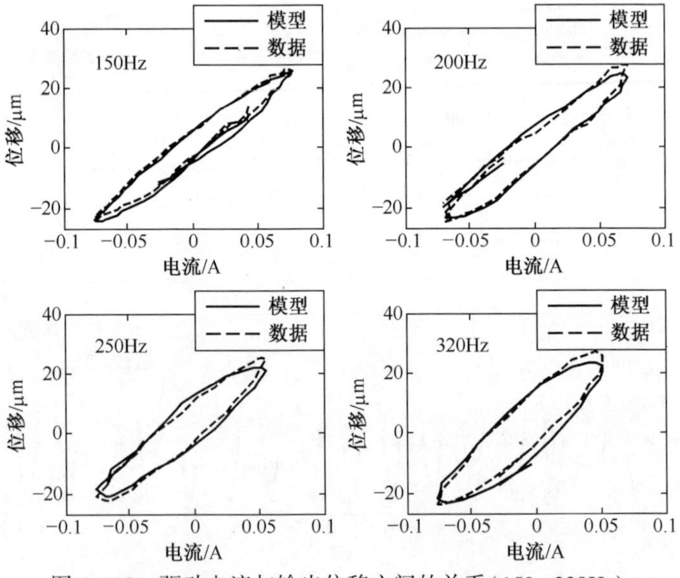

图 4-18　驱动电流与输出位移之间的关系(150~320Hz)

式中:mod 为动力学模型稳态输出的峰-峰值;meas 为相应频率实验数据的峰-峰值。Ratio 值的大小见实验结果图。模型误差的均方根值(RMS 值)如表 4-2 所列,表中 error 的数学表达式为

$$\text{error} \equiv \frac{\text{RMS}(\text{meas}_t - \text{mod}_t)}{\text{meas}} \times 100\% \tag{4-35}$$

式中:meas_t 和 mod_t 分别为时域内的实验数据和模型预测数据结果。

表 4-2　模型误差数据表

驱动频率/Hz	实验数据/μm	模型误差的 RMS 值	error/%
10	48.66	0.7012	1.44
30	47.17	0.8569	1.82
50	49.75	0.9011	1.81
80	48.9	1.2499	2.56
120	49.61	1.1343	2.29
150	50.75	1.6399	3.23
200	55.04	1.8932	3.44
250	48.85	2.2097	4.52
320	51.2	3.2442	6.34

从实验结果可以看出,所建立的动力学模型可以同时描述智能悬臂梁的瞬态和稳态响应,由于采用了 U 形叠片结构的电磁驱动线圈,高频涡流损耗得到有效抑制,在输入频率达到 200Hz 时,模型仍然能够在幅值和相位上较好捕捉悬臂梁的动态响应,在输入频率达到 320Hz 时,模型开始出现预测偏差,瞬态响应的预测误差相对稳态响应要大。

模型误差的主要原因是动力学建模过程中所做的基本假设,本书假设 Galfenol 合金的磁致伸缩应变与驱动磁场之间为线性关系,同时,为方便模型求解,假设驱动磁场沿悬臂梁长度方向均匀分布,事实上,Galfenol 合金磁致伸缩应变不仅取决于驱动磁场,同时依赖于合金的内部应力,磁致伸缩应变所引起的内部应力的改变,同样会影响合金的伸缩应变,在本书的第 4 章将对这一非线性耦合问题进行研究,另外,由于磁路中空气气隙的存在,磁通密度沿 x 轴方向的分布为非均匀分布,在本书的第 6 章将对智能悬臂梁磁路中磁通密度的三维模型问题

进行求解。

另外从实验结果中我们还发现，驱动频率越高时，模型预测结果与实验数据之间的误差越大，当驱动频率为 10~320Hz 时，模型误差的均方根值为 1.44%~6.34%，这是因为模型中假设结构阻尼和压磁系数为不依赖于驱动频率变化的常量，由于参数的数值来源于准静态条件下对实验数据进行拟合辨识的结果，当驱动频率比较高时，Galfenol 合金磁路中仍有涡流损耗的存在，频率越高，这种损耗越明显，所以，当假设压磁系数和结构阻尼为常量时，系统中由压磁系数所引入的磁-机耦合能和由结构阻尼所表征的能量耗散，并不能完全表达悬臂梁系统中能量的输入与输出，从而出现实验结果图中误差的变化趋势。

第5章

磁滞非线性动力学建模方法

M]　智能材料与器件的动力学耦合建模方法是智能材料和结构研究领域中的一个重要课题,Galfenol 合金的磁化过程依赖于外部驱动磁场和内部应力的变化。在动态条件下,器件的形变和机械应力的改变,都会影响合金的磁化过程,而合金的磁化过程反过来又影响整个器件的动态响应,这是一个动态耦合的过程。为揭示合金和外部机械结构动态条件下的耦合关系,需要建立一套可以描述合金耦合非线性的动力学耦合建模方法,既可以求解智能器件的动力学响应,同时可以进一步揭示动态条件下合金的磁化过程。

本章采用有限元方法,以智能悬臂梁为例,研究 Galfenol 合金驱动器件中的耦合动力学建模方法。该方法基于有限元理论进行实现,采用的研究方法与研究手段通用性较强,可以适用于其他智能材料与结构的耦合建模过程。

5.1　驱动器有限元模型

在悬臂梁驱动器的建模方法中,一类模型主要研究悬臂梁的静态形变,即假设悬臂梁的主动层(Active layer)应变为已知,进而讨论悬臂梁其他结构和几何参数对其静态形变的关系和影响,其主要代表文献有[125,126]和[130,131],du Tremolet de Lacheisserie 和 Peuzin 研究了一种双晶片型磁致伸缩悬臂梁,其主动层为薄膜材料,该模型假设薄膜层厚度远小于衬底层,从而认为薄膜层内部应力在悬臂梁主动形变过程中不发生变化,相对应的机械能也不会发生改变,该模型的主要贡献在于提出了一套将薄膜层主动应变与智能悬臂梁结构形变进行耦合的建模方法,但该模型假设主动层的磁致伸缩应变为已知,并且仅适用于主动层厚度远小于衬底层厚度的智能梁结构。

Gehring 等人[125]、Guerrero 和 Wetherhold 等人[126]利用能量最小化原理对该模型进行了应用推广,由于利用了总内能公式,取消了主动层内部应力不变的假设,推广以后的模型可适用于任意厚度比的智能悬臂梁结构,然而该模型同样假设主动层的磁致伸缩应变为已知,没有考虑主动层中的磁-机耦合非线性关系,并且仅适用于研究悬臂梁的静态形变。

为将主动层的磁-机耦合非线性考虑到建模过程中,Datta 等人[120,122]利用 Armstrong 模型对 Galfenol 合金进行了建模,并将该模型与悬臂梁结构模型进行耦合,得到一种以磁场强度为输入非线性耦合模型,该模型考虑了 Galfenol 合金内部应力对应变的影响,但是同样仅局限于研究智能悬臂梁的静态形变,无法解决其动力学耦合问题。

本章内容研究 Galfenol 悬臂梁驱动器的动力学耦合问题,利用离散型能量均分模型对 Galfenol 合金磁滞非线性进行建模,同时利用有限元方法建立智能悬臂梁的结构模型,研究两种模型的耦合方法和数值解法,并利用实验结果对所提出的非线性耦合模型进行实验验证。

5.1.1 几何结构

Galfenol 悬臂梁驱动器几何尺寸及结构如图 5-1 所示,其中字母变量所代表的物理含义与第四章中的一致。需要指出的是,第四章所建立的模型是基于悬臂梁的中性面进行考虑的,在这一章中,将基于悬臂梁的中间面对其进行动力学建模。

5.1.2 虚功原理

当沿 x 轴施加磁场 H 时,Galfenol 合金产生磁致伸缩应变,其总应变为弹性应变与磁致伸缩应变之和,见公式(4-1),而相应的应力见公式(4-2)。

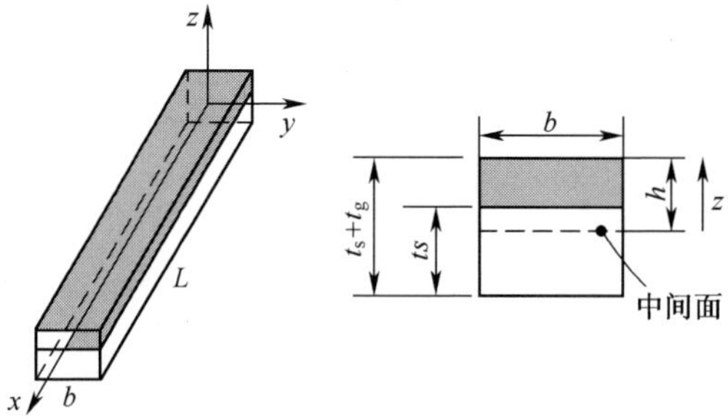

图 5-1　智能悬臂梁几何尺寸及结构

衬底层的应力满足胡克定律

$$\sigma_s = E_s \varepsilon_s \tag{5-1}$$

当智能悬臂梁发生弯曲形变时,以悬臂梁中间面为基准,悬臂梁中任意一点的轴向形变可以表示为

$$\varepsilon = \frac{\partial u(t,x)}{\partial x} - z\frac{\partial^2 v(t,x)}{\partial x^2} \tag{5-2}$$

式中: $u(t,x)$ 为悬臂梁中间面的 x 轴向位移; $v(t,x)$ 为悬臂梁纵向位移,分别为 x 轴向位置和时间 t 的函数。为了建立磁致伸缩应变 $\lambda(\sigma_g, H)$ 和悬臂梁结构形变 $u(t,x)$ 和 $v(t,x)$ 之间的数学关系,利用虚功原理对智能悬臂梁进行建模。

虚功原理可以简单描述为物体所受外力和内力所做的虚拟功总和为零,其数学表达式为

$$-\delta W_i - \delta W_e = 0 \tag{5-3}$$

式中: δW_i 为系统内力所做的虚拟功; δW_e 为系统外力所做的虚拟功。在 Galfenol 智能悬臂梁磁致伸缩弯曲过程中,没有外部作用力或者负载,从而 $\delta W_e = 0$,悬臂梁内部的虚拟功分别来源于内部应力、质量惯性和结构阻尼三部分,悬臂梁内部应力所做的虚拟功可以表示为

$$\begin{aligned}\delta W_\sigma &= \int_0^L\int_A \sigma\delta\varepsilon \mathrm{d}A\mathrm{d}x = \int_0^L\int_{A_g}\sigma_g\delta\varepsilon_g\mathrm{d}A_g\mathrm{d}x + \int_0^L\int_{A_s}\sigma_s\delta\varepsilon_s\mathrm{d}A_s\mathrm{d}x\\ &= -\int_0^L\int_{A_g}E_g\left(-\frac{\partial u(t,x)}{\partial x} + z\frac{\partial^2 v(t,x)}{\partial x^2} + \lambda\right)\delta\left(\frac{\partial u(t,x)}{\partial x} - z\frac{\partial^2 v(t,x)}{\partial x^2}\right)\mathrm{d}A_g\mathrm{d}x -\end{aligned}$$

$$\int_0^L\int_{A_s} E_s\left(-\frac{\partial u(t,x)}{\partial x}+z\frac{\partial^2 v(t,x)}{\partial x^2}\right)\delta\left(\frac{\partial u(t,x)}{\partial x}-z\frac{\partial^2 v(t,x)}{\partial x^2}\right)\mathrm{d}A_s\mathrm{d}x \tag{5-4}$$

将方程(5-4)进行多项式展开,得到

$$\begin{aligned}\delta W_\sigma = & E_g\int_0^L\int_{A_g} z\frac{\partial^2 v(t,x)}{\partial x^2}\delta\frac{\partial^2 v(t,x)}{\partial x^2}z\mathrm{d}A_g\mathrm{d}x - \\ & E_g\int_0^L\int_{A_g} z\frac{\partial^2 v(t,x)}{\partial x^2}\delta\frac{\partial u(t,x)}{\partial x}\mathrm{d}A_g\mathrm{d}x - \\ & E_g\int_0^L\int_{A_g} z\frac{\partial u(t,x)}{\partial x}\delta\frac{\partial^2 v(t,x)}{\partial x^2}z\mathrm{d}A_g\mathrm{d}x + \\ & E_g\int_0^L\int_{A_g} z\frac{\partial u(t,x)}{\partial x}\delta\frac{\partial u(t,x)}{\partial x}z\mathrm{d}A_g\mathrm{d}x + \\ & E_g\int_0^L\int_{A_g} \lambda(H,\sigma_g)\delta\frac{\partial^2 v(t,x)}{\partial x^2}z\mathrm{d}A_g\mathrm{d}x - \\ & E_g\int_0^L\int_{A_g} \lambda(H,\sigma_g)\delta\frac{\partial u(t,x)}{\partial x}\mathrm{d}A_g\mathrm{d}x + \\ & E_s\int_0^L\int_{A_s} \frac{\partial^2 v(t,x)}{\partial x^2}z\delta\frac{\partial^2 v(t,x)}{\partial x^2}z\mathrm{d}A_s\mathrm{d}x - \\ & E_s\int_0^L\int_{A_s} \frac{\partial^2 v(t,x)}{\partial x^2}\delta\frac{\partial u(t,x)}{\partial x}\mathrm{d}A_s\mathrm{d}x - \\ & E_s\int_0^L\int_{A_s} \frac{\partial u(t,x)}{\partial x}\delta\frac{\partial^2 v(t,x)}{\partial x^2}z\mathrm{d}A_s\mathrm{d}x + \\ & E_s\int_0^L\int_{A_s} \frac{\partial u(t,x)}{\partial x}\delta\frac{\partial u(t,x)}{\partial x}\mathrm{d}A_s\mathrm{d}x\end{aligned} \tag{5-5}$$

在方程(5-5)中对 z 进行合并同类项,得到:

$$
\begin{aligned}
\delta W_{\sigma} = & E_{g}\int_{0}^{L}\frac{\partial^{2}v(t,x)}{\partial x^{2}}\delta\frac{\partial^{2}v(t,x)}{\partial x^{2}}\left(\int_{A_{g}}z^{2}\mathrm{d}A_{g}\right)\mathrm{d}x - \\
& E_{g}\int_{0}^{L}\frac{\partial^{2}v(t,x)}{\partial x^{2}}\delta\frac{\partial u(t,x)}{\partial x}\left(\int_{A_{g}}z\mathrm{d}A_{g}\right)\mathrm{d}x - \\
& E_{g}\int_{0}^{L}\frac{\partial u(t,x)}{\partial x}\delta\frac{\partial^{2}v(t,x)}{\partial x^{2}}\left(\int_{A_{g}}z\mathrm{d}A_{g}\right)\mathrm{d}x + \\
& E_{g}\int_{0}^{L}\frac{\partial u(t,x)}{\partial x}\delta\frac{\partial u(t,x)}{\partial x}\left(\int_{A_{g}}\mathrm{d}A_{g}\right)\mathrm{d}x + \\
& E_{g}\int_{0}^{L}\int_{A_{g}}\lambda(H,\sigma_{g})\,\delta\frac{\partial^{2}v(t,x)}{\partial x^{2}}z\mathrm{d}A_{g}\mathrm{d}x - \\
& E_{g}\int_{0}^{L}\int_{A_{g}}\lambda(H,\sigma_{g})\,\delta\frac{\partial u(t,x)}{\partial x}\mathrm{d}A_{g}\mathrm{d}x + \\
& E_{s}\int_{0}^{L}\frac{\partial^{2}v(t,x)}{\partial x^{2}}\delta\frac{\partial^{2}v(t,x)}{\partial x^{2}}\left(\int_{A_{s}}z^{2}\mathrm{d}A_{s}\right)\mathrm{d}x - \\
& E_{s}\int_{0}^{L}\frac{\partial^{2}v(t,x)}{\partial x^{2}}\delta\frac{\partial u(t,x)}{\partial x}\left(\int_{A_{s}}z\mathrm{d}A_{s}\right)\mathrm{d}x - \\
& E_{s}\int_{0}^{L}\frac{\partial u(t,x)}{\partial x}\delta\frac{\partial^{2}v(t,x)}{\partial x^{2}}\left(\int_{A_{s}}z\mathrm{d}A_{s}\right)\mathrm{d}x + \\
& E_{s}\int_{0}^{L}\frac{\partial u(t,x)}{\partial x}\delta\frac{\partial u(t,x)}{\partial x}\left(\int_{A_{s}}\mathrm{d}A_{s}\right)\mathrm{d}x
\end{aligned}
\tag{5-6}
$$

由于智能悬臂梁的横截面积为均匀分布，可以对方程(5－6)沿 y 轴和 z 轴进行积分得到：

$$
\begin{aligned}
\delta W_{\sigma} = & E_{g}I_{g}\int_{0}^{L}\frac{\partial^{2}v(t,x)}{\partial x^{2}}\delta\frac{\partial^{2}v(t,x)}{\partial x^{2}}\mathrm{d}x - E_{g}Q_{g}\int_{0}^{L}\frac{\partial^{2}v(t,x)}{\partial x^{2}}\delta\frac{\partial u(t,x)}{\partial x}\mathrm{d}x - \\
& E_{g}Q_{g}\int_{0}^{L}\frac{\partial u(t,x)}{\partial x}\delta\frac{\partial^{2}v(t,x)}{\partial x^{2}}\mathrm{d}x + E_{g}A_{g}\int_{0}^{L}\frac{\partial u(t,x)}{\partial x}\delta\frac{\partial u(t,x)}{\partial x}\mathrm{d}x +
\end{aligned}
$$

$$E_g\int_0^L\int_{A_g}\lambda(H,\sigma_g)\delta\frac{\partial^2 v(t,x)}{\partial x^2}z\mathrm{d}A_g\mathrm{d}x -$$

$$E_g\int_0^L\int_{A_g}\lambda(H,\sigma_g)\delta\frac{\partial u(t,x)}{\partial x}\mathrm{d}A_g\mathrm{d}x +$$

$$E_sI_s\int_0^L\frac{\partial^2 v(t,x)}{\partial x^2}\delta\frac{\partial^2 v(t,x)}{\partial x^2}\mathrm{d}x - E_sQ_s\int_0^L\frac{\partial^2 v(t,x)}{\partial x^2}\delta\frac{\partial u(t,x)}{\partial x}\mathrm{d}x -$$

$$E_sQ_s\int_0^L\frac{\partial u(t,x)}{\partial x}\delta\frac{\partial^2 v(t,x)}{\partial x^2}\mathrm{d}x + E_sA_s\int_0^L\frac{\partial u(t,x)}{\partial x}\delta\frac{\partial u(t,x)}{\partial x}\mathrm{d}x \tag{5-7}$$

其中,

$$I_g=\int_{A_g}z^2\mathrm{d}A_g\ ,\ Q_g=\int_{A_g}z\mathrm{d}A_g\ ,\ I_s=\int_{A_s}z^2\mathrm{d}A_s\ ,\ Q_s=\int_{A_s}z\mathrm{d}A_s\ 。$$

为了计算悬臂梁动态惯性所做的虚拟功,利用达贝朗尔原理对惯性力(d'Alembert Force)进行建模,认为力的大小是悬臂梁轴向加速度 a_u 和纵向加速度 a_v 的函数。另外,利用开尔文-佛伊特阻尼(Kelvin-Voight Damping)对悬臂梁的结构阻尼进行建模,其力的大小是悬臂梁轴向运动速度 v_u 和纵向运动速度 v_v 的函数,则两种力所做的虚拟功可以通过下面的数学表达式进行计算得到。

$$\begin{aligned}\delta W_\rho &= \int_0^L\int_A\rho a^u\delta u\mathrm{d}A\mathrm{d}x + \int_0^L\int_A\rho a^v\delta v\mathrm{d}A\mathrm{d}x\\ &= \int_0^L\int_A\rho\frac{\partial^2 u(t,x)}{\partial t^2}\delta u\mathrm{d}A\mathrm{d}x + \int_0^L\int_A\rho\frac{\partial^2 v(t,x)}{\partial t^2}\delta v\mathrm{d}A\mathrm{d}x\end{aligned} \tag{5-8}$$

$$\delta W_c = \int_0^L\int_A c\frac{\partial u(t,x)}{\partial t}\delta u\mathrm{d}A\mathrm{d}x + \int_0^L\int_A c\frac{\partial v(t,x)}{\partial t}\delta v\mathrm{d}A\mathrm{d}x \tag{5-9}$$

式中:下标 ρ 和 c 分别为惯性力和阻尼力所做的虚拟功。结合方程(5-3),式(5-7)~(5-9)可以得到 Galfenol 智能悬臂梁磁致伸缩形变动力学方程的弱解形式,即

$$E_gI_g\int_0^L \frac{\partial^2 v(t,x)}{\partial x^2}\delta\frac{\partial^2 v(t,x)}{\partial x^2}dx - E_gQ_g\int_0^L \frac{\partial^2 v(t,x)}{\partial x^2}\delta\frac{\partial u(t,x)}{\partial x}dx -$$

$$E_gQ_g\int_0^L \frac{\partial u(t,x)}{\partial x}\delta\frac{\partial^2 v(t,x)}{\partial x^2}dx + E_gA_g\int_0^L \frac{\partial u(t,x)}{\partial x}\delta\frac{\partial u(t,x)}{\partial x}dx +$$

$$E_sI_s\int_0^L \frac{\partial^2 v(t,x)}{\partial x^2}\delta\frac{\partial^2 v(t,x)}{\partial x^2}dx - E_sQ_s\int_0^L \frac{\partial^2 v(t,x)}{\partial x^2}\delta\frac{\partial u(t,x)}{\partial x}dx -$$

$$E_sQ_s\int_0^L \frac{\partial u(t,x)}{\partial x}\delta\frac{\partial^2 v(t,x)}{\partial x^2}dx + E_sA_s\int_0^L \frac{\partial u(t,x)}{\partial x}\delta\frac{\partial u(t,x)}{\partial x}dx +$$

$$\int_0^L\int_A \rho\frac{\partial^2 u(t,x)}{\partial t^2}\delta u dA dx + \int_0^L\int_A \rho\frac{\partial^2 v(t,x)}{\partial t^2}\delta v dA dx +$$

$$\int_0^L\int_A c\frac{\partial u(t,x)}{\partial t}\delta u dA dx + \int_0^L\int_A c\frac{\partial v(t,x)}{\partial t}\delta v dA dx$$

$$= -E_g\int_0^L\int_{A_g}\lambda(H,\sigma_g)\delta\frac{\partial^2 v(t,x)}{\partial x^2}z dA_g dx + E_g\int_0^L\int_{A_g}\lambda(H,\sigma_g)\delta\frac{\partial u(t,x)}{\partial x}dA_g dx \tag{5-10}$$

从方程(5 - 10)中可以看出,方程的左右两边均为含有 $v(t,x)$ 和 $u(t,x)$ 的数学表达式,方程右边的输入变量为磁致伸缩应变 $\lambda(H,\sigma_g)$,是驱动磁场 H 和内部应力 σ_g 的函数。由于 Galfenol 合金内部应力依赖于智能悬臂梁动态形变 $v(t,x)$ 和 $u(t,x)$,这解释了悬臂梁磁致伸缩形变过程中 $\lambda(H,\sigma_g)$ 和状态变量 $v(t,x)$ 和 $u(t,x)$ 之间的非线性耦合问题,为了对弱解方程(5 - 10)进行求解,需要对其在空间域进行离散化。

5.1.3 弱解方程有限元离散化

将悬臂梁等分为 N_e 个单元(图 5 - 2(a)),每个单元包含两个节点,如果不计算共同连接点,悬臂梁的单元节点总数为 $N_n = N_e + 1$,每个节点包含三个自由度(图 5 - 2(b)),前两个自由度分别为悬臂梁纵

向位移 $v(t,x)$ 和其旋转角 $\partial v(t,x)/\partial x$，则相应变量总数为 $N_q^v = 2N_n$，另一个自由度为悬臂梁 x 轴向位移，变量总数为 $N_q^u = N_n$，为对悬臂梁各个自由度进行区分，以 $\boldsymbol{q}_e^v$ 表示悬臂梁纵向方向的变量，其前两个分量表示有限单元左节点的纵向位移和旋转角，后两个分量表示有限单元右节点的纵向位移和旋转角，$\boldsymbol{q}_e^v$ 的全局变量用 $\boldsymbol{Q}^v$ 表示。与悬臂梁 x 轴向位移相对应的变量用 $\boldsymbol{q}_e^u$ 表示，其中第一个分量表示有限单元左节点的位移，第二个分量表示右节点的位移，全局变量用 $\boldsymbol{Q}^u$ 表示。

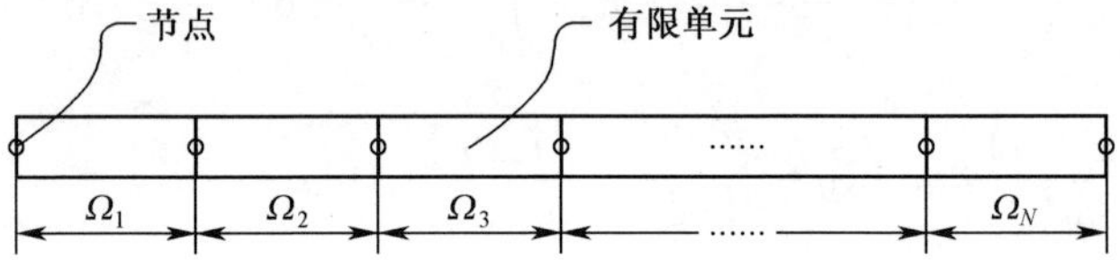

(a)

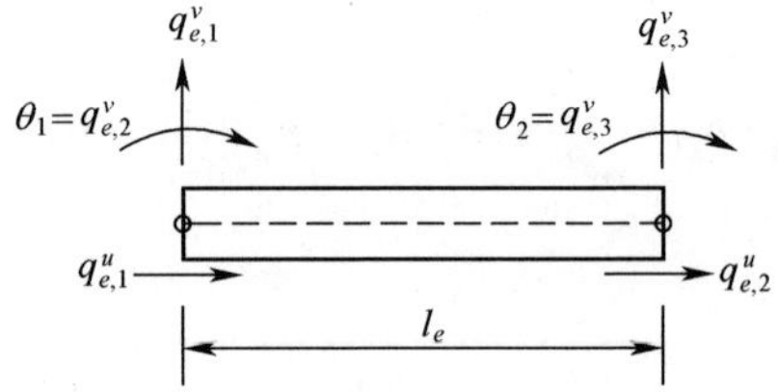

(b)

图5-2 悬臂梁进行有限单元离散化(a)和有限单元自由度(b)示意图

由于方程(5-10)中含有位移变量 $v(t,x)$ 对空间 x 的二阶导数，为保证 $v(t,x)$ 和 $\partial v(t,x)/\partial x$ 为连续函数，选取Hermite形函数对纵向位移进行插值，同时选取局部空间坐标 ξ 对形函数进行单位化映射，其取值范围为-1~1，设有限单元左右节点坐标分别为 x_1、x_2，则区间中任意一点的坐标可以通过 ξ 进行插值得到，即

$$
\begin{aligned}
x &= \frac{1-\xi}{2}x_1 + \frac{1+\xi}{2}x_2 \\
&= \frac{x_1 + x_2}{2} + \frac{x_2 - x_1}{2}\xi
\end{aligned} \tag{5-11}
$$

式中：$x_2 - x_1 = l_e$ 为有限单元的长度，则

$$\mathrm{d}x = \frac{l_e}{2}\mathrm{d}\xi \tag{5-12}$$

纵向位移可以通过形函数进行表示得到：

$$v_e = \boldsymbol{H} \cdot \boldsymbol{q}_e^v = \left[H_1,\quad \frac{l_e}{2}H_2,\quad H_3,\quad \frac{l_e}{2}H_4\right]\left[q_{e,1}^v,\quad q_{e,2}^v,\quad q_{e,3}^v,\quad q_{e,4}^v\right]^{\mathrm{T}} \tag{5-13}$$

式中：$\boldsymbol{H}$ 为形函数向量，其数学表达式为

$$H_1 = \frac{1}{4}(1-\xi)^2(2+\xi),\ H_2 = \frac{1}{4}(1-\xi)^2(1+\xi)$$
$$H_3 = \frac{1}{4}(1+\xi)^2(2-\xi),\ H_4 = \frac{1}{4}(1+\xi)^2(\xi-1) \tag{5-14}$$

结合方程（5－11）～方程（5－13），位移 $v(t,x)$ 对 x 的二阶导数可以通过 ξ 表示得到：

$$\begin{aligned}\frac{\partial^2 v(t,x)}{\partial x^2} &= \frac{4}{l_e^2}\frac{\partial^2 v(t,x)}{\partial \xi^2} = \frac{4}{l_e^2}\frac{\mathrm{d}^2\boldsymbol{H}}{\mathrm{d}\xi^2}\boldsymbol{q}_e^v \\ &= \frac{4}{l_e^2}\left[\frac{3}{2}\xi,\quad \frac{l_e}{4}(-1+3\xi),\quad -\frac{3}{2}\xi,\quad \frac{l_e}{4}(1+3\xi)\right]\boldsymbol{q}_e^v\end{aligned} \tag{5-15}$$

方程（5－10）中仅要求 $u(t,x)$ 为连续函数，可以选取线性方程对其进行插值，其数学表达式为

$$u_e = \boldsymbol{N} \cdot \boldsymbol{q}_e^u = [N_1,\quad N_2]\left[q_{e,1}^u,\quad q_{e,2}^u\right]^{\mathrm{T}} \tag{5-16}$$

式中：$\boldsymbol{N}$ 为线性形函数向量，其数学表达式为

$$N_1 = \frac{1-\xi}{2},\ N_2 = \frac{1+\xi}{2} \tag{5-17}$$

则轴向位移 $u(t,x)$ 对 x 的一阶导数可以通过 ξ 表示得到：

$$\frac{\partial u(t,x)}{\partial x} = \frac{2}{l_e}\frac{\partial u(t,x)}{\partial \xi} = \frac{2}{l_e}\left[-\frac{1}{2},\quad \frac{1}{2}\right]\boldsymbol{q}_e^u = \boldsymbol{B} \cdot \boldsymbol{q}_e^u \tag{5-18}$$

将方程（5－12），方程（5－15）和方程（5－18）代入方程（5－7），即

可得到离散形式的弱解有限元方程:

$$
\begin{aligned}
\delta W_\sigma = & \sum_e EI\int_{-1}^{1} \frac{4}{l_e^2}\frac{\mathrm{d}^2\boldsymbol{H}}{\mathrm{d}\xi^2}\boldsymbol{q}_e^v\delta\left(\frac{4}{l_e^2}\frac{\mathrm{d}^2\boldsymbol{H}}{\mathrm{d}\xi^2}\boldsymbol{q}_e^v\right)\frac{l_e}{2}\mathrm{d}\xi - \\
& EQ\int_{-1}^{1}\frac{4}{l_e^2}\frac{\mathrm{d}^2\boldsymbol{H}}{\mathrm{d}\xi^2}\boldsymbol{q}_e^v\delta(\boldsymbol{B}\cdot\boldsymbol{q}_e^u)\frac{l_e}{2}\mathrm{d}\xi - \\
& EQ\int_{-1}^{1}\boldsymbol{B}\cdot\boldsymbol{q}_e^u\delta\left(\frac{4}{l_e^2}\frac{\mathrm{d}^2\boldsymbol{H}}{\mathrm{d}\xi^2}\boldsymbol{q}_e^v\right)\frac{l_e}{2}\mathrm{d}\xi + EA\int_{-1}^{1}\boldsymbol{B}\cdot\boldsymbol{q}_e^u\delta(\boldsymbol{B}\cdot\boldsymbol{q}_e^u)\frac{l_e}{2}\mathrm{d}\xi + \\
& E_{\mathrm{g}}\int_{-1}^{1}\int_{A_{\mathrm{g}}}\lambda(H,\sigma_{\mathrm{g}})z\delta\left(\frac{4}{l_e^2}\frac{\mathrm{d}^2\boldsymbol{H}}{\mathrm{d}\xi^2}\boldsymbol{q}_e^v\right)\frac{l_e}{2}\mathrm{d}A_g\mathrm{d}\xi - \\
& E_{\mathrm{g}}\int_{-1}^{1}\int_{A_{\mathrm{g}}}\lambda(H,\sigma_{\mathrm{g}})z\delta\left(\frac{4}{l_e^2}\frac{\mathrm{d}^2\boldsymbol{H}}{\mathrm{d}\xi^2}\boldsymbol{q}_e^v\right)\frac{l_e}{2}\mathrm{d}A_g\mathrm{d}\xi \\
= & \sum_e \boldsymbol{q}_e^{v\ T}\cdot\left[\frac{8EI}{l_e^3}\int_{-1}^{1}\left(\frac{\mathrm{d}^2\boldsymbol{H}}{\mathrm{d}\xi^2}\right)^{\mathrm{T}}\frac{\mathrm{d}^2H}{\mathrm{d}\xi^2}\mathrm{d}\xi\right]\delta\boldsymbol{q}_e^v - \\
& \boldsymbol{q}_e^{vT}\cdot\left[\frac{2EQ}{l_e}\int_{-1}^{1}\left(\frac{\mathrm{d}^2\boldsymbol{H}}{\mathrm{d}\xi^2}\right)^{\mathrm{T}}\boldsymbol{B}\mathrm{d}\xi\right]\delta\boldsymbol{q}_e^u - \\
& \boldsymbol{q}_e^{u\ T}\cdot\left[\frac{2EQ}{l_e}\int_{-1}^{1}\boldsymbol{B}\frac{\mathrm{d}^2\boldsymbol{H}}{\mathrm{d}\xi^2}\mathrm{d}\xi\right]\delta\boldsymbol{q}_e^v + \boldsymbol{q}_e^{uT}\cdot[EAl_e\boldsymbol{B}^{\mathrm{T}}\cdot\boldsymbol{B}]\delta\boldsymbol{q}_e^u + \\
& \left[\frac{2E_{\mathrm{g}}b}{l_e}\int_{-1}^{1}\int_{t_{\mathrm{g}}}\lambda(H,\sigma_{\mathrm{g}})z\frac{\mathrm{d}^2H}{\mathrm{d}\xi^2}\mathrm{d}z\mathrm{d}\xi\right]\delta\boldsymbol{q}_e^v - \\
& \left[\frac{E_gbl_e}{2}\int_{-1}^{1}\int_{t_g}\lambda(H,\sigma_g)\boldsymbol{B}\mathrm{d}z\mathrm{d}\xi\right]\delta\boldsymbol{q}_e^u \\
= & \sum_e \boldsymbol{q}_e^{v^T}\cdot\boldsymbol{k}_e^v\delta\boldsymbol{q}_e^v - \boldsymbol{q}_e^{v^T}\cdot\boldsymbol{k}_e^{uv}\delta\boldsymbol{q}_e^u - \boldsymbol{q}_e^{u^T}\cdot(\boldsymbol{k}_e^{uv})^T\delta\boldsymbol{q}_e^v + \boldsymbol{q}_e^{u\ T}\cdot\boldsymbol{k}_e^u\delta\boldsymbol{q}_e^u + \\
& \boldsymbol{f}_e^{\lambda,v}\delta\boldsymbol{q}_e^v - \boldsymbol{f}_e^{\lambda,u}\delta\boldsymbol{q}_e^u
\end{aligned}
\tag{5-19}
$$

同理,将方程(5-12)、方程(5-15)和方程(5-18)代入方程(5-8)和(5-9),得到惯性力和阻尼力所做的虚拟功的离散形式,即

$$
\begin{aligned}
\delta W_\rho = & \sum_e \int_{-1}^{1}\int_A\rho(\boldsymbol{N}\cdot\ddot{\boldsymbol{q}}_e^u)^{\mathrm{T}}\delta(N\cdot q_e^u)\frac{l_e}{2}\mathrm{d}A\mathrm{d}\xi + \\
& \int_{-1}^{1}\int_A\rho(H\cdot\ddot{\boldsymbol{q}}_e^v)^{\mathrm{T}}\delta(\boldsymbol{H}\cdot\boldsymbol{q}_e^v)\frac{l_e}{2}\mathrm{d}A\mathrm{d}\xi
\end{aligned}
$$

$$= \sum_{e} \ddot{q}_{e}^{uT} \cdot \left[\frac{l_e \rho A}{2} \int_{-1}^{1} N^{T} \cdot N\mathrm{d}\xi \right] \delta q_{e}^{u} + \ddot{q}_{e}^{vT} \cdot \left[\frac{l_e \rho A}{2} \int_{-1}^{1} H^{T} \cdot H\mathrm{d}\xi \right] \delta q_{e}^{v}$$

$$= \sum_{e} \{ \ddot{q}_{e}^{u} \}^{T} \cdot [m_{e}^{u}] \{ \delta q_{e}^{u} \} + \{ \ddot{q}_{e}^{v} \}^{T} \cdot [m_{e}^{v}] \{ \delta q_{e}^{v} \} \tag{5-20}$$

$$\delta W_c = \sum_{e} \int_{-1}^{1} \int_{A} c(N \cdot \dot{q}_{e}^{u})^{T} \delta(N \cdot q_{e}^{u}) \frac{l_e}{2} \mathrm{d}A\mathrm{d}\xi + \int_{-1}^{1} \int_{A} c(H \cdot \dot{q}_{e}^{v})^{T} \delta(H \cdot q_{e}^{v}) \frac{l_e}{2} \mathrm{d}A\mathrm{d}\xi$$

$$= \sum_{e} \dot{q}_{e}^{uT} \cdot \left[\frac{l_e cA}{2} \int_{-1}^{1} N^{T} \cdot N\mathrm{d}\xi \right] \delta q_{e}^{u} + \dot{q}_{e}^{vT} \cdot \left[\frac{l_e cA}{2} \int_{-1}^{1} H^{T} \cdot H\mathrm{d}\xi \right] \delta q_{e}^{v}$$

$$= \sum_{e} \{ \dot{q}_{e}^{u} \}^{T} \cdot [c_{e}^{u}] \{ \delta q_{e}^{u} \} + \{ \dot{q}_{e}^{v} \}^{T} \cdot [c_{e}^{v}] \{ \delta q_{e}^{v} \} \tag{5-21}$$

则离散形式的智能悬臂梁磁致伸缩形变动力学方程可以表示为

$$\sum_{e} \{ q_{e}^{v} \}^{T} \cdot [k_{e}^{v}] \{ \delta q_{e}^{v} \} - \{ q_{e}^{v} \}^{T} \cdot [k_{e}^{uv}] \{ \delta q_{e}^{u} \} - \{ q_{e}^{u} \}^{T} \cdot [k_{e}^{uv}]^{T} \{ \delta q_{e}^{v} \} + \{ q_{e}^{u} \}^{T} \cdot [k_{e}^{u}] \{ \delta q_{e}^{u} \} +$$
$$\sum_{e} \{ \ddot{q}_{e}^{u} \}^{T} \cdot [m_{e}^{u}] \{ \delta q_{e}^{u} \} + \{ \ddot{q}_{e}^{v} \}^{T} \cdot [m_{e}^{v}] \{ \delta q_{e}^{v} \} +$$
$$\sum_{e} \{ \dot{q}_{e}^{u} \}^{T} \cdot [c_{e}^{u}] \{ \delta q_{e}^{u} \} + \{ \dot{q}_{e}^{v} \}^{T} \cdot [c_{e}^{v}] \{ \delta q_{e}^{v} \}$$
$$= \sum_{e} - [f_{e}^{\lambda, v}] \{ \delta q_{e}^{v} \} + [f_{e}^{\lambda, u}] \{ \delta q_{e}^{u} \} \tag{5-22}$$

应用变分原理，将方程(5-22)中的有限单元进行全局组合，得到全局形式的有限元方程：

$$[M] \{ \ddot{Q}^{uv} \} + [C^{*}] \{ \dot{Q}^{uv} \} + [K] \{ Q^{uv} \} = [F_{\lambda}^{uv}] \tag{5-23}$$

式中：$[M] = \begin{bmatrix} m_{e}^{u} & 0 \\ 0 & m_{e}^{v} \end{bmatrix}$；$[C^{*}] = \begin{bmatrix} c_{e}^{u} & 0 \\ 0 & c_{e}^{v} \end{bmatrix}$；

$$[\boldsymbol{K}]=\begin{bmatrix}\boldsymbol{k}_e^u & -(\boldsymbol{k}^{uv})^{\mathrm{T}}\\ -(\boldsymbol{k}^{uv}) & \boldsymbol{k}_e^v\end{bmatrix};\ [\boldsymbol{F}_\lambda^{uv}]=\begin{bmatrix}\boldsymbol{f}_e^{\lambda,u}\\ -\boldsymbol{f}_e^{\lambda,v}\end{bmatrix};\ [\boldsymbol{Q}^{uv}]=\begin{bmatrix}\boldsymbol{q}_e^u\\ \boldsymbol{q}_e^v\end{bmatrix}。$$

从方程(5-23)可以看出,质量矩阵 $[\boldsymbol{M}]$ 和阻尼矩阵 $[\boldsymbol{C}^*]$ 为对角阵,刚度矩阵 $[\boldsymbol{K}]$ 为对称型非对角矩阵,由于采用了达贝朗尔原理和黏性阻尼分别对惯性力和阻尼力进行建模,力的大小分别与物体运动的加速度和速度成正比,所以,得到对角型的 $[\boldsymbol{M}]$ 和 $[\boldsymbol{C}^*]$,对于刚度矩阵 $[\boldsymbol{K}]$,由于材料内部应力同时与悬臂梁轴向位移 $\boldsymbol{q}_e^u$ 和纵向位移 $\boldsymbol{q}_e^v$ 耦合,所以,$[\boldsymbol{K}]$ 中的次对角元素不为零。$\{\boldsymbol{Q}^{uv}\}$ 为广义位移向量,$\{\dot{\boldsymbol{Q}}^{uv}\}$ 和 $\{\ddot{\boldsymbol{Q}}^{uv}\}$ 分别为广义速度向量和广义加速度向量,$\{\boldsymbol{F}_\lambda^{uv}\}$ 为负载向量,是 Galfenol 磁致伸缩应变 λ 的函数,由于 λ 的大小同时取决于悬臂梁轴向位移 $\boldsymbol{q}_e^u$ 和纵向位移 $\boldsymbol{q}_e^v$,这样就形成了方程(5-23)中动力学耦合问题。此外,本章采用虚功原理对智能悬臂梁的动力学振动模型进行了推导,并利用不同类型的形函数对连续型振动方程进行了有限元离散化,其建模方法和手段具有普遍通用性,可以适用于其他类型智能结构的动力学建模。

5.2 非线性动力学模型

5.2.1 单向磁致伸缩应变

在上一节中建立了 Galfenol 悬臂梁器件的有限元模型,从方程(5-23)可以看出,需要知道磁致伸缩应变 λ 才能对方程进行求解。在第 3 章的研究中,建立了基于各向异性的 Galfenol 合金三维本征非线性模型,本节将在第 3 章研究内容的基础上,建立智能悬臂梁器件的耦合动力学模型。

Galfenol 合金的磁致伸缩应变可以表示为

$$\lambda=\sum_{i=1}^{r}\lambda^i(\boldsymbol{m}^i)\xi^i \tag{5-24}$$

磁化方向 $\boldsymbol{m}^i$ 以及体积分数 ξ^i 可以按照第 3 章介绍的方法进行求

解，体积分数的演化方程需要计算体积分数的增量，为了对应演化方程的求解，需要对磁致伸缩应变增量 $\Delta\lambda$ 进行计算。恒温条件下，磁致伸缩应变是应力和驱动磁场的函数，所以，应变增量可以通过下面的方程进行计算：

$$\Delta\lambda = \sum_{i=1}^{r}\left(\frac{\partial\boldsymbol{\lambda}^i}{\partial\boldsymbol{\sigma}}\Delta\boldsymbol{\sigma} + \frac{\partial\boldsymbol{\lambda}^i}{\partial\boldsymbol{H}}\Delta\boldsymbol{H}\right)\xi^{i,t} + \sum_{i=1}^{r}\lambda^i(\boldsymbol{m}^i)\Delta\xi^{i,t} \quad (5-25)$$

注意到方程(5－24)和方程(5－25)中 $\boldsymbol{\lambda}$ 为向量，智能悬臂梁中需要用到单方向轴向磁致伸缩应变，所以，利用矩阵变换将向量形式的 $\boldsymbol{\lambda}$ 转换为单方向变量 λ 。设施加驱动磁场的方向为 $\boldsymbol{u} = [u_1 \quad u_2 \quad u_3]$，设计变换矩阵：

$$\boldsymbol{u}_T = [u_1^2 \quad u_2^2 \quad u_3^2 \quad u_1u_2 \quad u_2u_3 \quad u_3u_1]^{\mathrm{T}}$$

单方向磁单晶体磁致伸缩应变 λ^i 可以表示为

$$\lambda^i = \boldsymbol{u}_T \cdot \boldsymbol{\lambda}^i = \frac{1}{2}\boldsymbol{m}^i \cdot \boldsymbol{R}\,\boldsymbol{m}^i \quad (5-26)$$

式中：

$$\boldsymbol{R} = 3\begin{bmatrix} \boldsymbol{\lambda}_{100}\,\boldsymbol{u}_{T,1} & \boldsymbol{\lambda}_{111}\,\boldsymbol{u}_{T,4} & \boldsymbol{\lambda}_{111}\,\boldsymbol{u}_{T,6} \\ \boldsymbol{\lambda}_{111}\,\boldsymbol{u}_{T,4} & \boldsymbol{\lambda}_{100}\,\boldsymbol{u}_{T,2} & \boldsymbol{\lambda}_{111}\,\boldsymbol{u}_{T,5} \\ \boldsymbol{\lambda}_{111}\,\boldsymbol{u}_{T,6} & \boldsymbol{\lambda}_{111}\,\boldsymbol{u}_{T,5} & \boldsymbol{\lambda}_{100}\,\boldsymbol{u}_{T,3} \end{bmatrix}$$

单向全局磁致伸缩应变 λ 和 $\Delta\lambda$ 增量可以表示为

$$\begin{aligned} \lambda &= \sum_{i=1}^{r}\lambda^i\xi^i \\ \Delta\lambda &= \sum_{i=1}^{r}\left(\frac{\partial\lambda^i}{\partial\sigma}\Delta\sigma + \frac{\partial\lambda^i}{\partial H}\Delta H\right)\xi^{i,t} + \sum_{i=1}^{r}\lambda^i\Delta\xi^{i,t} \end{aligned} \quad (5-27)$$

将方程(5－23)和方程(5－27)进行联立，即可得到 Galfenol 智能悬臂梁非线性动力学耦合模型，注意到 λ 的大小同时取决于悬臂梁轴向位移 $\boldsymbol{q}_e^u$ 和纵向位移 $\boldsymbol{q}_e^v$，联立方程组需要进行数值求解。

5.2.2 模型非线性数值解法

利用 Newmark 数值积分法对非线性模型进行求解，将方程(5-23)在时域内进行离散化得到

$$[\boldsymbol{M}]\{\ddot{\boldsymbol{Q}}_{t+\Delta t}\}+[\boldsymbol{C}]\{\dot{\boldsymbol{Q}}_{t+\Delta t}\}+[\boldsymbol{K}]\{\boldsymbol{Q}_{t+\Delta t}\}=[\boldsymbol{F}^{uv}_{\lambda,t+\Delta t}] \tag{5-28}$$

式中：Δt 为时间增量，则时刻 $t+\Delta t$ 时的广义位移变量 $\{\boldsymbol{Q}\}$ 可以通过下面的方程进行求解：

$$\{\boldsymbol{Q}_{t+\Delta t}\}=[\hat{\boldsymbol{K}}]^{-1}\{\hat{\boldsymbol{F}}\} \tag{5-29}$$

式中：$[\hat{\boldsymbol{K}}]=[\boldsymbol{K}]+\alpha_0[\boldsymbol{M}]+\alpha_1[\boldsymbol{C}^*]$；$\{\hat{\boldsymbol{F}}\}=\{\boldsymbol{F}_{t+\Delta t}\}+[\boldsymbol{M}](\alpha_0\{\boldsymbol{Q}_t\}+\alpha_2\{\dot{\boldsymbol{Q}}_t\}+\alpha_3\{\ddot{\boldsymbol{Q}}_t\})+[\boldsymbol{C}^*](\alpha_1\{\boldsymbol{Q}_t\}+\alpha_4\{\dot{\boldsymbol{Q}}_t\}+\alpha_5\{\ddot{\boldsymbol{Q}}_t\})$。

矩阵 $[\boldsymbol{C}^*]$ 表示阻尼矩阵，$\alpha_i(i=0,1,\cdots,7)$ 为模型求解参数，从方程(5-28)和方程(5-29)可以看出，$t+\Delta t$ 时刻的位移向量 $\{\boldsymbol{Q}_{t+\Delta t}\}$ 取决于负载向量 $\{\boldsymbol{F}_{t+\Delta t}\}$ 以及 t 时刻的广义速度向量 $\{\dot{\boldsymbol{Q}}_t\}$ 和广义加速度向量 $\{\ddot{\boldsymbol{Q}}_t\}$，如果系统模型 $t+\Delta t$ 时刻的负载向量已知，并且已知系统的初始条件，则位移向量 $\{\boldsymbol{Q}_{t+\Delta t}\}$ 可以通过方程(5-29)进行求解。为求解 $t+\Delta t$ 时刻的速度和加速度向量，可以利用下面的方程进行求解：

$$\begin{aligned}&\{\ddot{\boldsymbol{Q}}_{t+\Delta t}\}=\alpha_0(\{\boldsymbol{Q}_{t+\Delta t}\}+\{\boldsymbol{Q}_t\})-\alpha_2\{\dot{\boldsymbol{Q}}_t\}-\alpha_3\{\ddot{\boldsymbol{Q}}_t\}\\&\{\dot{\boldsymbol{Q}}_{t+\Delta t}\}=\{\dot{\boldsymbol{Q}}_t\}+\alpha_6\{\ddot{\boldsymbol{Q}}_t\}+\alpha_7\{\ddot{\boldsymbol{Q}}_{t+\Delta t}\}\end{aligned} \tag{5-30}$$

方程(5-29)和方程(5-30)中的求解参数 $\alpha_i(i=0,1,\cdots,7)$ 定义如下

$$\begin{aligned}&\alpha_0=\frac{1}{\beta\Delta t^2},\ \alpha_1=\frac{\gamma}{\beta\Delta t},\ \alpha_2=\frac{1}{\beta\Delta t},\ \alpha_3=\frac{1}{2\beta}-1,\\&\alpha_4=\frac{\gamma}{\beta}-1,\ \alpha_5=\frac{\Delta t}{2}\left(\frac{\gamma}{\beta}-1\right),\ \alpha_6=\Delta t(1-\gamma),\ \alpha_7=\Delta t\lambda\end{aligned} \tag{5-31}$$

式中：α,β,γ 为数值解算机中的自定义参数。

对于智能悬臂梁器件，其一端为固定，所以，固定一端节点的位移

和旋转均为零，该边界条件可以通过删除矩阵方程(5 - 23)中相应的行和列来实现，即将矩阵方程中与固定端节点发生联系的矩阵和向量中相应的行和列删除，即可满足悬臂梁边界条件。

在方程(5 - 29)中，我们假设 $t+\Delta t$ 时刻的负载向量 $\{\boldsymbol{F}_{t+\Delta t}\}$ 为已知，事实上，负载向量 $\{\boldsymbol{F}_{t+\Delta t}\}=[\boldsymbol{F}^{\lambda,u}\quad \boldsymbol{F}^{\lambda,v}]^{\mathrm{T}}$ 包含未知变量 $\boldsymbol{\lambda}_{t+\Delta t}$ 沿 Galfenol 合金厚度方向的积分，由于 $\boldsymbol{\lambda}_{t+\Delta t}$ 是 $t+\Delta t$ 时刻智能悬臂梁纵向位移和横向位移 $\{\boldsymbol{Q}_{t+\Delta t}\}$ 的函数，从而使得 $\{\boldsymbol{F}_{t+\Delta t}\}$ 为已知的假设不成立。为了对方程进行求解，需要对 $\{\boldsymbol{F}_{t+\Delta t}\}$ 的初始值进行假设，并通过数值迭代对提出的初始值进行校正。

在本书第 3 章中我们研究了 Galfenol 合金磁滞非线性的计算公式，通过计算取向不同粒子体积分数的演化，来求解 Galfenol 合金中的磁滞，为了计算演化方程的方便，需要对方程(5 - 23)中全局变量 Δt 时刻内的数值增量进行假设，即对 $\{\Delta\boldsymbol{Q}_{t+\Delta t}\}$ 作出假设，同时设系统初始值为零，模型数值求解流程图如表 5 - 1 所列。

表 5 - 1　模型数值求解流程图

(1)设置广义位移增量初始值 $\{\Delta\boldsymbol{Q}^{0}_{t+\Delta t}\}$；通过方程(5 - 27)计算磁致伸缩应变增量 $\Delta\lambda$，并通过方程(4 - 2)和方程(5 - 2)计算悬臂梁应力和应变增量 $\Delta\sigma_{t+\Delta t}$，$\Delta\varepsilon_{t+\Delta t}$。

(2)$\lambda_{t+\Delta t}=\lambda_t+\Delta\lambda$，计算负载向量 $[\boldsymbol{F}^{\lambda,u}_{t+\Delta t}\quad \boldsymbol{F}^{\lambda,v}_{t+\Delta t}]^{\mathrm{T}}$。

(3)施加边界条件，利用方程(5 - 29)和方程(5 - 30)计算广义位移变量 $\{\boldsymbol{Q}_{t+\Delta t}\}$。

(4)计算第 k 次和 $k+1$ 次迭代误差 $\Delta\hbar=\|\boldsymbol{Q}^{k+1}_{t+\Delta t}-\boldsymbol{Q}^{k}_{t+\Delta t}\|$：检查循环结束条件 $\Delta\hbar=\|\boldsymbol{Q}^{k+1}_{t+\Delta t}-\boldsymbol{Q}^{k}_{t+\Delta t}\|<\delta$ 是否满足，如果满足条件，则结束本次循环，开始计算下一个时间增量的结果。

(5)计算 $t+\Delta t$ 时刻的体积分数和应力：$\xi_{t+\Delta t}=\xi_t+\Delta\xi$，$\sigma_{g,t+\Delta t}=\sigma_{g,t}+\Delta\sigma_g$。

5.2.3　数值算法的验证

模型采用了方程(5 - 29)和方程(5 - 30)进行数值求解，为了对数值算法的收敛性和正确性进行验证，需要通过实验和悬臂梁解析解对数值解进行对比，首先研究悬臂梁振动方程的一般解，然后通过施加不

同负载以及初始条件,获得悬臂梁自由振动和谐波振动的解析解。悬臂梁的控制方程可以表示为

$$EI\frac{\partial^4 w(t,x)}{\partial x^4}+\hat{c}\frac{\partial w(t,x)}{\partial t}+\rho A\frac{\partial^2 w(t,x)}{\partial t^2}=f(t,x) \quad (5-32)$$

式中:$\hat{c}$ 为 Kelvin−Voight 阻尼;$f(t,x)$ 为负载密度函数,使用模态分析方法,方程(5-32)的根可以表示为

$$w(t,x)=\sum_{n=1}^{\infty}W_n(x)\,q_n(t) \quad (5-33)$$

式中:$W_n(x)$ 为悬臂梁振动的第 n_{th} 阶模态,其解析表达式为

$$W_n(x)=C_n[\sin\beta_n x-\sinh\beta_n x-\alpha_n(\cos\beta_n x-\cosh\beta_n x)] \quad (5-34)$$

式中:参数 $\alpha_n=(\sin\beta_n l+\sinh\beta_n l)/(\cos\beta_n l+\cosh\beta_n l)$;参数 β_n 满足频率方程 $\cos\beta_n l\cdot\cosh\beta_n l=-1$,将方程(5-33)代入方程(5-32)得到:

$$EI\sum_{n=1}^{\infty}\frac{\mathrm{d}W_n^4(x)}{\mathrm{d}x^4}q_n(t)+\rho A\sum_{n=1}^{\infty}W_n(x)\frac{\mathrm{d}^2q_n(t)}{\mathrm{d}t^2}+\hat{c}\sum_{n=1}^{\infty}W_n(x)\frac{\mathrm{d}q_n(t)}{\mathrm{d}t}=f(t,x) \quad (5-35)$$

当悬臂梁处于无阻尼自由振动时,振动模态的四阶导数满足下列方程:

$$EI\sum_{n=1}^{\infty}\frac{\mathrm{d}W_n^4(x)}{\mathrm{d}x^4}=\omega_n^2\rho AW_n(x) \quad (5-36)$$

式中:ω_n 为悬臂梁自由振动的第 n_{th} 阶自然振荡频率,通过方程(5-36),模态形式的振动方程(5-35)可以改写为

$$\sum_{n=1}^{\infty}\omega_n^2\rho AW_n(x)\,q_n(t)+\rho A\sum_{n=1}^{\infty}W_n(x)\frac{\mathrm{d}^2q_n(t)}{\mathrm{d}t^2}+\hat{c}\sum_{n=1}^{\infty}W_n(x)\frac{\mathrm{d}q_n(t)}{\mathrm{d}t}=f(t,x) \quad (5-37)$$

利用悬臂梁振动模态的正交性,将方程(5-37)左右两边分别乘以模态 $W_m(x)$,并沿悬臂梁的长度方向 0 到 L 进行积分,得到下面的方程:

$$\frac{\mathrm{d}^2 q_n(t)}{\mathrm{d}t^2} + \frac{\hat{c}}{\rho A}\frac{\mathrm{d}q_n(t)}{\mathrm{d}t} + \omega_n^2 q_n(t) = \frac{1}{\rho A\int_0^L W_n^2(x)\,\mathrm{d}x}\int_0^L f(t,x)\,W_n(x)\,\mathrm{d}x \tag{5-38}$$

为了对数值解的正确性进行验证,取一种点力负载对悬臂梁进行驱动,假设悬臂梁所承受的负载为末端点力,则方程(5－38)右端的积分项可以表示为

$$\int_0^L f(t,x)\,W_n(x)\,\mathrm{d}x = \int_0^L W_n(x)\,F_0 u(t)\,\delta(x-L)\,\mathrm{d}x = F_0 u(t)\,W_n(L) \tag{5-39}$$

式中:F_0 为点力幅值的大小;$\delta(\cdot)$ 为狄利克雷函数;函数 $u(t)$ 为点力在时间域内的运行轨迹。将方程(5－39)代入方程(5－38)得到一个以 $q_n(t)$ 为变量的二阶常微分方程,方程的右端为负载的时域函数 $u(t)$,利用卷积积分,可以得到常微分方程的解析解为

$$q_n(t) = \frac{1}{\rho A\int_0^L W_n^2(x)\,\mathrm{d}x}\frac{1}{\omega_{dn}}F_0 W_n(L)\int_0^t u(t-\tau)\,\mathrm{e}^{-\zeta_n\omega_n\tau}\sin\omega_{dn}\tau\,\mathrm{d}\tau + \frac{q_n(0)\,\omega_n}{\omega_{dn}}\mathrm{e}^{-\zeta_n\omega_n t}\cos(\omega_{dn}t-\psi) + \frac{\dot{q}_n(0)}{\omega_{dn}}\mathrm{e}^{-\zeta_n\omega_n t}\sin\omega_{dn}t \tag{5-40}$$

式中:ω_{dn} 为第 n_{th} 阶阻尼固有振动频率;$q_n(0)$ 和 $\dot{q}_n(0)$ 为第 n_{th} 阶模态位移和模态速度的初始值,从方程(5－40)可以看到,为了求解模态位移 $q_n(t)$,需要由悬臂梁振动初始条件 $w(0,x)$ 和 $\mathrm{d}w(0,x)/\mathrm{d}t$ 推导 $q_n(0)$ 和 $\dot{q}_n(0)$ 的数值,利用模态方程(5－33),设悬臂梁纵向振动位移为 $y(0,x)$,速度 $\dot{y}(0,x) = v_0(x) = 0$,则初始条件可以表示为

$$y(0,x) = \sum_{n=1}^{\infty} W_n(x)\,q_n(0) = y_0(x) \tag{5-41}$$

将方程(5－41)左右两边分别乘以模态 $\rho A W_s(x)$,并沿悬臂梁的长度方向 0 到 L 进行积分,得到下面的方程:

$$q_n(0)=\frac{1}{\rho A\int_0^L W_n^2(x)\,\mathrm{d}x}\int_0^L \rho A W_n(x)\,y_0(x)\,\mathrm{d}x \qquad (5-42)$$

采用同样的方法,可以建立 $v_0(x)$ 和 $\dot{q}_n(0)$ 之间的函数关系,即

$$\dot{q}_n(0)=\frac{1}{\rho A\int_0^L W_n^2(x)\,\mathrm{d}x}\int_0^L \rho A W_n(x)\,v_0(x)\,\mathrm{d}x \qquad (5-43)$$

通过方程(5-40)、方程(5-42)和方程(5-43),可以求解模态位移变量,进而通过模态方程(5-33)求解悬臂梁的动力学响应。为了研究悬臂梁的自由振动和谐波响应,对悬臂梁施加不同的负载和初始条件,在方程(5-40)的基础上求解不同驱动信号的动力学响应问题。

5.2.3.1 自由振动

假设悬臂梁无外部负载,其自由振动来源于初始条件的设置,设悬臂梁纵向初始位移为 $y_0(x)$,速度为零,由于无外部负载, $F_0=0$,则方程(5-40)中右边的第一项为零;此外,悬臂梁初始速度 $v_0(x)=0$,方程(5-40)中右边第三项为零,所以,悬臂梁自由振动的解析解可以表示为

$$\begin{aligned} y(t,x) &= \sum_{n=1}^{\infty} W_n(x)\,q_n(t) \\ &= \sum_{n=1}^{\infty} W_n(x)\,\frac{\omega_n}{\omega_{dn}}\,\frac{1}{\rho A\int_0^L W_n^2(x)\,\mathrm{d}x} \\ &\quad \int_0^L \rho A W_n(x)\,y_0(x)\,\mathrm{d}x\,\mathrm{e}^{-\zeta_n\omega_n t}\cos(\omega_{dn}t-\psi) \end{aligned} \qquad (5-44)$$

式中: $\psi=\arctan(\zeta_n\omega_n/\omega_{dn})$ 。为了将解析解式(5-44)与基于有限元方程的数值解进行对比,有限元方程与解析解式(5-44)承受的负载相同,有相同的初始条件,将方程(5-23)进行改写,得到

$$\begin{bmatrix} \boldsymbol{m}_e^u & \boldsymbol{0} \\ \boldsymbol{0} & \boldsymbol{m}_e^v \end{bmatrix} \begin{bmatrix} \ddot{\boldsymbol{q}}_e^u \\ \ddot{\boldsymbol{q}}_e^v \end{bmatrix} + \begin{bmatrix} \boldsymbol{c}_e^u & \boldsymbol{0} \\ \boldsymbol{0} & \boldsymbol{c}_e^v \end{bmatrix} \begin{bmatrix} \dot{\boldsymbol{q}}_e^u \\ \dot{\boldsymbol{q}}_e^v \end{bmatrix} + \begin{bmatrix} \boldsymbol{k}_e^u & -(\boldsymbol{k}^{uv})^{\mathrm{T}} \\ -(\boldsymbol{k}^{uv}) & \boldsymbol{k}_e^v \end{bmatrix} \begin{bmatrix} \boldsymbol{q}_e^u \\ \boldsymbol{q}_e^v \end{bmatrix} = \begin{bmatrix} \boldsymbol{0}_{(Nqu\times 1)} \\ \boldsymbol{0}_{(Nqv\times 1)} \end{bmatrix} \tag{5-45}$$

从方程(5-45)可以看到,有限元方程负载向量为零,悬臂梁的自由振动取决于广义位移向量 $[\boldsymbol{q}_e^u \quad \boldsymbol{q}_e^v]^{\mathrm{T}}$ 的初始条件,设悬臂梁的初始变形来源于施加于悬臂梁末端的常量点力 F_0,则悬臂梁静态形变可以表示为

$$v(x) = \frac{F_0 x^2}{6EI}(3L - x) \tag{5-46}$$

悬臂梁此时的曲率解析解可以表示为

$$\kappa = \frac{1}{\tilde{\rho}} = \frac{\dfrac{\mathrm{d}^2 v(x)}{\mathrm{d}x^2}}{\left[1 + \left(\dfrac{\mathrm{d}v(x)}{\mathrm{d}x}\right)^2\right]^{3/2}} = \frac{8E^2I^2F_0(L - x)}{(4F_0^2L^2x^2 - 4F_0^2Lx^3 + F_0^2x^4 + 4E^2I^2)^{3/2}} \tag{5-47}$$

为了获得悬臂梁长轴线方向的位移变量,可以将轴线形变 ε_x 沿悬臂梁长度方向进行积分。设智能悬臂梁中间线与中性线之间的距离为 $\tilde{z}$,则悬臂梁中间线的轴向形变 $\varepsilon_x = \kappa\tilde{z}$,利用方程(5-47),可以计算智能悬臂梁的轴向位移为

$$u(x) = -\int_0^x \kappa(\tau)\,\tilde{z}\,\mathrm{d}\tau = -\int_0^x \frac{8E^2I^2F_0(L - \tau)}{(4F_0^2L^2\tau^2 - 4F_0^2L\tau^3 + F_0^2\tau^4 + 4E^2I^2)^{3/2}}\tilde{z}\,\mathrm{d}\tau \tag{5-48}$$

为了求解方程(5-48),需要计算距离变量 $\tilde{z}$,通过力平衡方程对智能悬臂梁中性线的位置进行计算,其力平衡方程为

$$\begin{aligned} F &= \int_{A_\mathrm{s}} \sigma_\mathrm{s}\,\mathrm{d}A_\mathrm{s} + \int_{A_\mathrm{g}} \sigma_\mathrm{g}\,\mathrm{d}A_\mathrm{g} \\ &= -E_\mathrm{s}\int_{h-t_\mathrm{g}-t_\mathrm{s}}^{h-t_\mathrm{g}} \mathrm{d}z \int_0^b (\kappa z)\,\mathrm{d}y - E_\mathrm{g}\int_{h-t_\mathrm{g}}^{h} \mathrm{d}z \int_0^b (\kappa z)\,\mathrm{d}y \end{aligned}$$

$$= -\frac{1}{2}E_s\kappa b(2t_s(h-t_g)-t_s^2)-\frac{1}{2}E_g\kappa b(2ht_g-t_g^2)$$
$$= 0 \tag{5-49}$$

式中：h 为智能悬臂梁 z 轴方向顶端到中性线的距离，式(5-49)中 z 表示中性线到应变计算点的垂直距离，对方程(5-49)求解 h 得到：

$$h = \frac{\frac{1}{2}(E_s t_s^2 + E_g t_g^2) + E_s t_s t_g}{E_s t_s + E_g t_g} \tag{5-50}$$

所以，悬臂梁轴向位移的初始条件为

$$u_0(x) = -\int_0^x \kappa(\tau)\left(h - \frac{t_g + t_s}{2}\right)\mathrm{d}\tau$$
$$= -\int_0^x \frac{8E^2I^2F_0(L-\tau)}{(4F_0^2L^2\tau^2 - 4F_0^2L\tau^3 + F_0^2\tau^4 + 4E^2I^2)^{3/2}} \cdot \left(\frac{\frac{1}{2}(E_s t_s^2 + E_g t_g^2) + E_s t_s t_g}{E_s t_s + E_g t_g} - \frac{t_g + t_s}{2}\right)\mathrm{d}\tau \tag{5-51}$$

通过方程(5-46)和方程(5-51)可以计算有限元方程(5-45)所需要的初始条件，设方程(5-44)和方程(5-45)初始条件相同，利用上一节中建立的数值算法对方程(5-45)进行求解，将计算结果与悬臂梁自由振动解析解(5-44)进行对比，仿真结果如图 5-3(a)和图 5-3(c)所示。

从图 5-3 中可以看出，所建立的数值算法对模型的预测结果与悬臂梁自由振动的解析解一致，为了对图 5-3 中衰减曲线所包含的频率进行分析，对仿真结果做傅里叶变换，结果如图 5-4(a)和图 5-4(c)所示。从傅里叶变换的结果可以看出，智能悬臂梁的解析解和数值解预测的第一阶振荡频率相同，将解析解和数值解的计算结果与实验结果进行对比，实验曲线分别如图 5-3(b)和图 5-4(b)所示，可以看到，智能悬臂梁自由振动的两种解法得到的结果与实验结果一致，并且可以准确预测悬臂梁的自然振荡频率。

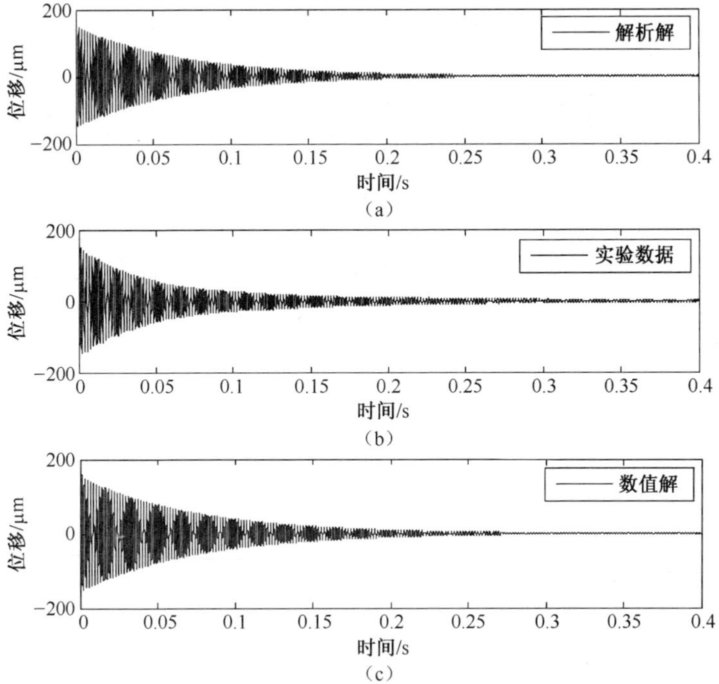

图 5－3　智能悬臂梁自由振动响应曲线

(a)解析解；(b)实验数据；(c)数值解。

5.2.3.2　简谐受迫振动

设大小为 $F_d(t) = F_0\sin(\omega_i t)$ 的谐波负载施加于悬臂梁自由端末端，悬臂梁初始位移和初始速度设为零，则方程(5－40)中第二项和第三项为零，将负载信号的时间函数设为 $u(t) = \sin(\omega_i t)$，方程(5－40)可以改写为

$$q_n(t) = \frac{1}{\rho A \int_0^L W_n^2(x)\,\mathrm{d}x} \frac{1}{\omega_{dn}} F_0 W_n(L) \int_0^t \sin(\omega_i (t - \tau))\,\mathrm{e}^{-\zeta_n \omega_n \tau} \sin\omega_{dn}\tau\,\mathrm{d}\tau \tag{5-52}$$

则谐波振动的解析解可以表示为

$$
\begin{aligned}
y(t,x) &= \sum_{n=1}^{\infty} W_n(x)\, q_n(t) \\
&= \sum_{n=1}^{\infty} W_n(x)\, \frac{1}{\omega_{dn}} \frac{F_0 W_n(L)}{\rho A \int_0^L W_n^2(x)\, \mathrm{d}x} \cdot \\
&\quad \int_0^t \sin(\omega_i (t-\tau))\, \mathrm{e}^{-\zeta_n \omega_n \tau} \sin\omega_{dn}\tau\, \mathrm{d}\tau
\end{aligned}
\tag{5-53}
$$

为将数值计算结果与解析解(5－53)进行比较,需要建立基于有限元模型(5－23)的动力学方程,假设有限元方程承受与解析解一样的负载信号,则方程(5－23)可以改写为

$$
\begin{bmatrix} \boldsymbol{m}_e^u & \boldsymbol{0} \\ \boldsymbol{0} & \boldsymbol{m}_e^v \end{bmatrix}
\begin{bmatrix} \ddot{\boldsymbol{q}}_e^u \\ \ddot{\boldsymbol{q}}_e^v \end{bmatrix}
+
\begin{bmatrix} \boldsymbol{c}_e^u & \boldsymbol{0} \\ \boldsymbol{0} & \boldsymbol{c}_e^v \end{bmatrix}
\begin{bmatrix} \dot{\boldsymbol{q}}_e^u \\ \dot{\boldsymbol{q}}_e^v \end{bmatrix}
+
\begin{bmatrix} \boldsymbol{k}_e^u & -(\boldsymbol{k}^{uv})^{\mathrm{T}} \\ -(\boldsymbol{k}^{uv}) & \boldsymbol{k}_e^v \end{bmatrix}
\begin{bmatrix} \boldsymbol{q}_e^u \\ \boldsymbol{q}_e^v \end{bmatrix}
=
\begin{bmatrix} \boldsymbol{0}_{(Nqu\times 1)} \\ \boldsymbol{0}_{((Nqv-2)\times 1)} \\ F_d(t) \\ 0 \end{bmatrix}
\tag{5-54}
$$

由于悬臂梁所承受的负载为末端的点力,并且沿 $-z$ 轴方向施加,方程(5－4)中的负载信号仅仅施加于与悬臂梁纵向挠度对应的节点,其余节点以及自由度的负载向量为零。通过所建立的数值算法对方程(5－54)进行求解,分别研究了数值解和解析解在时域内以及频域内的计算结果,计算结果分别如彩图 5－5 和图 5－6 所示。图 5－5 所示的时域响应中,分别选取的频率为 50Hz、150Hz、300Hz 和 500Hz。图5－6所示的频域响应中,选取频率为 10~1000Hz,扫频步长为 10Hz。

从图 5－5 可以看出,采用的数值计算方法可以准确地计算悬臂梁器件受迫振动中的瞬态响应和稳态响应,数值计算误差很小,其中瞬态计算误差比稳态结果相对要大;从频率响应曲线 5-6 中可以看到,不同驱动频率的计算结果,随着驱动频率的增加,数值计算误差也相对增加,这是由于数值计算过程中采样频率限制的结果,如果采取同样的采样频率,驱动频率低的计算结果精度更高。

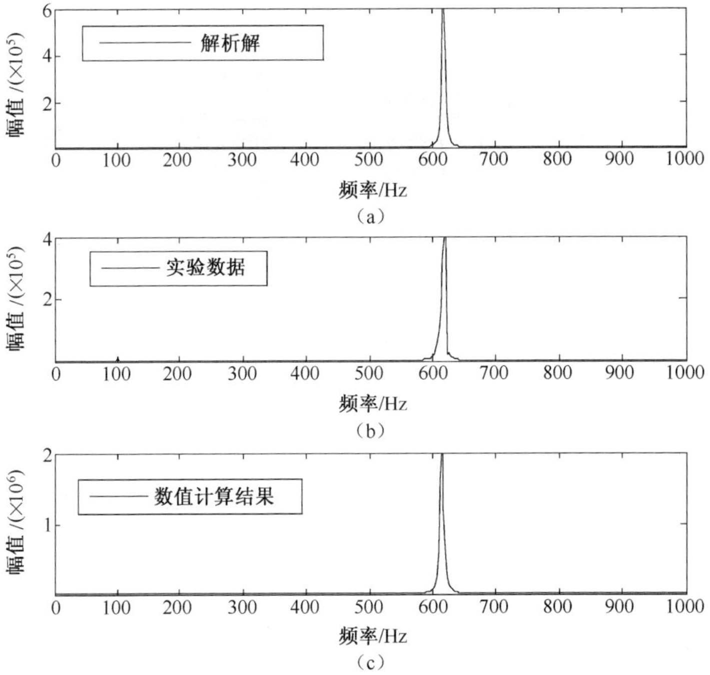

图 5-4　自由振动响应曲线傅里叶变换

(a)解析解；(b)实验数据；(c)数值解。

在扫频求解数值解频率响应过程中，采样频率为常数，因而在驱动频率逐渐升高时，其计算误差与解析解相比有增大的趋势，从图 5-6 可以观察到，驱动频率达到 800Hz 左右时，数值解开始出现一定的抖动。如果需要达到同样的计算精度，则需要在高频率信号驱动中采取相对较高的采样频率进行数值计算。

通过对所建立的数值算法在智能悬臂梁自由振动和受迫振动中的应用研究可以发现，该算法可以准确地对有限元方程进行迭代求解，下一节将讨论采用此算法对非线性耦合动力学模型进行求解的实验研究及其结果。

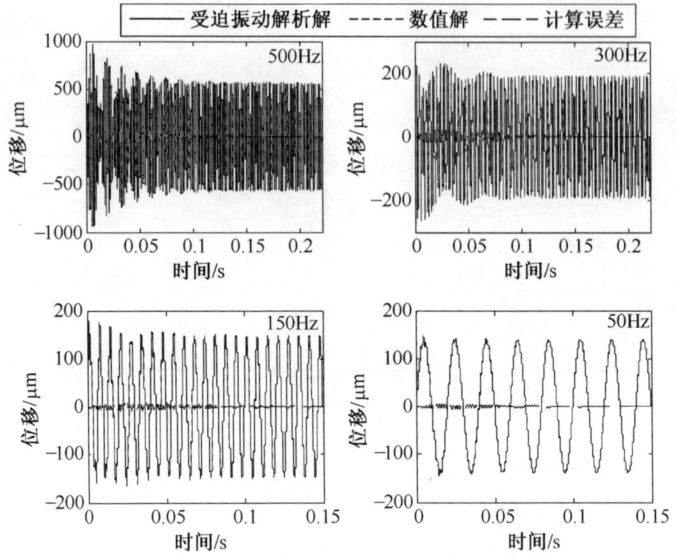

图5-5 悬臂梁器件受迫振动时域响应曲线

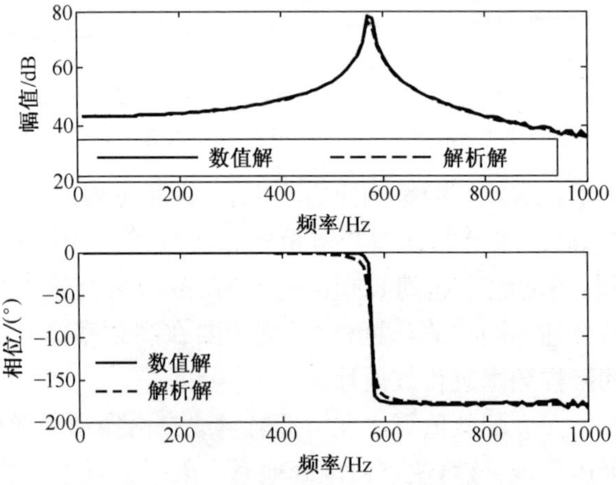

图5-6 悬臂梁器件受迫振动频率响应曲线

5.3　实验结果与讨论

为了对模型进行验证，本节主要对 Galfenol 智能悬臂梁的静态和动态响应问题进行实验研究，并对实验结果进行讨论。假设驱动磁场沿悬臂梁长轴方向均匀分布，其大小与驱动电流满足线性关系，即 $H = N_c I_c$；$N_c = 3300$ 表示线圈匝数密度，I_c 表示驱动电流大小。实验装置如图 5－7 所示。

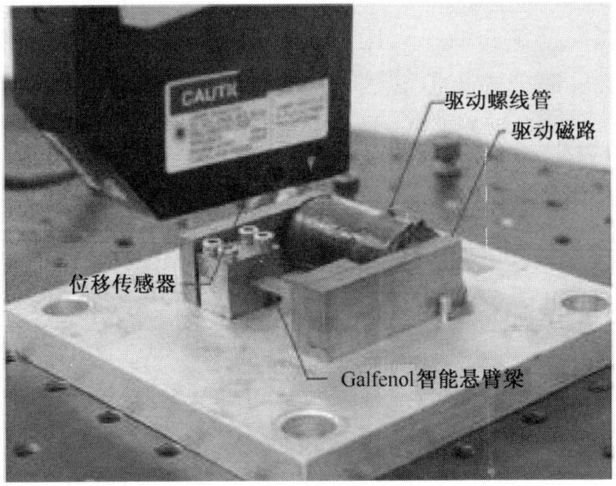

图 5－7　Galfenol 智能悬臂梁实验装置

数据采集平台为 dSpace ControlDesk，悬臂梁纵向挠度通过激光位移传感器进行检测，衬底层和 Galfenol 层的几何尺寸和弹性参数如表5－2 所列。

表 5－2　智能悬臂梁几何尺寸及弹性参数

参数	长度/mm	宽度/mm	厚度/mm	弹性模量/GPa	密度/(kg/m^3)
主动层	25	6.35	0.381	60	7870
衬底层	25	6.35	0.381	100	8400

Galfenol 本征非线性模型参数如表 5－3 所列，分别研究了智能悬

臂梁的静态和动态响应,实验结果如图 5－8 所示。在本书第 4 章中,利用线性压磁方程对 Galfenol 合金进行建模,并且利用恒定磁场对悬臂梁进行偏置,所以悬臂梁得到的始终为正负交变位移,无法对悬臂梁的磁滞死区和饱和区间进行预测。本章研究内容中采用了本征非线性模型对 Galfenol 合金进行建模,从静态实验结果可以看出,当悬臂梁没有设置偏置磁场时,实验结果呈现蝴蝶形状的磁滞非线性,非线性动力学模型可以对悬臂梁的磁滞死区和磁滞饱和区进行预测;当驱动磁场正交变化时,由于 Galfenol 合金层的磁致伸缩应变始终为正,进而悬臂梁的宏观形变也为正值,因此,曲线呈现出蝴蝶形状的磁滞非线性,从实验结果和模型预测结果对比可以看到,所建立的动力学模型可以捕捉悬臂梁挠度始终为正值的这一特点,并且可以对悬臂梁挠度的饱和非线性进行预测。

表 5－3 Galfenol 本征非线性模型参数表

K_{100} /(kJ/m^3)	30×10^3	$\mu_0 M_s$ /T	1.6
λ_{100} /(×10^{-6})	2/3 × 280	λ_{111} /(×10^{-6})	1/3 × (－20)
Ω /(kJ/m^3)	1200	c	0.1
k_p	400		

在动态实验中,分别通过驱动频率为 50～500Hz 的正弦信号进行驱动,悬臂梁通过直流电流进行偏置。可以看到悬臂梁挠度出现正负交变,模型可以在不同频率范围描述智能悬臂梁的磁滞环,并且可以对挠度的峰-峰值进行预测。对比不同频率范围的实验结果还可以发现,随着驱动频率升高,磁滞环逐渐变宽。由于 Galfenol 合金自身的磁滞非线性与频率无关,这种磁滞环变宽的现象来源于系统的机械磁滞,以及由于动态频率在磁路中造成的涡流损耗造成的,机械磁滞会造成 Galfenol 合金层磁致伸缩应变与悬臂梁挠度之间的滞后;动态涡流损耗会造成驱动磁场与驱动电流相位关系的滞后,从而整体上影响驱动电流与悬臂梁挠度的相位关系,出现磁滞环随着驱动频率变高而变高的现象。

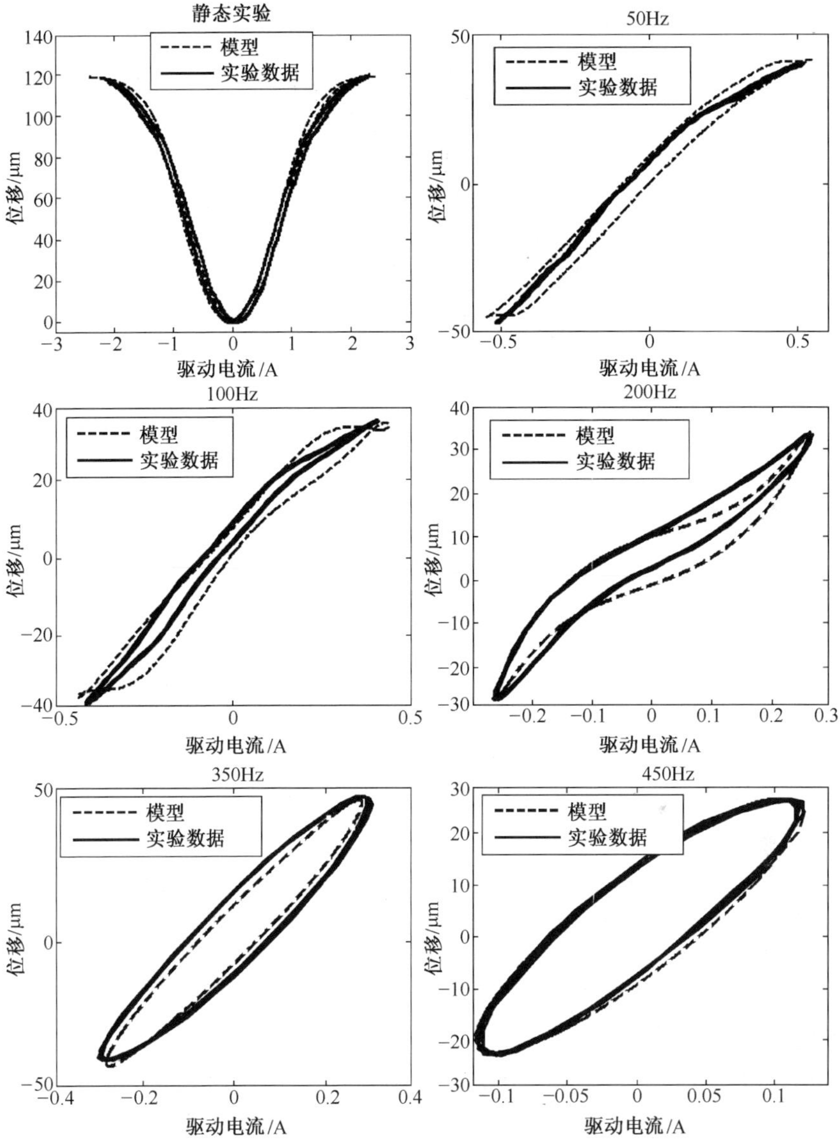
静态实验
模型
实验数据
140
120
100
80
60
40
20
0
−3
−2
−1
0
1
2
3
位移/μm
驱动电流/A
50Hz
模型
实验数据
50
0
−50
−0.5
0
0.5
位移/μm
驱动电流/A
100Hz
模型
实验数据
40
20
0
−20
−40
−0.5
0
0.5
位移/μm
驱动电流/A
200Hz
模型
实验数据
40
30
20
10
0
−10
−20
−30
−0.2
−0.1
0
0.1
0.2
0.3
位移/μm
驱动电流/A
350Hz
模型
实验数据
50
0
−50
−0.4
−0.2
0
0.2
0.4
位移/μm
驱动电流/A
450Hz
模型
实验数据
30
20
10
0
−10
−20
−30
−0.1
−0.05
0
0.05
0.1
位移/μm
驱动电流/A

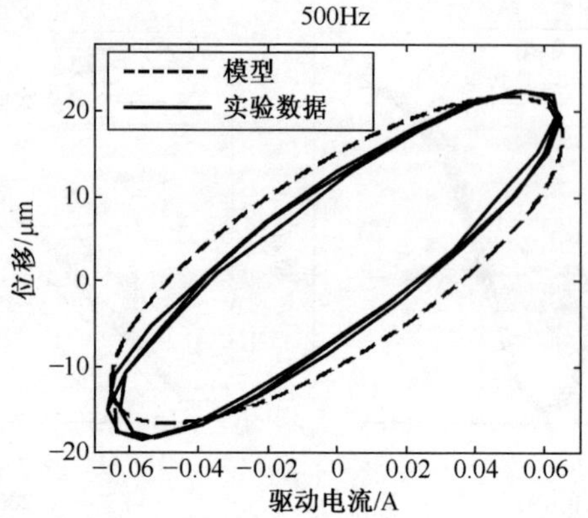

图 5-8　悬臂梁驱动器件静态和动态实验结果

第6章

三维磁-机全耦合非线性模型

压电和磁致伸缩等功能材料在精密驱动、传感等领域有着广泛的研究和应用,在研究材料性能和相关器件的响应时,往往需要从理论上首先对材料和器件进行仿真分析和计算,确定其设计方法、优化结构和参数,进而在整体上把握器件的设计方法和性能指标等参数。目前采用较多的理论分析方法是基于材料的一维或二维建模仿真和数据处理方法,这些方法计算速度快,在数值实现上简单、方便,然而只考虑一维或二维的系统建模方法并不能很好地反映材料和器件的本征特性,尤其是当需要对器件的整体结构进行设计,并研究耦合条件下器件的整体响应行为时,一维或二维的系统建模方法不能很好地满足系统的设计和计算要求。需要研究三维磁-机全耦合建模方法,对智能器件的整体磁-机耦合特性进行全面计算和分析。

本章将在第 3 章 Galfenol 三维本征非线性模型的基础上,讨论 Galfenol 智能器件的三维磁-机全耦合非线性建模方法,该方法基于有限元理论进行实现,具有普遍适用的特点,可以适用于其他类型智能器件的三维耦合建模和仿真分析。

6.1 磁-机耦合模型

Galfenol 合金的磁-机耦合效应可以用下面的方程进行表示[132]:

$$\begin{aligned} \boldsymbol{B} &= \boldsymbol{\mu}^{\sigma}\boldsymbol{H} + \boldsymbol{d}\boldsymbol{\sigma} \\ \boldsymbol{S} &= \boldsymbol{d}^{T}\boldsymbol{H} + \boldsymbol{s}^{H}\boldsymbol{\sigma} \end{aligned} \quad (6-1)$$

式中:$\boldsymbol{B}$ 为磁感应强度,与磁化强度 $\boldsymbol{M}$ 的函数关系式为 $\boldsymbol{B}=\mu_0(\boldsymbol{H}+\boldsymbol{M})$;$\boldsymbol{\mu}^{\sigma}$ 为磁导率张量,上标 $\boldsymbol{\sigma}$ 表示应力为常数条件下磁导率的测量值;$\boldsymbol{s}^{\boldsymbol{H}}$ 为磁场强度为常量时的柔顺系数张量;$\boldsymbol{d}$ 为压磁系数张量。

从方程(6-1)可以看出,材料总应变 $\boldsymbol{S}$ 为外加应力引起的弹性应变 $\boldsymbol{s}^{\boldsymbol{H}}\boldsymbol{\sigma}$ 和外加磁场引起的磁应变 $\boldsymbol{d}^{T}\boldsymbol{H}$ 之和;材料内部磁感应强度 $\boldsymbol{B}$ 为外加应力引起的磁感应强度 $\boldsymbol{d\sigma}$ 和外加磁场引起的 $\boldsymbol{\mu}^{\sigma}\boldsymbol{H}$ 之和。材料内部应变与磁场强度、材料特性参数、应力状态等直接相关,其变形是磁场-弹性场相互耦合的结果。

在很多应用场合,需要对磁滞非线性模型进行线性化处理,首先对磁致伸缩材料进行磁场或者应力偏置,使材料响应区间远离饱和区,达到线性工作区间,并使驱动场强保持在较小范围,从而可以利用线性压磁方程对材料进行建模,认为磁导率张量 $\boldsymbol{\mu}^{\boldsymbol{\sigma}}$、压磁系数张量 $\boldsymbol{d}$ 和柔顺系数张量 $\boldsymbol{s}^{\boldsymbol{H}}$ 均为常量,方程(6-1)为线性方程组。事实上,由于合金磁滞非线性的存在,$\boldsymbol{\mu}^{\boldsymbol{\sigma}}$ 和 $\boldsymbol{d}$ 均为 $\boldsymbol{H}$ 和 $\boldsymbol{\sigma}$ 的非线性函数,如果同时考虑 ΔE 效应,柔顺系数也为磁场强度和应力的函数,从而形成 Galfenol 合金的本征非线性问题。

6.1.1 电磁场方程

从方程(6-1)可以看到,磁场变量 $\boldsymbol{B}$ 和机械变量 $\boldsymbol{S}$ 均为磁场强度 $\boldsymbol{H}$ 的函数,为建立 Galfenol 智能器件三维非线性模型,首先需要利用 Maxwell 方程组建立描述驱动磁场三维分布的动力学方程,微分形式的 Maxwell 方程组可以表示为[133]

$$
\begin{aligned}
&\nabla\times \boldsymbol{E}=-\frac{\partial \boldsymbol{B}}{\partial t}\\
&\nabla\times \boldsymbol{H}=\boldsymbol{J}+\frac{\partial \boldsymbol{D}}{\partial t}\\
&\nabla\times \boldsymbol{B}=0\\
&\nabla\times \boldsymbol{E}=\frac{\rho}{\varepsilon_0}
\end{aligned}
\qquad (6-2)
$$

式中:ρ 为空间中的电荷密度;ε_0 为真空电容率。

可以看到,磁感应强度 $\boldsymbol{B}$ 的散度为零,说明 $\boldsymbol{B}$ 为无源场,磁力线在空间中为闭合曲线;电场强度 $\boldsymbol{E}$ 的散度为空间电荷密度的函数,说明 $\boldsymbol{E}$ 为有源场,其源头为空间中的电荷密度。磁场强度 $\boldsymbol{H}$ 的旋度为电流密度函数,电流密度包括驱动电流密度和动态涡流密度,由于动态涡流与磁动势对时间的导数成正比,所以,系统驱动频率越高,磁路中的涡流越大。涡流密度通过电场 $\boldsymbol{E}$ 间接影响磁感应强度 $\boldsymbol{B}$ 的大小及分布,由法拉第电磁感应定律可知,这种变化直接对抗外界输入磁场强度的大小和变化,从而造成动态条件下的能量损耗。

当驱动频率低于 30MHz 时,可以忽略电位移矢量 $\boldsymbol{D}$,即

$$\frac{\partial \boldsymbol{D}}{\partial t} = 0 \tag{6-3}$$

方程(6-2)总电流密度由两部分组成:源电流密度 J_s ,涡流效应产生的外加电流密度 J_e ,所以,磁场强度的散度可以表示为

$$\nabla \times \boldsymbol{H} = \boldsymbol{J}_s + \boldsymbol{J}_e \tag{6-4}$$

设定在磁场中系统的求解变量为矢量磁动势(A_x, A_y, A_z),电场强度可由矢量磁动势表示为

$$\boldsymbol{E} = -\frac{\partial \boldsymbol{A}}{\partial t} - \nabla \phi \tag{6-5}$$

式中:$\boldsymbol{A}$ 为矢量磁动势;ϕ 为标量位函数。电涡流进而可以由下面的方程进行计算:

$$\boldsymbol{J}_e = \sigma_e \boldsymbol{E} = \sigma_e \left(-\frac{\partial \boldsymbol{A}}{\partial t} - \nabla \phi \right) = \sigma_e \left(-\frac{\partial \boldsymbol{A}}{\partial t} - 0 \right) = -\sigma_e \frac{\partial \boldsymbol{A}}{\partial t} \tag{6-6}$$

其中:σ_e 为材料的电导率。磁感应强度也可由矢量磁位表示:

$$\boldsymbol{B} = \nabla \times \boldsymbol{A} \tag{6-7}$$

可得:

$$\boldsymbol{B} = \nabla \times \boldsymbol{A} = \begin{vmatrix} \boldsymbol{i} & \boldsymbol{j} & \boldsymbol{k} \\ \frac{\partial}{\partial x} & \frac{\partial}{\partial y} & \frac{\partial}{\partial z} \\ A_x & A_y & A_z \end{vmatrix} = \left(\frac{\partial A_z}{\partial y} - \frac{\partial A_y}{\partial z} \right) \boldsymbol{i} + \left(\frac{\partial A_x}{\partial z} - \frac{\partial A_z}{\partial x} \right) \boldsymbol{j} + \left(\frac{\partial A_y}{\partial x} - \frac{\partial A_x}{\partial y} \right) \boldsymbol{k}$$

6.1.2 动力学控制方程

由牛顿力学第二定律,机械结构动力学方程可以表示为

$$\nabla\times\boldsymbol{\sigma}+\boldsymbol{f}_B=\rho\frac{\partial^2\boldsymbol{u}}{\partial t^2}\tag{6-8}$$

式中:$\boldsymbol{u}=[u_x\quad u_y\quad u_z]^{\mathrm{T}}$为位移矢量移;$\boldsymbol{f}_B$为体积力;$\boldsymbol{\sigma}$为应力张量,其中

$$\boldsymbol{\sigma}=\begin{bmatrix}\sigma_1 & \sigma_{12} & \sigma_{13}\\ \sigma_{21} & \sigma_2 & \sigma_{23}\\ \sigma_{31} & \sigma_{32} & \sigma_3\end{bmatrix},\sigma_{12}=\sigma_{21},\sigma_{13}=\sigma_{31},\sigma_{23}=\sigma_{32}$$

如果考虑系统中阻尼的存在,结合方程(6-8)可得:

$$\nabla\times\boldsymbol{\sigma}+\boldsymbol{f}_B=\rho\frac{\partial^2\boldsymbol{u}}{\partial t^2}+c\frac{\partial\boldsymbol{u}}{\partial t}\tag{6-9}$$

式中:c为黏性阻尼。设定在机械场中系统的求解变量为位移(u_x,u_y,u_z),材料的弹性应变与位移的关系如下:

$$\boldsymbol{S}=\boldsymbol{\nabla}\times\boldsymbol{u}\tag{6-10}$$

式中:

$$\boldsymbol{\nabla}=\begin{bmatrix}\frac{\partial}{\partial x} & 0 & 0 & \frac{\partial}{\partial y} & 0 & \frac{\partial}{\partial z}\\ 0 & \frac{\partial}{\partial y} & 0 & \frac{\partial}{\partial x} & \frac{\partial}{\partial z} & 0\\ 0 & 0 & \frac{\partial}{\partial z} & 0 & \frac{\partial}{\partial y} & \frac{\partial}{\partial x}\end{bmatrix}^{\mathrm{T}}$$

可得:

$$\begin{bmatrix}S_1\\ S_2\\ S_3\\ S_{12}\\ S_{23}\\ S_{13}\end{bmatrix}=\boldsymbol{\nabla}\times\boldsymbol{u}=\begin{bmatrix}\frac{\partial}{\partial x} & 0 & 0 & \frac{\partial}{\partial y} & 0 & \frac{\partial}{\partial z}\\ 0 & \frac{\partial}{\partial y} & 0 & \frac{\partial}{\partial x} & \frac{\partial}{\partial z} & 0\\ 0 & 0 & \frac{\partial}{\partial z} & 0 & \frac{\partial}{\partial y} & \frac{\partial}{\partial x}\end{bmatrix}^{\mathrm{T}}\begin{bmatrix}u_x\\ u_y\\ u_z\end{bmatrix}$$

6.1.3　弱解形式

运用爱因斯坦标记法,定义张量符号如下:

$$\varepsilon_{ijk} \equiv \begin{cases} +1, & 当(i,j,k)=(1,2,3),(2,3,1)或(3,1,2)时 \\ -1, & 当(i,j,k)=(3,2,1),(2,13)或(1,3,2)时 \\ 0, & 当 i=j 或 j=k 或 k=i 时 \end{cases} \tag{6-11}$$

运用该张量符号,则两个变量的叉积可以表示如下:

$$(a \times b)_i = \varepsilon_{ijk} a_j b_k \tag{6-12}$$

若改变式(6-12)右边变量的前后顺序,则需进行如下变化:

$$\varepsilon_{ijk} a_j b_k = -\varepsilon_{ijk} a_k b_j \tag{6-13}$$

利用式(6-11),相应的旋度公式可以表示为

$$(\nabla \times a)_i = \varepsilon_{ijk} \frac{\partial a_k}{\partial x_j} \tag{6-14}$$

结合式(6-11)和式(6-13),方程(6-4)可以通过爱因斯坦标记法进行表示:

$$(\nabla \times H)_i = (J_s)_i + (J_e)_i$$

$$\varepsilon_{ijk} \frac{\partial H_k}{\partial x_j} = (J_s)_i + \left(-\sigma_e \frac{\partial A}{\partial t}\right)_i = (J_s)_i - \sigma_e \frac{\partial A_i}{\partial t} \tag{6-15}$$

利用爱因斯坦标记法,方程(6-9)可以表示为

$$(\nabla \times \sigma)_i + (f_B)_i = \left(\rho \frac{\mathrm{d}^2 u}{\mathrm{d}t^2}\right)_i + \left(c \frac{\partial u}{\partial t}\right)_i$$

$$\frac{\partial \sigma_{ij}}{\partial x_j} + (f_B)_i = \rho \frac{\partial^2 u_i}{\partial t^2} + c \frac{\partial u_i}{\partial t} \tag{6-16}$$

运用加权残值法对方程(6-15)和方程(6-16)进行积分:

$$\int_{V_B} \varepsilon_{ijk} \frac{\partial H_k}{\partial x_j} \psi_i \mathrm{d}V + \int_{V_B} \sigma_e \frac{\partial A_i}{\partial t} \psi_i \mathrm{d}V = \int_{V_B} (J_s)_i \psi_i \mathrm{d}V$$

$$\int_{V_u} \frac{\partial \sigma_{ij}}{\partial x_j} \varphi_i \mathrm{d}V + \int_{V_u} (f_B)_i \varphi_i \mathrm{d}V = \int_{V_u} \rho \frac{\partial^2 u_i}{\partial t^2} \varphi_i \mathrm{d}V + \int_{V_u} c \frac{\partial u_i}{\partial t} \varphi_i \mathrm{d}V \tag{6-17}$$

式中：ψ_i，φ_i 为测试函数；V_B 为磁场的空间域；V_u 为包含机械变量的空间域。

利用散度原理，可以将方程(6-17)中的散度进一步简化，得到：

$$\int_{V_B}\varepsilon_{ijk}\frac{\partial H_k}{\partial x_j}\psi_i\mathrm{d}V=\int_{V_B}\varepsilon_{ijk}\frac{\partial(H_k\psi_i)}{\partial x_j}\mathrm{d}V-\int_{V_B}\varepsilon_{ijk}H_k\frac{\partial\psi_i}{\partial x_j}\mathrm{d}V$$
$$=\int_{\partial V_B}\varepsilon_{ijk}H_k\psi_i n_j\mathrm{d}\partial V-\int_{V_B}\varepsilon_{ijk}H_k\frac{\partial\psi_i}{\partial x_j}\mathrm{d}V$$
$$=-\int_{\partial V_B}\varepsilon_{ijk}H_j\psi_i n_k\mathrm{d}\partial V+\int_{V_B}\varepsilon_{ijk}H_i\frac{\partial\psi_k}{\partial x_j}\mathrm{d}V$$

$$\int_{V_u}\frac{\partial\sigma_{ij}}{\partial x_j}\varphi_i\mathrm{d}V=\int_{V_u}\frac{\partial(\sigma_{ij}\varphi_i)}{\partial x_j}\mathrm{d}V-\int_{V_u}\frac{\partial\varphi_i}{\partial x_j}\sigma_{ij}\mathrm{d}V$$
$$=\int_{\partial V_u}\sigma_{ij}\varphi_i n_j\mathrm{d}\partial V-\int_{V_u}\frac{\partial\varphi_i}{\partial x_j}\sigma_{ij}\mathrm{d}V \tag{6-18}$$

将方程(6-18)代入方程(6-17)得到：

$$\int_{V_B}\varepsilon_{ijk}H_i\frac{\partial\psi_k}{\partial x_j}\mathrm{d}V+\int_{V_B}\sigma_e\frac{\partial A_i}{\partial t}\psi_i\mathrm{d}V=\int_{V_B}(J_s)_i\psi_i\mathrm{d}V+\int_{\partial V_B}\varepsilon_{ijk}H_j\psi_i n_k\mathrm{d}\partial V$$

$$\int_{V_u}\rho\frac{\partial^2 u_i}{\partial t^2}\varphi_i\mathrm{d}V+\int_{V_u}c\frac{\partial u_i}{\partial t}\varphi_i\mathrm{d}V+\int_{V_u}\frac{\partial\varphi_i}{\partial x_j}\sigma_{ij}\mathrm{d}V$$
$$=\int_{\partial V_u}\sigma_{ij}\varphi_i n_j\mathrm{d}\partial V+\int_{V_u}(f_B)_i\varphi_i\mathrm{d}V \tag{6-19}$$

根据局部 Petrov-Galerkin 方法，引入任意微小量 δA_i、δu_i，令

$$\psi_i=\delta A_i,\qquad \varphi_i=\delta u_i \tag{6-20}$$

则方程(6-19)可以转化为

$$\int_{V_B}\varepsilon_{ijk}H_i\frac{\partial\delta A_k}{\partial x_j}\mathrm{d}V+\int_{V_B}\sigma_e\frac{\partial A_i}{\partial t}\delta A_i\mathrm{d}V=\int_{V_B}(J_s)_i\delta A_i\mathrm{d}V+$$
$$\int_{\partial V_B}\varepsilon_{ijk}H_j\delta A_i n_k\mathrm{d}\partial V$$

$$\int_{V_u}\rho\frac{\partial^2 u_i}{\partial t^2}\delta u_i\mathrm{d}V+\int_{V_u}c\frac{\partial u_i}{\partial t}\delta u_i\mathrm{d}V+\int_{V_u}\frac{\partial\delta u_i}{\partial x_j}\sigma_{ij}\mathrm{d}V$$

$$= \int_{\partial V_u} \sigma_{ij} \delta u_i n_j \mathrm{d}\partial V + \int_{V_u} (f_B)_i \delta u_i \mathrm{d}V \tag{6-21}$$

方程(6-21)即为爱因斯坦标记下求解 Galfenol 智能器件磁场和机械变量的有限元方程组。为方便方程组的求解，需要将方程(6-21)写成矩阵形式，根据爱因斯坦标记法的规则(式(6-12)，式(6-13)和式(6-14))，对方程(6-21)进行矩阵标记的转换：

$$\int_{V_B} \boldsymbol{H} \cdot (\nabla \times \delta \boldsymbol{A}) \mathrm{d}V + \int_{V_B} \sigma_e \frac{\partial \boldsymbol{A}}{\partial t} \delta \boldsymbol{A} \mathrm{d}V$$

$$= \int_{V_B} \boldsymbol{J}_s \delta \boldsymbol{A} \mathrm{d}V + \int_{\partial V_B} (\boldsymbol{H} \times \boldsymbol{n}) \cdot \delta \boldsymbol{A} \mathrm{d}\partial V$$

$$\int_{V_u} \rho \frac{\partial^2 u}{\partial t^2} \delta \boldsymbol{u} \mathrm{d}V + \int_{V_u} c \frac{\partial u}{\partial t} \delta \boldsymbol{u} \mathrm{d}V + \int_{V_u} \boldsymbol{\sigma} \cdot \nabla \delta \boldsymbol{u} \mathrm{d}V$$

$$= \int_{\partial V_u} (\boldsymbol{\sigma} \cdot \boldsymbol{n}) \delta \boldsymbol{u} \mathrm{d}\partial V + \int_{V_u} \boldsymbol{f}_B \delta \boldsymbol{u} \mathrm{d}V \tag{6-22}$$

式中：$\boldsymbol{n}$ 为边界表面的法相单位向量，包含机械变量空间的边界的表面牵引力满足 $\boldsymbol{t} = \boldsymbol{\sigma} \cdot \boldsymbol{n}$；磁场空间中边界处磁场强度的切向分量满足 $\boldsymbol{H}_T = \boldsymbol{H} \times \boldsymbol{n}$。

在式(6-7)和式(6-10)中插入变分变量得到 $\delta \boldsymbol{B} = \nabla \times \delta \boldsymbol{A}$，$\delta \boldsymbol{S} = \nabla \times \boldsymbol{\delta u}$，则方程(6-22)的弱解形式可以进一步简化为

$$\int_{V_B} \boldsymbol{H} \cdot \delta \boldsymbol{B} \mathrm{d}V + \int_{V_B} \sigma_e \frac{\partial \boldsymbol{A}}{\partial t} \delta \boldsymbol{A} \mathrm{d}V = \int_{V_B} \boldsymbol{J}_s \delta A \mathrm{d}V + \int_{\partial V_B} \boldsymbol{H}_T \cdot \delta \boldsymbol{A} \mathrm{d}\partial V$$

$$\int_{V_u} \rho \frac{\partial^2 \boldsymbol{u}}{\partial t^2} \delta \boldsymbol{u} \mathrm{d}V + \int_{V_u} c \frac{\partial \boldsymbol{u}}{\partial t} \delta \boldsymbol{u} \mathrm{d}V + \int_{V_u} \boldsymbol{\sigma} \cdot \delta \boldsymbol{S} \mathrm{d}V = \int_{\partial V_u} \boldsymbol{t} \cdot \delta \boldsymbol{u} \mathrm{d}\partial V + \int_{V_u} \boldsymbol{f}_B \delta \boldsymbol{u} \mathrm{d}V \tag{6-23}$$

方程(6-23)即为 Galfenol 智能器件中磁场变量与机械变量的矩阵形式的弱解有限元方程。其中需要求解的变量为磁动势 $\boldsymbol{A}$ 和机械变量 $\boldsymbol{u}$，通过方程(6-7)和方程(6-10)进而可以求解磁感应强度 $\boldsymbol{B}$ 和机械应变 $\boldsymbol{S}$。方程(6-23)以积分的形式给出，为对方程进行求解，需要对方程在空间范围内进行离散化。

6.1.4 弱解方程的离散化

在方程(6-23)中,需要求解的变量为 $\boldsymbol{u}=[u_x \quad u_y \quad u_z]^{\mathrm{T}}$, $\boldsymbol{A}=[A_x \quad A_y \quad A_z]^{\mathrm{T}}$,在空间范围内对模型进行离散化,利用四面体结构对有限单元进行建模[134],每个单元包括四个节点,每个节点有三个自由度,节点编号和坐标轴规范如图6-1所示。

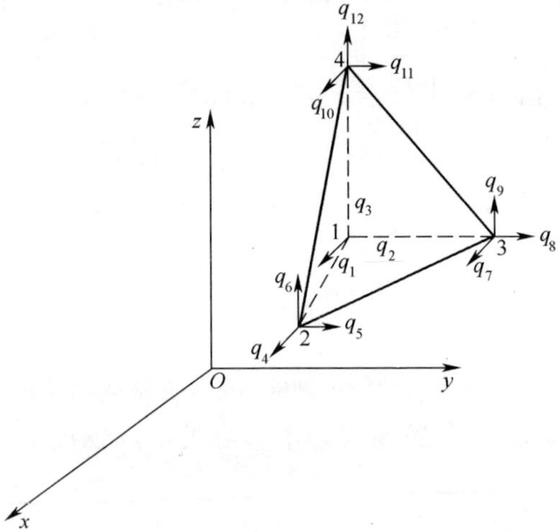

图6-1 四面体单元及其坐标系

对于局部节点 k,它的三个自由度分别表示为 $q_e^{k,1}$、$q_e^{k,2}$、$q_e^{k,3}$,全局变量用 $\boldsymbol{Q}$ 表示,所以,对于自由度为 N 的系统而言,单元和整体变量列阵分别为

$$\boldsymbol{q}_e=[q_e^1 \quad q_e^2 \quad \cdots \quad q_e^{12}]^{\mathrm{T}} \tag{6-24}$$

$$\boldsymbol{Q}=[Q_1 \quad Q_2 \quad \cdots \quad Q_N]^{\mathrm{T}} \tag{6-25}$$

由于四面体单元包括四个节点,式(6-24)中维数为12,可以定义四个拉格朗日形式的形状函数 N_1、N_2、N_3、N_4 对有限元方程的根进行插值,根据拉格朗日函数的定义,函数 $N_{i(i=1,2,3,4)}$ 在节点 i 处的值为1,在其他三个节点的值为零。可以定义形状函数为

$$N_1 = \xi , N_2 = \eta , N_3 = \zeta , N_4 = 1 - \xi - \eta - \zeta \tag{6-26}$$

式中：局域坐标 ξ、η 和 ζ 为四面体单位坐标系中与相应节点对应坐标轴的坐标值，这样有限单元中任意位置的变量可以通过形状函数(6-26)进行表示，即

$$\boldsymbol{q}^x = \boldsymbol{N}\boldsymbol{q} \tag{6-27}$$

式中：

$$\boldsymbol{N} = \begin{bmatrix} N_1 & 0 & 0 & N_2 & 0 & 0 & N_3 & 0 & 0 & N_4 & 0 & 0 \\ 0 & N_1 & 0 & 0 & N_2 & 0 & 0 & N_3 & 0 & 0 & N_4 & 0 \\ 0 & 0 & N_1 & 0 & 0 & N_2 & 0 & 0 & N_3 & 0 & 0 & N_4 \end{bmatrix} \tag{6-28}$$

利用形状函数(6-26)，全局坐标系中的坐标 (x,y,z) 可以表示成局部坐标的函数：

$$\begin{aligned} x &= N_1x_1 + N_2x_2 + N_3x_3 + N_4x_4 \\ y &= N_1y_1 + N_2y_2 + N_3y_3 + N_4y_4 \\ z &= N_1z_1 + N_2z_2 + N_3z_3 + N_4z_4 \end{aligned} \tag{6-29}$$

式中：$(x_i,y_i,z_i)_{(i=1,2,3,4)}$ 为图 6-1 中四面体单元中各个节点在坐标系中的坐标分量。在方程(6-23)中，需要求解的变量为磁动势矢量 $\boldsymbol{A}$ 和位移变量 $\boldsymbol{u}$，在对求解对象进行空间上离散化的同时，需要对磁动势矢量和位移变量进行坐标变换，设有限单元变量为 $\boldsymbol{A}_e$ 和 $\boldsymbol{u}_e$，利用形状函数(6-27)进行坐标变换，得到

$$\begin{aligned} \boldsymbol{A}_e &= \boldsymbol{N}^A\boldsymbol{q}_e^A \\ \boldsymbol{u}_e &= \boldsymbol{N}^u\boldsymbol{q}_e^u \end{aligned} \tag{6-30}$$

利用变分原理的运算法则，设有限单元变量 $\boldsymbol{A}_e$ 和 $\boldsymbol{u}_e$ 的极小变量为

$$\begin{aligned} \delta\boldsymbol{A}_e &= \boldsymbol{N}^A\delta\boldsymbol{q}_e^A \\ \delta\boldsymbol{u}_e &= \boldsymbol{N}^u\delta\boldsymbol{q}_e^u \end{aligned} \tag{6-31}$$

结合方程(6-7)和方程(6-10)，磁感应强度和机械应变的有限单元变量可以表示为

$$
\begin{aligned}
\boldsymbol{B}_e &= \nabla\times \boldsymbol{A}_e = \nabla\times (\boldsymbol{N}^A \boldsymbol{q}_e^A) \equiv \boldsymbol{R}_e \boldsymbol{q}_e^A \\
\boldsymbol{S}_e &= \nabla\times \boldsymbol{u}_e = \nabla\times (\boldsymbol{N}^u \boldsymbol{q}_e^u) \equiv \boldsymbol{F}_e \boldsymbol{q}_e^u
\end{aligned}
\tag{6-32}
$$

设将包含磁场变量的空间域划分为 N^H 个单元,其边界面单元个数为 N_s^H,机械场空间划分为 N^M 个单元,边界面单元个数为 N_s^M,将式(6－31)和式(6－32)分别代入方程(6－23)中,得到:

$$
\begin{aligned}
&\sum_{e=1}^{N^H}\left(\int_{V_{B,e}} \boldsymbol{H}\cdot \boldsymbol{R}_e \delta\, \boldsymbol{q}_e^A J^A \mathrm{d}V + \int_{V_{B,e}} \sigma_e N^A \frac{\partial q_e^A}{\partial t}\cdot N^A \delta\, q_e^A J^A \mathrm{d}V\right) \\
&= \sum_{e=1}^{N^H}\int_{V_{B,e}} J_s \cdot N^A \delta\, \boldsymbol{q}_e^A J^A \mathrm{d}V + \sum_{e=1}^{N_s^H}\int_{\partial V_s^{B,e}} \boldsymbol{H}_T \cdot \boldsymbol{N}^A \delta\, \boldsymbol{q}_{e,s}^A J_s^A \mathrm{d}\partial V \\
&\sum_{e=1}^{N^M}\left(\int_{V_{M,e}} \rho\, \boldsymbol{N}^u \frac{\partial^2 \boldsymbol{q}_e^u}{\partial t^2}\cdot N^u \delta \boldsymbol{q}_e^u J^u \mathrm{d}V + \int_{V_{M,e}} c\, \boldsymbol{N}^u \frac{\partial \boldsymbol{q}_e^u}{\partial t}\cdot N^u \delta\, \boldsymbol{q}_e^u J^u \mathrm{d}V + \right. \\
&\qquad \left. \int_{V_{M,e}} \boldsymbol{\sigma}\cdot \boldsymbol{F}_e \delta\, \boldsymbol{q}_e^u J^u \mathrm{d}V\right) \\
&= \sum_{e=1}^{N_s^M}\int_{\partial V_s^{M,e}} \boldsymbol{t}_s^u \cdot N^u \delta\, \boldsymbol{q}_{e,s}^u J_s^u \mathrm{d}\partial V + \sum_{e=1}^{N^M}\int_{V_{M,e}} \boldsymbol{f}_B \cdot N^u \delta\, \boldsymbol{q}_e^u J^u \mathrm{d}V
\end{aligned}
\tag{6-33}
$$

式中:$V_{B,e}$ 和 $V_{M,e}$ 分别为磁场空间有限单元和机械场空间有限单元的体积积分区间,相应的边界面上的积分区间用下标 s 进行区分;符号 J^A 和 J^u 为经过矩阵变化后积分公式中形成的雅克比矩阵的行列式,将全局积分(6－23)经过坐标变换以后,体积积分通过雅克比矩阵进行变换,雅克比矩阵定义为

$$
\boldsymbol{J} = \begin{bmatrix}
\dfrac{\partial x}{\partial \xi} & \dfrac{\partial y}{\partial \xi} & \dfrac{\partial z}{\partial \xi} \\
\dfrac{\partial x}{\partial \eta} & \dfrac{\partial y}{\partial \eta} & \dfrac{\partial z}{\partial \eta} \\
\dfrac{\partial x}{\partial \zeta} & \dfrac{\partial y}{\partial \zeta} & \dfrac{\partial z}{\partial \zeta}
\end{bmatrix}
\tag{6-34}
$$

单元的体积为

$$V_e = \left| \int_0^1 \int_0^{1-\xi} \int_0^{1-\xi-\eta} \det(\boldsymbol{J}) \mathrm{d}\xi \mathrm{d}\eta \mathrm{d}\zeta \right| \tag{6-35}$$

式中：det(·) 为矩阵的行列式运行，由于在机械系统建模过程中，可以忽略重力对于系统动力学行为的影响，因而方程(6－33)可以换算为

$$\begin{aligned}
&\sum_{e=1}^{N^H}\left(\int_{V_{B,e}} \boldsymbol{H} \cdot \boldsymbol{R}_e \delta\, \boldsymbol{q}_e^A J^A \mathrm{d}V + \int_{V_{B,e}} \sigma_e \boldsymbol{N}^A \frac{\partial \boldsymbol{q}_e^A}{\partial t} \cdot \boldsymbol{N}^A \delta \boldsymbol{q}_e^A J^A \mathrm{d}V\right) \\
&= \sum_{e=1}^{N^H} \int_{V_{B,e}} \boldsymbol{J}_s \cdot \boldsymbol{N}^A \delta \boldsymbol{q}_e^A J^A \mathrm{d}V + \sum_{e=1}^{N_s^H} \int_{\partial V_s^{B,e}} \boldsymbol{H}_T \cdot \boldsymbol{N}^A \delta \boldsymbol{q}_{e,s}^A J_s^A \mathrm{d}\partial V \\
&\sum_{e=1}^{N^M}\left(\int_{V_{M,e}} \rho \boldsymbol{N}^u \frac{\partial^2 \boldsymbol{q}_e^u}{\partial t^2} \cdot \boldsymbol{N}^u \delta \boldsymbol{q}_e^u J^u \mathrm{d}V + \int_{V_{M,e}} c \boldsymbol{N}^u \frac{\partial \boldsymbol{q}_e^u}{\partial t} \cdot \boldsymbol{N}^u \delta \boldsymbol{q}_e^u J^u \mathrm{d}V + \right. \\
&\qquad \left. \int_{V_{M,e}} \boldsymbol{\sigma} \cdot \boldsymbol{F}_e \delta \boldsymbol{q}_e^u J^u \mathrm{d}V \right) \\
&= \sum_{e=1}^{N_s^M} \int_{\partial V_s^{M,e}} \boldsymbol{t}_s^u \cdot \boldsymbol{N}^u \delta \boldsymbol{q}_{e,s}^u J_s^u \mathrm{d}\partial V
\end{aligned} \tag{6-36}$$

观察方程(6－36)可以发现，方程中出现的变量有磁场强度矢量 $\boldsymbol{H}$，应力张量 $\boldsymbol{\sigma}$，磁动势单元矢量 $\boldsymbol{q}_e^A$ 和单元位移矢量 $\boldsymbol{q}_e^u$。由于 Galfenol 合金具有磁-机耦合效应，方程中需要求解的自变量为 $\boldsymbol{q}_e^A$ 和 $\boldsymbol{q}_e^u$，进而可以通过合金的磁-机效应求解磁场强度矢量 $\boldsymbol{H}$ 和应力张量 $\boldsymbol{\sigma}$。从方程(6－1)可以知道，机械相关变量和磁场相关变量通过参数矩阵 $\boldsymbol{\mu}^{\boldsymbol{\sigma}}$、$\boldsymbol{s}^{\boldsymbol{H}}$ 和 $\boldsymbol{d}$ 进行耦合，当利用线性模型进行求解时，参数矩阵可取作常数值，应力和磁场的变化不改变参数值的大小。事实上，参数矩阵与合金的各向异性相关，不同晶格取向的 Galfenol 合金的参数矩阵值不同，并且，相同成分以及晶格取向的 Galfenol 合金，驱动磁场以及应力大小都会改变参数矩阵的数值。为了研究 Galfenol 智能器件三维非线性耦合模型的响应问题，利用第 3 章建立的本征非线性模型研究方程(6－1)中的参数矩阵，并将之与方程(6－36)进行耦合求解。

6.1.5　系数矩阵求解

方程(6－1)可以写为矩阵的形式：

$$\begin{bmatrix}\boldsymbol{B}\\\boldsymbol{S}\end{bmatrix}=\begin{bmatrix}\boldsymbol{\mu}^{\sigma} & \boldsymbol{d}\\\boldsymbol{d}^{\mathrm{T}} & \boldsymbol{s}^{H}\end{bmatrix}\begin{bmatrix}\boldsymbol{H}\\\boldsymbol{\sigma}\end{bmatrix}\tag{6-37}$$

则利用 $\boldsymbol{B}$ 和 $\boldsymbol{S}$，可以求解磁场强度和应力为

$$\begin{bmatrix}\boldsymbol{H}\\\boldsymbol{\sigma}\end{bmatrix}=\begin{bmatrix}\boldsymbol{\mu}^{\sigma} & \boldsymbol{d}\\\boldsymbol{d}^{\mathrm{T}} & \boldsymbol{s}^{H}\end{bmatrix}^{-1}\begin{bmatrix}\boldsymbol{B}\\\boldsymbol{S}\end{bmatrix}=\begin{bmatrix}\boldsymbol{a} & \boldsymbol{b}\\\boldsymbol{b}^{\mathrm{T}} & \boldsymbol{c}\end{bmatrix}\begin{bmatrix}\boldsymbol{B}\\\boldsymbol{S}\end{bmatrix}\tag{6-38}$$

式中，系数矩阵的定义如下

$$\begin{bmatrix}\boldsymbol{a} & \boldsymbol{b}\\\boldsymbol{b}^{\mathrm{T}} & \boldsymbol{c}\end{bmatrix}=\begin{bmatrix}\boldsymbol{\mu}^{\sigma} & \boldsymbol{d}\\\boldsymbol{d}^{\mathrm{T}} & \boldsymbol{s}^{H}\end{bmatrix}^{-1}=\begin{bmatrix}
a_{11} & a_{12} & a_{13} & b_{11} & b_{12} & b_{13} & b_{14} & b_{15} & b_{16}\\
a_{21} & a_{22} & a_{23} & b_{21} & b_{22} & b_{23} & b_{24} & b_{25} & b_{26}\\
a_{31} & a_{32} & a_{33} & b_{31} & b_{32} & b_{33} & b_{34} & b_{35} & b_{36}\\
b_{11} & b_{21} & b_{31} & c_{11} & c_{12} & c_{13} & & & \\
b_{12} & b_{22} & b_{32} & c_{21} & c_{22} & c_{23} & & & \\
b_{13} & b_{23} & b_{33} & c_{31} & c_{32} & c_{33} & & & \\
b_{14} & b_{24} & b_{34} & & & & c_{44} & & \\
b_{15} & b_{25} & b_{35} & & & & & c_{55} & \\
b_{16} & b_{26} & b_{36} & & & & & & c_{66}
\end{bmatrix}\tag{6-39}$$

将方程(6－38)进行展开，得到：

$$\begin{aligned}\boldsymbol{H}&=\boldsymbol{aB}+\boldsymbol{bS}\\\boldsymbol{\sigma}&=\boldsymbol{b}^{\mathrm{T}}\boldsymbol{B}+\boldsymbol{cS}\end{aligned}\tag{6-40}$$

将方程(6－40)中的 $\boldsymbol{B}$ 和 $\boldsymbol{S}$ 用方程(6－32)中的单元变量进行替换，得到进行坐标变换以后的单元变量：

$$\begin{aligned}\boldsymbol{H}_e&=\boldsymbol{aB}_e+\boldsymbol{bS}_e=\boldsymbol{aR}_e\boldsymbol{q}_e^A+\boldsymbol{bF}_e\boldsymbol{q}_e^u\\\boldsymbol{\sigma}_e&=\boldsymbol{b}^{\mathrm{T}}\boldsymbol{B}_e+\boldsymbol{c}\,\boldsymbol{S}_e=\boldsymbol{b}^{\mathrm{T}}\,\boldsymbol{R}_e\,\boldsymbol{q}_e^A+\boldsymbol{c}\,\boldsymbol{F}_e\,\boldsymbol{q}_e^u\end{aligned}\tag{6-41}$$

可以看到，通过方程(6－41)，可以将单元磁场矢量 $\boldsymbol{H}_e$ 和应力 $\boldsymbol{\sigma}_e$ 表示成单元磁动势和单元位移矢量的函数，将方程(6－41)代入方程(6－36)得到：

$$\sum_{e=1}^{N^H}\left((\boldsymbol{q}_e^A)^{\mathrm{T}}\cdot\left[\int_{V_{B,e}}\boldsymbol{R}_e{}^{\mathrm{T}}\boldsymbol{a}\,\boldsymbol{R}_e J^A\mathrm{d}V\right]\delta\,\boldsymbol{q}_e^A+(\boldsymbol{q}_e^u)^{\mathrm{T}}\cdot\right.$$

$$\left[\int_{V_{B,e}} \boldsymbol{F}_e^{\ \mathrm{T}} \boldsymbol{b}\, \boldsymbol{R}_e J^A \mathrm{d}V\right] \delta \boldsymbol{q}_e^A + \left(\frac{\partial \boldsymbol{q}_e^A}{\partial t}\right)^{\mathrm{T}} \cdot \left[\int_{V_{B,e}} \boldsymbol{N}^{A\ \mathrm{T}} \boldsymbol{\sigma}_e \boldsymbol{N}^A J^A \mathrm{d}V\right] \delta\, \boldsymbol{q}_e^A \Bigg)$$

$$= \sum_{e=1}^{N^H} \left[\int_{V_{B,e}} \boldsymbol{N}^{A\ \mathrm{T}} \boldsymbol{J}_s J^A \mathrm{d}V\right] \delta\, \boldsymbol{q}_e^A + \sum_{e=1}^{N_s^H} \left[\int_{\partial V_s^{B.e}} \boldsymbol{N}^{A\ \mathrm{T}} \boldsymbol{H}_T J_s^A \mathrm{d}\partial V\right] \delta \boldsymbol{q}_{e,s}^A$$

$$\sum_{e=1}^{N^M} \left(\left(\frac{\partial^2 \boldsymbol{q}_e^u}{\partial t^2}\right)^{\mathrm{T}} \cdot \left[\int_{V_{M,e}} \boldsymbol{N}^{u\ \mathrm{T}} \rho \boldsymbol{N}^u J^u \mathrm{d}V\right] \delta \boldsymbol{q}_e^u + \left(\frac{\partial \boldsymbol{q}_e^u}{\partial t}\right)^{\mathrm{T}} \cdot \left[\int_{V_{M,e}} \boldsymbol{N}^{u\ \mathrm{T}} c \boldsymbol{N}^u J^u \mathrm{d}V\right] \delta \boldsymbol{q}_e^u + \right.$$

$$\left. (\boldsymbol{q}_e^A)^{\mathrm{T}} \cdot \left[\int_{V_{M,e}} \boldsymbol{F}_e^{\ \mathrm{T}} \boldsymbol{b}^{\mathrm{T}} \boldsymbol{R}_e J^u \mathrm{d}V\right] \delta \boldsymbol{q}_e^u + (\boldsymbol{q}_e^u)^{\mathrm{T}} \cdot \left[\int_{V_{M,e}} \boldsymbol{F}_e^{\mathrm{T}} c \boldsymbol{F}_e J^u \mathrm{d}V\right] \delta \boldsymbol{q}_e^u \right)$$

$$= \sum_{e=1}^{N_s^M} \left[\int_{\partial V_s^{M,e}} \boldsymbol{N}^{u\ \mathrm{T}} \cdot \boldsymbol{t}_s^u J_s^u \mathrm{d}\partial V\right] \delta \boldsymbol{q}_{e,s}^u \tag{6-42}$$

注意到方程中需要求解的变量为 $\boldsymbol{q}_e^A$ 和 $\boldsymbol{q}_e^u$，对方程(6－42)中的积分变量进行符号定义如下：

$$\begin{aligned}
&\boldsymbol{k}^A = \int_{V_{B,e}} \boldsymbol{R}_e^{\mathrm{T}} \boldsymbol{a}\, \boldsymbol{R}_e J^A \mathrm{d}V, \quad \boldsymbol{k}^{u,A} = \int_{V_{B,e}} \boldsymbol{F}_e^{\mathrm{T}} \boldsymbol{b}\, \boldsymbol{R}_e J^A \mathrm{d}V,\\
&\boldsymbol{c}^A = \int_{V_{B,e}} \boldsymbol{N}^{A^{\mathrm{T}}} \boldsymbol{\sigma}_e \boldsymbol{N}^A J^A \mathrm{d}V, \quad \boldsymbol{f}^{J,A} = \int_{V_{B,e}} \boldsymbol{N}^{A^{\mathrm{T}}} \boldsymbol{J}_s J^A \mathrm{d}V,\\
&\boldsymbol{f}^{s,A} = \int_{\partial V_s^{B.e}} \boldsymbol{N}^{A^{\mathrm{T}}} \boldsymbol{H}_T J_s^A \mathrm{d}\partial V, \quad \boldsymbol{m}^u = \int_{V_{M,e}} \boldsymbol{N}^{u^{\mathrm{T}}} \rho\, \boldsymbol{N}^u J^u \mathrm{d}V,\\
&\boldsymbol{c}^u = \int_{V_{M,e}} \boldsymbol{N}^{u\mathrm{T}} c\, \boldsymbol{N}^u J^u \mathrm{d}V, \quad \boldsymbol{k}^u = \int_{V_{M,e}} \boldsymbol{F}_e^{\mathrm{T}} \boldsymbol{c}\, \boldsymbol{F}_e J^u \mathrm{d}V,\\
&\boldsymbol{f}^{s,u} = \int_{\partial V_s^{M,e}} \boldsymbol{N}^{u\mathrm{T}} \cdot \boldsymbol{t}_s^u J_s^u \mathrm{d}\partial V
\end{aligned} \tag{6-43}$$

将式(6－43)代入式(6－42)，得到：

$$\begin{aligned}
&\sum_{e=1}^{N^H} \left(\boldsymbol{k}^A \boldsymbol{q}_e^A \delta \boldsymbol{q}_e^A + \boldsymbol{k}^{u,A} \boldsymbol{q}_e^u \delta \boldsymbol{q}_e^A + \boldsymbol{c}^A \frac{\partial \boldsymbol{q}_e^A}{\partial t} \delta \boldsymbol{q}_e^A \right) = \sum_{e=1}^{N^H} \boldsymbol{f}^{J,A} \delta \boldsymbol{q}_e^A + \sum_{e=1}^{N_s^H} \boldsymbol{f}^{s,A} \delta \boldsymbol{q}_{e,s}^A\\
&\sum_{e=1}^{N^M} \left(\boldsymbol{m}^u \frac{\partial^2 \boldsymbol{q}_e^u}{\partial t^2} \delta \boldsymbol{q}_e^u + \boldsymbol{c}^u \frac{\partial \boldsymbol{q}_e^u}{\partial t} \delta \boldsymbol{q}_e^u + \boldsymbol{k}^{u,A} \boldsymbol{q}_e^A \delta \boldsymbol{q}_e^u + \boldsymbol{k}^u \boldsymbol{q}_e^u \delta \boldsymbol{q}_e^u \right) = \sum_{e=1}^{N_s^M} \boldsymbol{f}^{s,u} \delta \boldsymbol{q}_{e,s}^u
\end{aligned} \tag{6-44}$$

利用变分原理对方程(6－44)进行重组，以矩阵的形式进行表达，得到：

$$\begin{bmatrix} \mathbf{0} & \mathbf{0} \\ \mathbf{0} & \boldsymbol{m}^{u} \end{bmatrix}\begin{bmatrix} \ddot{\boldsymbol{q}}_e^A \\ \ddot{\boldsymbol{q}}_e^u \end{bmatrix}+\begin{bmatrix} \boldsymbol{c}^A & \mathbf{0} \\ \mathbf{0} & \boldsymbol{c}^{u} \end{bmatrix}\begin{bmatrix} \dot{\boldsymbol{q}}_e^A \\ \dot{\boldsymbol{q}}_e^u \end{bmatrix}+\begin{bmatrix} \boldsymbol{k}^A & \boldsymbol{k}^{uA} \\ \boldsymbol{k}^{uA} & \boldsymbol{k}^{u} \end{bmatrix}\begin{bmatrix} \boldsymbol{q}_e^A \\ \boldsymbol{q}_e^u \end{bmatrix}=\begin{bmatrix} \boldsymbol{f}^{J,A}+\boldsymbol{f}^{s,A} \\ \boldsymbol{f}^{s,u} \end{bmatrix} \tag{6-45}$$

可以看到，方程中质量矩阵为奇异阵，由于所考虑的频率范围不需要对电磁方程的波动方程进行计算，所以，矢量磁动势的二阶时间导数项为零。磁场变量和机械变量在刚度矩阵中得到耦合，方程的右端为外界驱动电流密度、系统外界牵引力以及边界条件共同作用的矢量和。观察符号定义式(6-43)，可以看到系统质量矩阵、阻尼矩阵以及刚度矩阵为磁-机耦合模型参数 $\boldsymbol{a}$、$\boldsymbol{b}$、$\boldsymbol{c}$ 与坐标变换矩阵在有限单元上的体积积分，从而在有限元方程(6-45)中体现了 Galfenol 智能器件在三维空间上的磁-机耦合效应。

在本书的第 3 章，研究了增量形式的 Galfenol 合金本征非线性模型求解方法，为了能够将该模型应用于方程(6-45)，我们将方程(6-38)改写成增量的形式：

$$\begin{bmatrix} \Delta \boldsymbol{H} \\ \Delta \boldsymbol{\sigma} \end{bmatrix}=\begin{bmatrix} \boldsymbol{\mu}^{\sigma} & \boldsymbol{d} \\ \boldsymbol{d}^{T} & \boldsymbol{s}^{H} \end{bmatrix}^{-1}\begin{bmatrix} \Delta \boldsymbol{B} \\ \Delta \boldsymbol{S} \end{bmatrix} \tag{6-46}$$

设 Galfenol 合金中总的应变为 $\boldsymbol{S}_G=\boldsymbol{\sigma}/E_G+\boldsymbol{S}$，$E_G$ 为 Galfenol 合金的弹性模量，注意到方程(6-37)中磁感应强度 $\boldsymbol{B}$ 和机械应变 $\boldsymbol{S_G}$ 分别是磁场强度 $\boldsymbol{H}$ 和机械应力 $\boldsymbol{\sigma}$ 的二元函数，即

$$\begin{aligned} \boldsymbol{B} &= \boldsymbol{B}(\boldsymbol{H},\boldsymbol{\sigma}) \\ \boldsymbol{S}_G &= \boldsymbol{S}(\boldsymbol{H},\boldsymbol{\sigma}) \end{aligned} \tag{6-47}$$

所以，$\boldsymbol{B}$ 和 $\boldsymbol{S}_G$ 的增量可以利用二元函数的偏导数的形式进行表示：

$$\begin{bmatrix} \Delta \boldsymbol{B} \\ \Delta \boldsymbol{S}_G \end{bmatrix}=\begin{bmatrix} \dfrac{\partial \boldsymbol{B}}{\partial \boldsymbol{H}} & \dfrac{\partial \boldsymbol{B}}{\partial \boldsymbol{\sigma}} \\ \dfrac{\partial \boldsymbol{S}}{\partial \boldsymbol{H}} & \dfrac{\partial \boldsymbol{S}}{\partial \boldsymbol{\sigma}} \end{bmatrix}\begin{bmatrix} \Delta \boldsymbol{H} \\ \Delta \boldsymbol{\sigma} \end{bmatrix} \tag{6-48}$$

方程(6-39)中的系数矩阵与偏导数矩阵的关系可以表示为

$$\begin{bmatrix} \boldsymbol{a} & \boldsymbol{b} \\ \boldsymbol{b}^{\mathrm{T}} & \boldsymbol{c} \end{bmatrix} = \begin{bmatrix} \dfrac{\partial \boldsymbol{B}}{\partial \boldsymbol{H}} & \dfrac{\partial \boldsymbol{B}}{\partial \boldsymbol{\sigma}} \\ \dfrac{\partial \boldsymbol{S}}{\partial \boldsymbol{H}} & \dfrac{\partial \boldsymbol{S}}{\partial \boldsymbol{\sigma}} \end{bmatrix}^{-1} \tag{6-49}$$

可以看到，系数矩阵需要求解二元函数分别对 $\boldsymbol{H}$ 和 $\boldsymbol{\sigma}$ 的导数，根据磁感应强度的定义，可以得到：

$$\boldsymbol{B} = \mu_0(\boldsymbol{H} + \boldsymbol{M}) \tag{6-50}$$

式中：μ_0 为真空磁导率；$\boldsymbol{M}$ 为磁化强度，是应力和磁场强度的函数，由于 $\boldsymbol{H}$ 和 $\boldsymbol{\sigma}$ 都是矢量，方程(6-49)中计算偏导数时需要对矢量中每个元素分别进行求导，设 $\boldsymbol{H}$ 和 $\boldsymbol{\sigma}$ 的分量分别用 H_i 和 σ_i 进行表示，则偏导数可以表示为

$$\begin{aligned} \frac{\partial \boldsymbol{B}}{\partial H_i} &= \mu_0\left(\frac{\partial \boldsymbol{H}}{\partial H_i} + \frac{\partial \boldsymbol{M}}{\partial H_i}\right) \\ \frac{\partial \boldsymbol{B}}{\partial \sigma_i} &= \mu_0 \frac{\partial \boldsymbol{M}}{\partial \sigma_i} \end{aligned} \tag{6-51}$$

从第 3 章中的研究知道，合金的全局磁化强度 $\boldsymbol{M}$ 和磁致伸缩应变 $\boldsymbol{S}$ 可以表示成各个方向磁化强度 $M_s\boldsymbol{m}^k$ 和应变 $\boldsymbol{S}_m^k$ 与体积系数 ξ^k 进行权重以后的线性叠加，所以，磁化强度 $\boldsymbol{M}$ 和 Galfenol 合金中总应变 $\boldsymbol{S}_G$ 的偏导数可以表示为

$$\begin{aligned} \frac{\partial \boldsymbol{M}}{\partial H_i} &= \sum_{k=1}^{r} M_s\left(\frac{\partial \boldsymbol{m}^k}{\partial H_i}\xi^k + \boldsymbol{m}^k \frac{\partial \xi^k}{\partial H_i}\right) \\ \frac{\partial \boldsymbol{M}}{\partial \sigma_i} &= \sum_{k=1}^{r} M_s\left(\frac{\partial \boldsymbol{m}^k}{\partial \sigma_i}\xi^k + \boldsymbol{m}^k \frac{\partial \xi^k}{\partial \sigma_i}\right) \\ \frac{\partial \boldsymbol{S}}{\partial H_i} &= \sum_{k=1}^{r} M_s\left(\frac{\partial \boldsymbol{S}_m^k}{\partial H_i}\xi^k + \boldsymbol{S}_m^k \frac{\partial \xi^k}{\partial H_i}\right) \\ \frac{\partial \boldsymbol{S}}{\partial \sigma_i} &= \frac{1}{E_g}\frac{\partial \boldsymbol{\sigma}}{\partial \sigma_i} + \sum_{k=1}^{r} M_s\left(\frac{\partial \boldsymbol{S}_m^k}{\partial \sigma_i}\xi^k + \boldsymbol{S}_m^k \frac{\partial \xi^k}{\partial \sigma_i}\right) \end{aligned} \tag{6-52}$$

式中：$\boldsymbol{m}^k$ 为合金的磁化方向；ξ^k 为不同取向粒子的体积分数。方程(6-52)中的关于 $\boldsymbol{m}^k$ 和 ξ^k 的偏导数可以计算为

$$
\begin{aligned}
\frac{\partial \boldsymbol{m}^k}{\partial H_i} &= (\boldsymbol{\Psi}^k)^{-1}\left[\frac{\partial \boldsymbol{Z}^k}{\partial H_i} + \left(\frac{e^k \cdot (\boldsymbol{\Psi}^k)^{-1}\dfrac{\partial \boldsymbol{Z}^k}{\partial H_i}}{e^k \cdot (\boldsymbol{\Psi}^k)^{-1} e^k}\right) e^k\right], \\
\frac{\partial \boldsymbol{m}^k}{\partial \sigma_i} &= -(\boldsymbol{\Psi}^k)^{-1}\left(\frac{\partial \boldsymbol{\Psi}^k}{\partial \sigma_i}\right)(\boldsymbol{\Psi}^k)^{-1}\left[\boldsymbol{Z}^k + \frac{1 - e^k \cdot \boldsymbol{\Psi}^{k-1} \boldsymbol{Z}^k}{e^k \cdot \boldsymbol{\Psi}^{k-1} e^k} e^k\right] + \\
&\quad (\boldsymbol{\Psi}^k)^{-1}\left[\left(\frac{e^k \cdot (\boldsymbol{\Psi}^k)^{-1}\dfrac{\partial \boldsymbol{\Psi}^k}{\partial \sigma_i}\boldsymbol{m}^k}{e^k \cdot (\boldsymbol{\Psi}^k)^{-1} e^k}\right) e^k\right], \\
\frac{\partial \xi^k}{\partial H_i} &= \frac{\xi^k}{\Omega}\left[\frac{\sum_{j=1}^{r} e^{-(E_j^k/\Omega)}\left(\dfrac{\partial E_j^k}{\partial H_i}\right)}{\sum_{j=1}^{r} e^{-(E_j^k/\Omega)}} - \frac{\partial E_j^k}{\partial H_i}\right], \\
\frac{\partial \xi^k}{\partial \sigma_i} &= \frac{\xi^k}{\Omega}\left[\frac{\sum_{j=1}^{r} e^{-(E_j^k/\Omega)}\left(\dfrac{\partial E_j^k}{\partial \sigma_i}\right)}{\sum_{j=1}^{r} e^{-(E_j^k/\Omega)}} - \frac{\partial E_j^k}{\partial \sigma_i}\right]
\end{aligned}
\tag{6-53}
$$

式中,能量公式 E^k 通过公式(3－71)进行计算,单个 Stoner-Wohlfarth 粒子的应变向量 $\boldsymbol{S}_m^k$ 在方程(3-70)中进行了定义,其偏导数可以对式(3－70)每个元素逐一进行求导得到。

至此,可以得到增量形式的 Galfenol 智能器件三维磁-机全耦合非线性模型,由于采用了增量形式进行表达,在模型求解过程中需要对系数矩阵(6－49)进行更新迭代,系数的更新过程在 Matlab 脚本文件中进行实现,当得到一个增量形式的系数矩阵以后,将系数代入到有限元方程(6－45)中,利用 COMSOL 软件对模型进行求解,同时将得到的结果返回脚本文件,进行下一次的参数更新,从而进行下一次的计算,系统边界条件在 COMSOL 软件中进行设定。

6.2　模型求解及实验测试

6.2.1　模型求解

为更好阐述系统有限元方程(6－45)和系数矩阵(6－49)的求解过程,本节仍以 Galfenol 智能悬臂梁为例,描述耦合方程的求解过程和方法。系统几何模型如图 6-2 所示,其中驱动磁路为 U 形叠片线圈,悬臂梁通过铝制楔子固定于驱动磁路的一端,另一端为自由状态。为对模型进行简化,图 6-2 中并未对智能悬臂梁以及驱动磁路的外围系统进行建模,由于系统的外围结构采用非导磁材料进行设计,对驱动磁路不产生影响。悬臂梁边界条件可以通过对固定楔子施加约束条件实现。图 6-2 中的中空立方体结构为驱动线圈,驱动线圈依次串联连接, 通过 Galfenol 合金以及空气间隙形成驱动磁路。

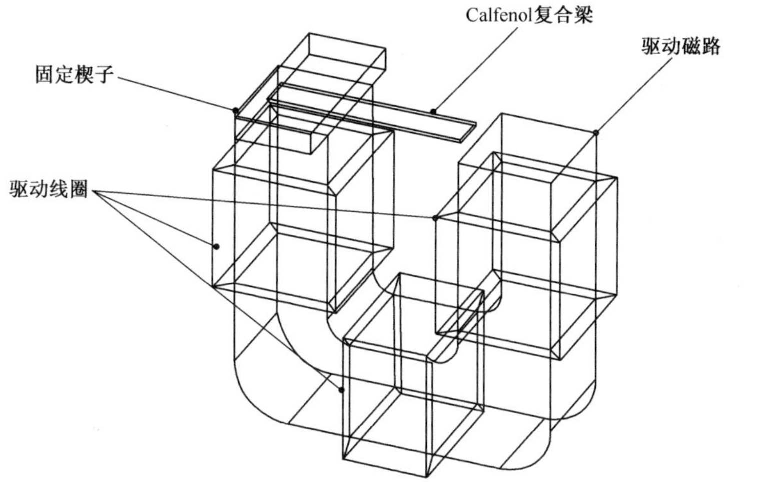

图 6-2　Galfenol 智能悬臂梁系统几何模型

利用 COMSOL 磁-机耦合模块对模型进行求解,设需要求解的机械变量为位移矢量 $[uX \quad uY \quad uZ]$,磁场变量为磁动势矢量

[*AX*　*AY*　*AZ*]，机械应变 ***S*** 和磁感应强度矢量 ***B*** 需要表示成自变量的函数，在 COMSOL 中设置表达式，如表 6-1 所列。

表 6-1 中 *X*、*Y* 和 *Z* 分别表示三维空间中的坐标，机械应变 ***S*** 有六个分量，磁感应强度矢量 ***B*** 包含三个分量。

表 6-1　机械应变和磁感应强度表达式

名称	表达式	名称	表达式
SXX	uXx	SXZ	uXz+uZx
SYY	uYy	BX	AZy-AYz
SZZ	uZz	BY	AXz-AZx
SXY	uXy+uYx	BZ	AYx-AXy
SYZ	uYz+uZy		

求解过程中需要用到的模型参数如表 6-2 所列，表中只列出了模型求解中通用的材料属性以及常量参数，在模型实际求解过程中，需要增加驱动信号所涉及的参数，比如驱动电压信号的大小，驱动频率以及波形函数等参数。

表 6-2　模型求解参数

变量名	变量取值	变量物理含义
mu0	4 * pi * 1e-7	真空磁导率
muS	10e3 * mu0	不锈钢磁导率
ES	200e9	不锈钢弹性模量
vS	0. 3	不锈钢泊松比
AW	0. 13e-6	驱动导线的横截面积
sigCu	59. 6e6	铜的导电系数
sigC	sigCu	驱动线圈的有效电导率
sigS	sigC * 0. 1	不锈钢的导电系数
sigB	sigC * 0. 28	黄铜的导电系数
sigG	sigS	Galfenol 合金的导电系数
rhoS	7860	不锈钢质量密度
rhoG	7870	Galfenol 合金质量系数
rhoB	8400	黄铜质量系数

方程(6-48)中采用了增量形式对 Galfenol 合金本征非线性模型进行了表达，便于对系数矩阵(6-49)进行更新迭代，模型的求解思路为：设定驱动磁场和应力的增量初始值，求解模型，得到新的应力和磁场强度，对系数矩阵进行更新，进行下一次模型求解，具体流程如表 6-3 所列。

表 6-3　模型求解流程

(1)定义输入波形函数，初始化变量以及变量增量，$\boldsymbol{H}=0, \boldsymbol{\sigma}=0, \Delta\boldsymbol{B}=0, \Delta\boldsymbol{S}=0, \Delta\boldsymbol{A}=0, \Delta\boldsymbol{u}=0$；
(2)根据方程(6-49)，在 $\boldsymbol{H}$ 和 $\boldsymbol{\sigma}$ 的基础上计算系数矩阵；
(3)根据输入波形函数，求解驱动电流密度的增量 ΔJ_s；
(4)在系数矩阵和 ΔJ_s 的基础上，计算式(6-43)中的矩阵变量；
(5)求解有限元方程(6-45)，得到增量形式的磁动势矢量以及位移矢量 $\Delta\boldsymbol{A}, \Delta\boldsymbol{u}$；
(6)$\Delta\boldsymbol{S}=\nabla\times(\Delta\boldsymbol{u})$，$\Delta\boldsymbol{B}=\nabla\times(\Delta\boldsymbol{A})$；
(7)计算磁场和应力增量，$\Delta\boldsymbol{H}=\boldsymbol{a}\Delta\boldsymbol{B}+\boldsymbol{b}\Delta\boldsymbol{S}, \Delta\boldsymbol{\sigma}=\boldsymbol{b}^{\mathrm{T}}\Delta\boldsymbol{B}+c\Delta\boldsymbol{S}$；
(8)计算总的磁场强度和机械应力，$\boldsymbol{H}_{k+1}=\boldsymbol{H}_k+\Delta\boldsymbol{H}, \boldsymbol{\sigma}_{k+1}=\boldsymbol{\sigma}_k+\Delta\boldsymbol{\sigma}$；
(9)在 $\boldsymbol{H}_{k+1}$ 和 $\boldsymbol{\sigma}_{k+1}$ 的基础上，返回步骤(2)，重新进行下一次计算，直至波形函数结束

在具体实现过程中，将几何模型图 6-2 保存为 Matlab 脚本文件，波形函数的编辑以及初始值的设定在脚本文件中完成，待所有参数完成设定和更新以后，方程(6-45)的求解在 COMSOL 软件中完成，随后将结果反馈回脚本文件，进行下一次参数的更新迭代。

关于模型中边界条件的设定，由于 Galfenol 智能悬臂梁在主动振动过程中无外界机械负载，所以，方程(6-43)中的牵引力积分项为零。当研究 Galfenol 合金的传感效应时，则需要对该积分项进行设置。对于磁场空间域，设定整个空气空间边界上的磁动势为零，对于悬臂梁的机械约束，则设置图 6-2 中的固定楔子位移矢量为零。

6.2.2　仿真结果及实验测试

首先对几何模型划分网格，如图 6-3 所示，图中悬臂梁结构以及固定楔子端网格划分密集,可以更好反映悬臂梁的响应;U 形磁路以及驱动线圈为对称结构,体积相对较大,划分网格相对稀疏,可以减少模型求解过程中的单元个数和自由度总数,提高运算效率。

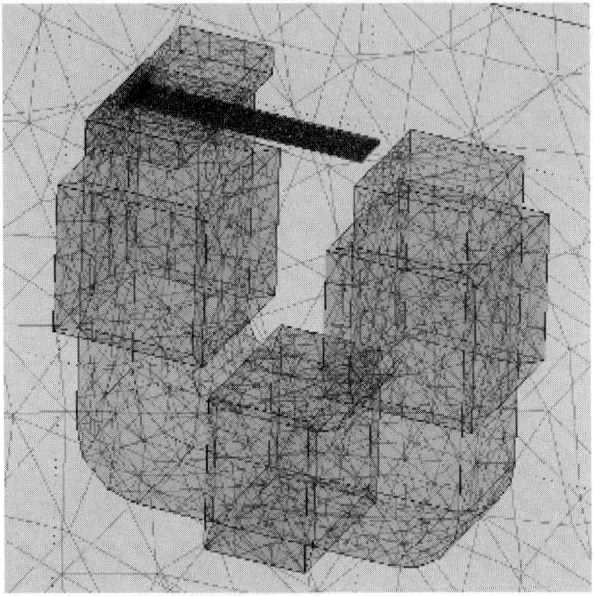

图 6-3 Galfenol 智能悬臂梁三维网格划分

首先,采用非周期信号对悬臂梁系统进行驱动,驱动波形为阶跃信号,系统采样周期设置为 10kHz,按照表 6-3 中的流程对模型进行求解,实验结果如图 6-4 和图 6-5 所示。由于驱动信号为阶跃电压信号,图 6-4 将驱动电压信号产生的电流进行了对比,可以看到模型计算的电流与实际检测电流基本重合。如果将驱动线圈看作电感负载,忽略驱动线圈中的寄生电容效应,驱动电路事实上可以等效为一阶电路,为惯性环节,模型计算结果以及实际测量结果很好地反映了这一点。

图 6-5 中将模型计算的悬臂梁挠度和实际测量值进行了比较,可以看到,悬臂梁挠度在增大过程中出现周期性波动,这是由于柔性系统的次谐波振动造成的,事实上悬臂梁为连续系统,在阶跃响应中会出现

多种振动模态,从而出现图 6-5 中的周期性波动现象,所建立的模型有效地捕捉到了智能悬臂梁的这一种振动特征。

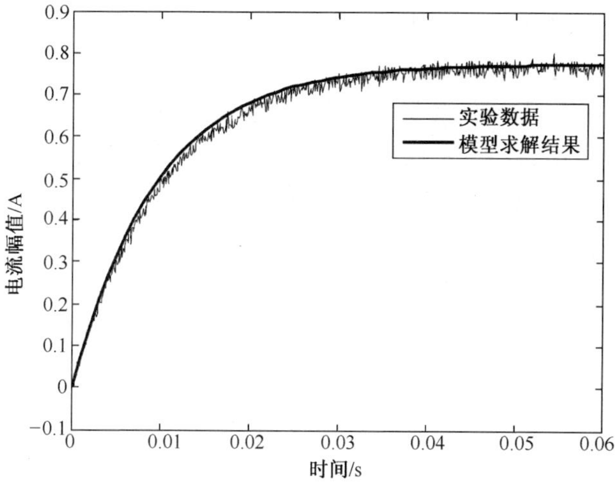

图 6-4　阶跃信号驱动时模型计算电流结果与实验数据对比

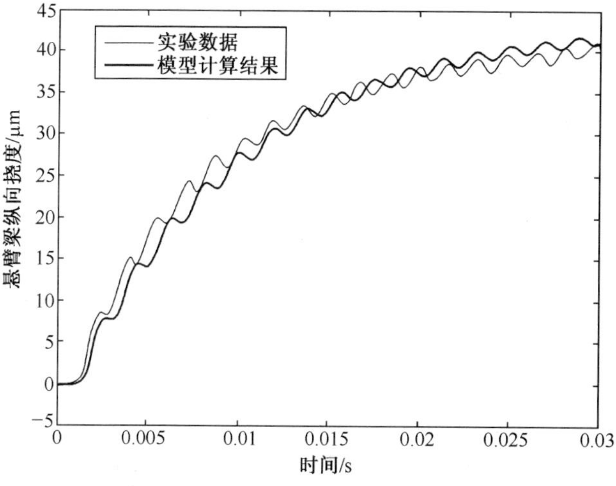

图 6-5　阶跃信号驱动时模型计算悬臂梁纵向挠度与实验数据对比

利用周期信号对模型进行驱动的实验结果如图 6-6 所示,其中波形函数为 2Hz 正弦信号。从实验数据可以看到,实验曲线分为死区部分、线性区间和饱和区间三部分,这是由于 Galfenol 合金本身磁滞和饱和非线性存在的原因。线性区间出现在驱动电流为 0.9A 左右;当驱动电流超过 2A 时,曲线开始出现饱和非线性。由于采用了方程(2-7)对体积分数 ξ^k 进行计算,所得到的 ξ^k 为无磁滞体积分数 ξ^k_{an} ,从图 6-6可以看出,模型计算结果中无磁滞出现,模型预测的非线性饱和区和死区与实验数据吻合程度好。

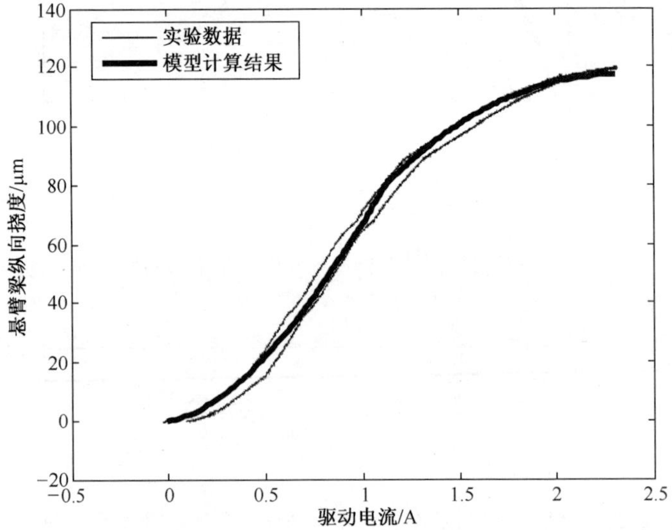

图 6-6　周期信号驱动时模型计算悬臂梁纵向挠度与实验数据对比

选取图 6-6 中驱动电流的一个采样点,分析此时刻悬臂梁系统中磁路的磁场变量分布情况,其结果如图 6-7 所示,图中显示了磁感应强度 $\boldsymbol{B}$ 的绝对值 $\|\boldsymbol{B}\| = \sqrt{BX^2 + BY^2 + BZ^2}$ 沿 z 轴方向的分布,显示结果为切片分布,切片位置为 Galfenol 合金层厚度方向的中间面。从图 6-6 中可以观察到,磁感应强度最大的位置出现在与悬臂梁固定端靠近的一侧,悬臂梁自由端的磁感应强度非常小,这是由于磁路中空气间隙存在的原因;由于切片位置位于 Galfenol 合金层的中间面,所以,

图 6－7 中其他的面积为空气,磁感应强度最小。事实上,通过比较悬臂梁的固定部分和自由部分我们还可以发现,处于固定部分的 Galfenol 合金,其磁感应强度很小,磁感应强度高的地方出现在悬臂梁的自由部分,这是由于磁力线路径最优的原理决定的:由方程(6－2) 知道,磁感应强度 $\boldsymbol{B}$ 的散度为零,磁感应强度为无源闭合场,磁力线在空间分布中倾向于寻求最优路径进行闭合,所以,磁力线在 U 形叠片磁路中由下而上进行分布时,当达到接近悬臂梁的位置时,磁力线开始脱离叠片磁路,进入悬臂梁一侧的空气中,由于 Galfenol 合金的磁导率高于空气,所以,磁力线开始在 Galfenol 合金中重新聚集,形成彩图 6－7 中磁感应强度高的部分。之后随着悬臂梁自由部分周围空气的影响,Galfenol 合金中的磁感应强度逐渐减弱,形成图 6－7 中的分布。

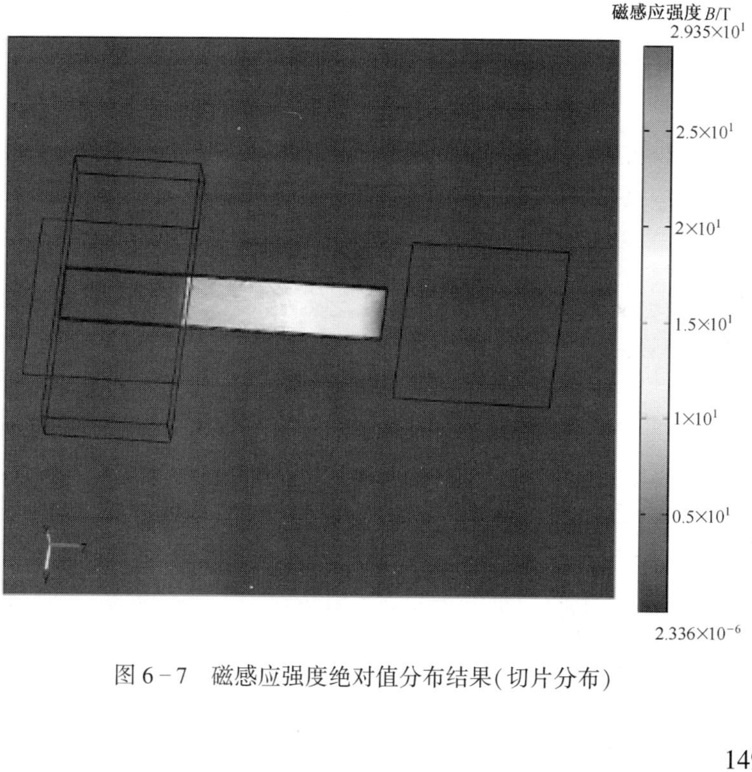

图 6－7　磁感应强度绝对值分布结果(切片分布)

智能悬臂梁 z 轴方向的应变以及三维空间中的主动形变结果分别如图 6-8 和图 6-9 所示。注意到几何模型中规定的 z 轴方向为悬臂梁长度方向,图 6-8 中显示的为悬臂梁伸长应变,可以看到,悬臂梁靠近固定端一侧的应变量最大,其分布规律与图 6-7 中磁感应强度的分布类似。由方程(6-37)知道,悬臂梁中 Galfenol 合金的应变量为磁致伸缩应变和悬臂梁弯曲引起的弹性应变之和,磁致伸缩应变越大,则该位置的总应变量越高,由于 Galfenol 合金的磁致伸缩应变依赖于磁感应强度的大小,这解释了为什么彩图 6-8 和彩图 6-7 中变量存在着类似的分布规律。

彩图 6-9 显示的为智能悬臂梁三维主动弯曲形变计算结果,其中规定向上为 x 轴正方向,所以,图中出现的形变量均为负值,蓝色代表形变量最大,事实上,当悬臂梁弯曲曲率一定时,悬臂梁的长度越大,弯曲形变值越大,这与图 6-9 中显示的计算结果相一致。

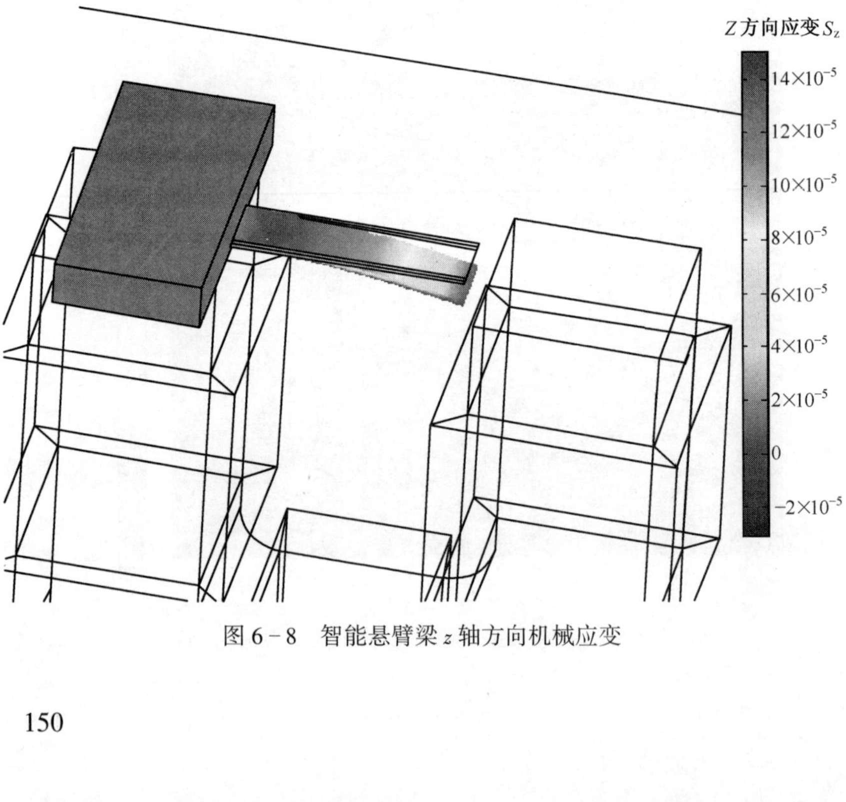

图 6-8　智能悬臂梁 z 轴方向机械应变

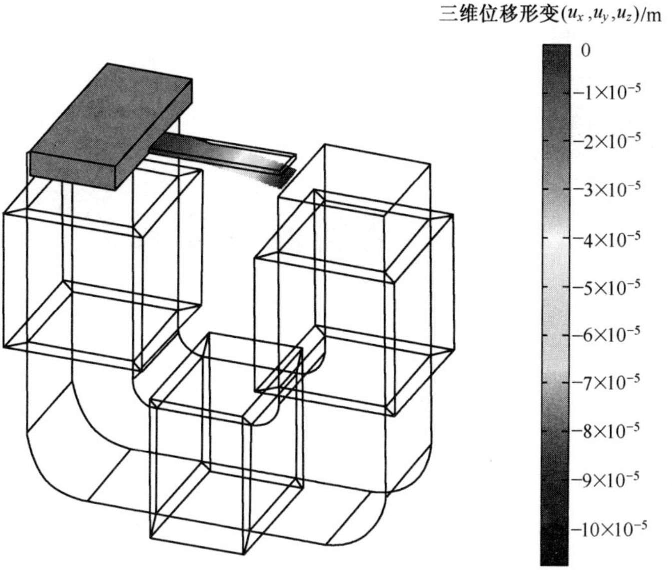

图 6-9　智能悬臂梁三维主动弯曲形变

第7章

Galfenol驱动器控制技术

从本书第3章和第5章的论述中可以看到,对于外界施加的磁场或者应力,Galfenol 合金以及与 Galfenol 合金耦合的悬臂梁结构的输出存在磁滞非线性和磁饱和非线性,此外,当系统驱动频率为动态频率时,磁路中出现的涡流损耗会改变磁路中磁场的分布,由于 Galfenol 合金的磁致伸缩应变与驱动磁场非线性耦合,磁场分布的改变从而使 Galfenol 合金的动态响应也发生改变,使得整体上造成 Galfenol 合金磁致伸缩应变对于动态驱动频率的依赖性,给材料及其器件的实际应用带来困难。

开环前馈补偿控制[48,57,135-137]是一种解决此类磁滞非线性问题的有效方法,前馈补偿器通过对磁滞非线性模型进行求逆得到,当补偿器与实际系统进行串联以后,可以对非线性系统进行近似线性化处理。逆模型的获得,通常是利用数值计算的方法,对本征非线性模型进行求逆,例如对均质能量模型[135,136]、Preisach 模型[48,57,137]、Jiles - Atherton 模型[138]进行求逆,如果所建立的非线性模型可以比较准确地描述系统的动力学响应,则基于逆模型的前馈补偿控制可以较好地实现对装置的线性化,达到理想的控制效果。然而,Galfenol 合金的磁致伸缩应变不仅取决于驱动磁场和内部应力的大小,对输入信号的频率也具有依赖性,要完整准确地描述 Galfenol 合金及其装置的动力学响应十分困难,并且,由于采用了数值计算的方法对本征非线性模型进行求逆,计算量大并且计算时间长,限制了此类方法在高频领域的应用需求[139]。

为了解决上述应用中出现的问题,研究者们开始寻求逆模型之外的控制方法,Oates 和 Smith[139]提出了一种非线性最优控制方法,控制信号通过对一个与模型相关的非线性特征函数进行优化而获得,并且设计了 Kalman 滤波器对系统中无法实际测量的状态变量进行估计,由于 Kalman 滤波器的估计值对模型参数的依赖性很大,如果系统实际参数值具有频率相关性,当驱动频率发生变化时,如果不改变相应的滤波器参数,状态估计值会出现较大误差,从而整体上影响控制器的效果。为解决开环控制的不稳定性,Oates 等人[140]提出了一种类似的控制方法,利用离线计算的方法对开环控制的逆补偿器进行了计算,然后将补偿器与 PI 控制进行闭环反馈,由于 PI 闭环控制一定程度上可以抑制系统中出现的不确定性和不稳定噪声,控制效果得到一定程度的改善。Chen 等人[141]针对系统中的磁滞,研究了一种一维的自适应控制方法,控制器参数可以进行在线自适应识别,仿真结果表明,如果选取合适的控制器参数,动态跟踪误差可以达到设计者所需要的精度。然而,该方法仅适用于单自由度的一维系统,无法适应多自由度的悬臂梁动力学模型,同时,作者只给出了数值仿真结果,并没有对算法进行物理实验验证。

滑模变结构控制是另外一种被广泛应用在磁滞非线性系统里面的控制方法,Panusittikorn 和 Ro[142]开发了一种基于健壮滑模变结构的磁致伸缩机床伺服系统控制器,系统模型采用了单自由度的二阶传递函数模型,作者对伺服系统的控制效果进行了实验研究并对实验结果进行了讨论,但是实验结果并没有对高频驱动信号进行研究。Liaw[143]、Hwang[144]、Xu 和 Abidi[145]则利用滑模变结构控制对压电换能器中的控制方法进行了研究,滑模面函数通过动态跟踪误差进行定义,通过迫使系统在滑模面上运行的方法达到动态跟踪控制的目的。为了对不可测量的状态变量进行估计,Hwang 等人[144]、Xu 和 Abidi[145]分别通过不同方法构建状态观测器对未知状态变量和扰动进行观测,其中系统中的结构动力学部分同样按照二阶传递函数进行建模,无法实现对多自由度系统的控制;Liaw 等人[143]提出了一种改进型的滑模变结构控制方法,该方法考虑了压电材料的磁滞非线性,以及由磁滞非线性引起的模型参数不确定性,然而该方法假设系统中的不确定性边界值为已知,在边界值已知的基础上对控制器进行设计,事实上,边界值取决于系统的驱动频率,而且由于涡流损耗的存在,磁致驱动系统中的不确定性边界值还取决于具体的磁路结构,当驱动频率相同时,磁路结构不同的系统中,参数的不确定性同样会发生变化。

本章选取Galfenol智能悬臂梁为控制对象,主要论述动态条件下多自由度模型的滑模变结构控制问题,滑模面函数通过多自由度有限元模型进行定义,并通过遗传算法对磁滞非线性引起的参数不确定性进行辨识,在此基础上对Galfenol悬臂梁进行动态跟踪控制,并对驱动频率为30~400Hz的实验结果进行分析和讨论。

7.1 多自由度动力学模型

7.1.1 有限元模型

本书第5章建立了基于有限元方法的磁-机全耦合非线性动力学模型,模型通过矩阵的形式表达了悬臂梁连续系统中的磁-机耦合非线性,可以求解不同离散点多个自由度的动力学响应。为了实现对多自由度系统的滑模变结构控制,需要对式(5-23)中的本征非线性模型进行简化。采用线性压磁系数对磁致伸缩应变建模,其中磁场强度H的大小与驱动电流成正比,见公式(4-27)。

则方程(5-23)可以进一步简化为

$$\begin{bmatrix} \boldsymbol{m}_e^u & \boldsymbol{0} \\ \boldsymbol{0} & \boldsymbol{m}_e^v \end{bmatrix}\begin{bmatrix} \ddot{\boldsymbol{q}}_e^u \\ \ddot{\boldsymbol{q}}_e^v \end{bmatrix}+\tilde{c}\begin{bmatrix} \bar{\boldsymbol{c}}_e^u & \boldsymbol{0} \\ \boldsymbol{0} & \bar{\boldsymbol{c}}_e^v \end{bmatrix}\begin{bmatrix} \dot{\boldsymbol{q}}_e^u \\ \dot{\boldsymbol{q}}_e^v \end{bmatrix}+\begin{bmatrix} \boldsymbol{k}_e^u & -(\boldsymbol{k}^{uv})^{\mathrm{T}} \\ -(\boldsymbol{k}^{uv}) & \boldsymbol{k}_e^v \end{bmatrix}\begin{bmatrix} \boldsymbol{q}_e^u \\ \boldsymbol{q}_e^v \end{bmatrix}=\tilde{d}\begin{bmatrix} \bar{\boldsymbol{f}}_e^{\lambda,u} \\ -\bar{\boldsymbol{f}}_e^{\lambda,v} \end{bmatrix} \tag{7-1}$$

即

$$[\boldsymbol{M}]\{\ddot{\boldsymbol{Q}}^{uv}\}+\tilde{c}[\boldsymbol{C}]\{\dot{\boldsymbol{Q}}^{uv}\}+[\boldsymbol{K}]\{\boldsymbol{Q}^{uv}\}=\tilde{d}[\tilde{\boldsymbol{F}}] \tag{7-2}$$

式中:$\tilde{c}$为智能悬臂梁黏性阻尼;$\bar{\boldsymbol{c}}_e^u=\dfrac{l_eA}{2}\int_{-1}^{1}\boldsymbol{N}^T\cdot\boldsymbol{N}\mathrm{d}\xi$;$\bar{\boldsymbol{c}}_e^v=\dfrac{l_eA}{2}\int_{-1}^{1}\boldsymbol{H}^T\cdot\boldsymbol{H}\mathrm{d}\xi$;

$\bar{\boldsymbol{f}}_e^u = \dfrac{E_g b l_e N I_c}{2}\int_{-1}^{1}\int_{t_g}\boldsymbol{B}\mathrm{d}z\mathrm{d}\xi$；$\bar{\boldsymbol{f}}_e^v = \dfrac{2E_g bNI_c}{l_e}\int_{-1}^{1}\int_{t_g} z\dfrac{\mathrm{d}^2\boldsymbol{H}}{\mathrm{d}\xi^2}\mathrm{d}z\mathrm{d}\xi$；

$\boldsymbol{C} = \begin{bmatrix} \bar{\boldsymbol{c}}_e^u & \boldsymbol{0} \\ \boldsymbol{0} & \bar{\boldsymbol{c}}_e^v \end{bmatrix}$；$\boldsymbol{F} = \begin{bmatrix} \bar{\boldsymbol{f}}_e^{\lambda,u} \\ -\bar{\boldsymbol{f}}_e^{\lambda,v} \end{bmatrix}$。

由于采用了线性化的方法对系统阻尼和合金磁致伸缩模型进行建模，需要对 $\tilde{d}$ 和 $\tilde{c}$ 的频率相关性进行辨识，从而实现多自由度的频率相关滑模变结构控制。

7.1.2 状态空间模型

如果将智能悬臂梁离散为 n 个单元，则系统节点自由度总数为 $3(n+1)$，为方便控制器实现，将方程(7-2)改写成状态空间模型，定义状态变量

$$\boldsymbol{X}(\boldsymbol{t}) = \begin{bmatrix} \{\boldsymbol{w}\} \\ \{\dot{\boldsymbol{w}}\} \end{bmatrix} = \begin{bmatrix} \boldsymbol{x}_1(\boldsymbol{t}) \\ \boldsymbol{x}_2(\boldsymbol{t}) \end{bmatrix} \tag{7-3}$$

式中：$\boldsymbol{x}_1(\boldsymbol{t}) \in \boldsymbol{R}^{3n\times1}$；$\boldsymbol{x}_2(\boldsymbol{t}) \in \boldsymbol{R}^{3n\times1}$；$\boldsymbol{X}(\boldsymbol{t}) \in \boldsymbol{R}^{6n\times1}$。对方程(7-2)求解 $\{\ddot{\boldsymbol{w}}\}$ 得到：

$$\{\ddot{\boldsymbol{w}}\} = [\boldsymbol{M}]^{-1}[\{\widetilde{\boldsymbol{F}}\}\boldsymbol{I}_c - [\boldsymbol{C}]\{\dot{\boldsymbol{w}}\} - [\boldsymbol{K}]\{\boldsymbol{w}\}] \tag{7-4}$$

所以，方程(7-2)可以表达成状态空间模型：

$$\begin{aligned} \dot{\boldsymbol{X}}(t) &= \boldsymbol{AX}(t) + \boldsymbol{BI}_c \\ y(t) &= \boldsymbol{\Gamma X}(t) \end{aligned} \tag{7-5}$$

式中：$\boldsymbol{A} \in \boldsymbol{R}^{6n\times6n}$，$\boldsymbol{A} = \begin{bmatrix} \boldsymbol{0}_{3n\times3n} & I \\ -[\boldsymbol{M}]^{-1}[\boldsymbol{K}] & -\tilde{c}[\boldsymbol{M}]^{-1}[\boldsymbol{C}] \end{bmatrix}$；$\boldsymbol{B} \in \boldsymbol{R}^{6n\times1}$，$\boldsymbol{B} = \begin{bmatrix} \boldsymbol{0}_{3n\times1} \\ -\tilde{d}[\boldsymbol{M}]^{-1}\boldsymbol{F} \end{bmatrix}$；$y(t) \in R^{1\times1}$；$\boldsymbol{\Gamma} \in \boldsymbol{R}^{1\times6n}$ 为状态输出矩阵，直接决定需要跟踪和控制的状态变量，设系统需要跟踪的状态变量

为第 i 个节点的第 j 个单元分量（$j=1,2,3,4,5,6$），则 $\boldsymbol{\Gamma}$ 可以表示为

$$\boldsymbol{\Gamma}=[\boldsymbol{0}_{1\times6(i-1)} \quad <j-1>^{-1} \quad <j-2>^{-1} \cdots \\ <j-5>^{-1} \quad <j-6>^{-1} \quad \boldsymbol{0}_{1\times6(n-i)}] \tag{7-6}$$

式中：$<\cdot>^{-1}$ 为奇异函数运算，定义为

$$f(x)=\langle x-a\rangle^{-1}=\begin{cases}0, x\neq a\\1, x=a\end{cases} \tag{7-7}$$

方程(7－5)建立了以电流为输入的悬臂梁状态空间模型，由于实际系统的控制信号为电压，所以，需要建立驱动电源模型与方程(7－5)进行耦合。

电源驱动负载为螺线管线圈，其等效电路为电阻与电感串联 LR 电路，系统工作频率低于 1kHz，可以忽略寄生电容对电路的影响，则驱动电源可以表示为一阶系统模型：

$$\frac{\mathrm{d}I_c(t)}{\mathrm{d}t}=-\frac{1}{\tau}I_c(t)+\frac{k_{amp}}{\tau}u(t) \tag{7-8}$$

式中：τ 为时间常数；k_{amp} 为电流增益。时间常数和电流增益可以通过阶跃响应试验进行拟合，设置系统采样频率为 10kHz，试验结果如图 7－1 所示。

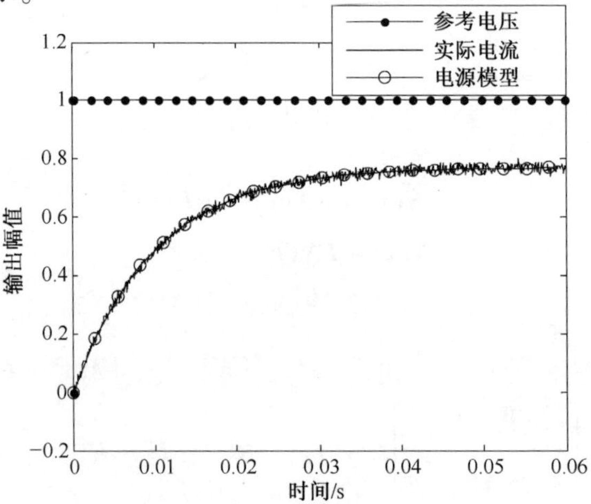

图 7－1　驱动电源阶跃响应曲线

从图 7-1 可以看出,一阶系统模型可以很好描述电源实际输出电流,可以将该模型与悬臂梁状态空间模型进行耦合,定义新状态变量:

$$\boldsymbol{Z}(t)=\begin{bmatrix} z_1(t) \\ z_2(t) \\ z_3(t) \end{bmatrix}=\begin{bmatrix} \boldsymbol{x}_1(t) \\ \boldsymbol{x}_2(t) \\ \boldsymbol{x}_3(t) \end{bmatrix} \tag{7-9}$$

式中:$z_1(t)\in\boldsymbol{R}^{3n\times1}$;$z_2(t)\in\boldsymbol{R}^{3n\times1}$;$z_3(t)\in\boldsymbol{R}^{1\times1}$;$\boldsymbol{Z}(t)\in\boldsymbol{R}^{(6n+1)\times1}$。则方程(7-5)与方程(7-8)的耦合模型可以表示为

$$\begin{aligned} \dot{\boldsymbol{Z}}(t)&=\boldsymbol{HZ}(t)+\boldsymbol{T}u(t) \\ y(t)&=\boldsymbol{PZ}(t) \end{aligned} \tag{7-10}$$

式中:$\boldsymbol{H}\in\boldsymbol{R}^{(6n+1)\times(6n+1)}$;$\boldsymbol{T}\in\boldsymbol{R}^{(6n+1)\times1}$;$\boldsymbol{P}\in\boldsymbol{R}^{1\times(6n+1)}$;

$$\boldsymbol{H}=\begin{bmatrix} \boldsymbol{0} & \boldsymbol{I} & \overbrace{\boldsymbol{0}}^{3n\times1} \\ -\boldsymbol{M}^{-1}\boldsymbol{K} & -\tilde{c}\boldsymbol{M}^{-1}\boldsymbol{C} & \tilde{d}\boldsymbol{M}^{-1}\boldsymbol{F} \\ \underbrace{\boldsymbol{0}}_{1\times3n} & \underbrace{\boldsymbol{0}}_{1\times3n} & \underbrace{-\frac{1}{\tau}}_{1\times1} \end{bmatrix};\ \boldsymbol{T}=\begin{bmatrix} \overbrace{\boldsymbol{0}}^{3n\times1} \\ \overbrace{\boldsymbol{0}}^{3n\times1} \\ \underbrace{\frac{k_{amp}}{\tau}}_{1\times1} \end{bmatrix};\ \boldsymbol{P}=[\overbrace{\boldsymbol{\Gamma}}^{1\times6n}\ \ \overbrace{0}^{1\times1}]。$$

7.2　滑模变结构控制

7.2.1　等效控制

选取 Galfenol 智能悬臂梁挠度为状态跟踪变量,耦合模型结构如图 7-2 所示。从图中可以看出,在状态空间模型结构上,状态变量 $z_1(t)$ 与 $z_2(t)$ 通过 $\boldsymbol{M}$、$\boldsymbol{C}$、$\boldsymbol{K}$ 矩阵直接耦合,$z_3(t)$ 与 $z_1(t)$ 则通过 $z_2(t)$ 在结构上进行耦合,这样在求解控制信号时会产生零矩阵,从而无法求取控制信号。

事实上,设滑模面函数为

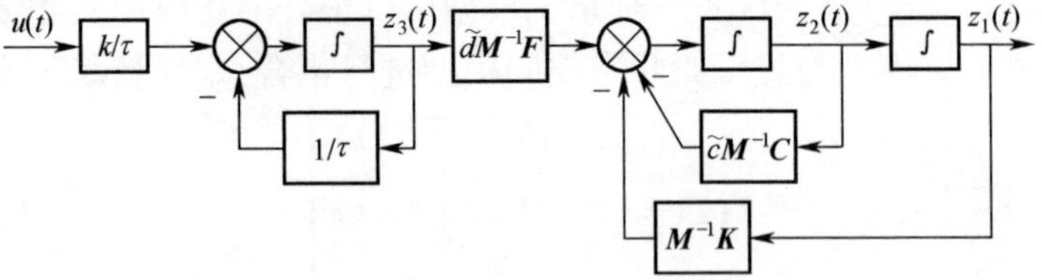

图 7-2　耦合模型结构框图

$$
\begin{aligned}
s(t) &= g_1 e(t) + g_2 \dot{e}(t) = [g_1 \quad g_2] \begin{bmatrix} r(t) - y(t) \\ \dot{r}(t) - \dot{y}(t) \end{bmatrix} \\
&= [g_1 \quad g_2] \begin{bmatrix} r(t) - \boldsymbol{\Gamma Z}(t) \\ \dot{r}(t) - \boldsymbol{\Gamma} \dot{\boldsymbol{Z}}(t) \end{bmatrix} \\
&= [g_1 \quad g_2] \begin{bmatrix} r(t) - \boldsymbol{\Gamma Z}(t) \\ \dot{r}(t) - \boldsymbol{\Gamma H Z}(t) - \boldsymbol{\Gamma T} u(t) \end{bmatrix}
\end{aligned}
\tag{7-11}
$$

式中：$e(t)$ 为动态跟踪误差；$r(t)$ 为参考输入信号，由于 $z_1(t)$ 与 $z_3(t)$ 在结构上没有直接耦合，导致矩阵 $\boldsymbol{\Gamma T}$ 乘积为零，方程（7-11）中 $u(t)$ 项消失，从而无法求解控制信号。为解决此问题，需要重新定义状态输出矩阵：

$$
\begin{aligned}
y(t) &= \boldsymbol{C}_1 \boldsymbol{Z}(t) \\
\dot{y}(t) &= \boldsymbol{C}_2 \boldsymbol{Z}(t) = \boldsymbol{C}_3 \boldsymbol{x}_2(t)
\end{aligned}
\tag{7-12}
$$

则状态变量 $y(t)$ 的二阶导数可以表示为

$$
\begin{aligned}
\ddot{y}(t) &= \boldsymbol{C}_3 \dot{x}_2(t) \\
&= \boldsymbol{C}_3 [-\boldsymbol{M}^{-1}\boldsymbol{K} z_1(t) - \tilde{c}\boldsymbol{M}^{-1}\boldsymbol{C} z_2(t) + \tilde{d}\boldsymbol{M}^{-1}\boldsymbol{F} z_3(t)] \\
&= [-\boldsymbol{C}_3 \boldsymbol{M}^{-1}\boldsymbol{K} \quad -\tilde{c}\boldsymbol{C}_3 \boldsymbol{M}^{-1}\boldsymbol{C} \quad \tilde{d}\boldsymbol{C}_3 \boldsymbol{M}^{-1}\boldsymbol{F}] \begin{bmatrix} z_1(t) \\ z_2(t) \\ z_3(t) \end{bmatrix} \\
&= \boldsymbol{C}_4 \boldsymbol{Z}(t)
\end{aligned}
\tag{7-13}
$$

式中：$\boldsymbol{C}_1=[\underbrace{0\ \cdots\ 0}_{6\times(n-1)}\ \ 1\ \ \underbrace{0\ \cdots\ 0}_{5}]$；

$\boldsymbol{C}_2=[\underbrace{0\ \cdots}_{6\times(n-1)}\ 0\ \ 0\ \ 0\ \ 0\ \ 0\ \ 1\ \ 0\ \ 0]$；$\boldsymbol{C}_3=[\underbrace{0\ \cdots\ 0}_{3\times(n-1)}\ \ 0\ \ 1\ \ 0]$；

$\boldsymbol{C}_4=[-\boldsymbol{C}_3\boldsymbol{M}^{-1}\boldsymbol{K}\quad -\tilde{c}\,\boldsymbol{C}_3\boldsymbol{M}^{-1}\boldsymbol{C}\quad \tilde{d}\,\boldsymbol{C}_3\boldsymbol{M}^{-1}\boldsymbol{F}]$。

定义滑模面函数

$$s(t)=g_1e(t)+g_2\dot{e}(t)+g_3\ddot{e}(t)=[g_1\quad g_2\quad g_3]\begin{bmatrix}r(t)-y(t)\\ \dot{r}(t)-\dot{y}(t)\\ \ddot{r}(t)-\ddot{y}(t)\end{bmatrix}$$

$$=[g_1\quad g_2\quad g_3]\begin{bmatrix}r(t)-\boldsymbol{C}_1\boldsymbol{Z}(t)\\ \dot{r}(t)-\boldsymbol{C}_2\boldsymbol{Z}(t)\\ \ddot{r}(t)-\boldsymbol{C}_4\boldsymbol{Z}(t)\end{bmatrix}=\boldsymbol{G}[\boldsymbol{R}-\widetilde{\boldsymbol{A}}\boldsymbol{Z}(t)]$$

(7 - 14)

其对时间的导数为

$$\dot{s}(t)=\boldsymbol{G}[\dot{\boldsymbol{R}}(t)-\widetilde{\boldsymbol{A}}\dot{\boldsymbol{Z}}(t)] \tag{7-15}$$

式中：$\boldsymbol{R}=[r(t)\quad \dot{r}(t)\quad \ddot{r}(t)]^{\mathrm{T}}$；$\boldsymbol{G}=[g_1\quad g_2\quad g_3]^{\mathrm{T}}$；

$$\widetilde{\boldsymbol{A}}=[\boldsymbol{C}_1\quad \boldsymbol{C}_2\quad \boldsymbol{C}_4]^{\mathrm{T}}=\begin{bmatrix}\boldsymbol{C}_1\\ \boldsymbol{C}_2\\ -\boldsymbol{C}_3\boldsymbol{M}^{-1}\boldsymbol{K}\quad -\tilde{c}\,\boldsymbol{C}_3\boldsymbol{M}^{-1}C\quad \tilde{d}\,\boldsymbol{C}_3\boldsymbol{M}^{-1}\boldsymbol{F}\end{bmatrix}$$

将状态空间模型(7 - 10)代入方程(7 - 15)，得到：

$$\dot{s}(t)=\boldsymbol{G}(\dot{\boldsymbol{R}}(t)-\widetilde{\boldsymbol{A}}\dot{\boldsymbol{Z}}(t))=\boldsymbol{G}\dot{\boldsymbol{R}}(t)-\boldsymbol{G}\widetilde{\boldsymbol{A}}\boldsymbol{H}\boldsymbol{Z}(t)-\boldsymbol{G}\widetilde{\boldsymbol{A}}\boldsymbol{T}u(t)$$

(7 - 16)

设方程(7 - 16)等于零，则可以得到等效控制信号为

$$u_{eq}(t)=(\boldsymbol{G}\widetilde{\boldsymbol{A}}\boldsymbol{T})^{-1}[\boldsymbol{G}\dot{\boldsymbol{R}}(t)-\boldsymbol{G}\widetilde{\boldsymbol{A}}\boldsymbol{H}\boldsymbol{Z}(t)] \tag{7-17}$$

从方程(7-17)可以看出,控制信号 $u_{eq}(t)$ 取决于映射矩阵 $\widetilde{\boldsymbol{A}}$ 和系统矩阵 $\boldsymbol{H}$,由于矩阵中 $\tilde{d}$ 和 $\tilde{c}$ 的存在,使得 $\widetilde{\boldsymbol{A}}$ 和 $\boldsymbol{H}$ 同样与频率相关,当系统驱动频率改变时,如果采用同样数值的控制信号,系统将出现不稳定。为了改善滑模变结构的控制稳定性,需要考虑映射矩阵 $\widetilde{\boldsymbol{A}}$ 和系统矩阵 $\boldsymbol{H}$ 的频率相关性;同时,方程(7-17)中需要对状态变量 $\boldsymbol{Z}(t)$ 进行全反馈,由于无法测量悬臂梁节点的实际旋转角和纵向位移,可以测量的变量为悬臂梁纵向位移以及驱动电流 $I_c(t)$,无法测量的变量需要由系统模型进行反馈,所以,在滑模变结构控制系统设计中,还需要考虑模型与实际状态变量之间的误差。

7.2.2 系统健壮性控制设计及稳定性分析

由于矩阵 $\widetilde{\boldsymbol{A}}$ 和 $\boldsymbol{H}$ 具有频率相关性,所以,可以假设矩阵实际数值未知,控制信号(7-17)可以通过模型参数进行表示:

$$u_{eq}(t)=(\boldsymbol{G}\widetilde{\boldsymbol{A}}_0\boldsymbol{T})^{-1}[\boldsymbol{G}\dot{\boldsymbol{R}}(t)-\boldsymbol{G}\widetilde{\boldsymbol{A}}_0\boldsymbol{H}_0\boldsymbol{Z}_0(t)] \tag{7-18}$$

式中:$\boldsymbol{Z}_0(t)$ 为系统模型产生的状态变量,为使系统满足李亚普诺夫意义下的局部渐进稳定性,需要在方程(7-18)的基础上增加非线性控制变量 $u_f(t)$,从而抑制由参数 $\tilde{d}$ 和 $\tilde{c}$ 频率相关性所引起的系统不稳定性,所以,具有健壮性的滑模变结构控制可以表示为

$$u(t)=u_{eq}(t)+u_f(t)=u_{eq}(t)+\varepsilon\operatorname{sgn}(\sigma(t)) \tag{7-19}$$

利用李亚普诺夫第二种方法对控制器的健壮性进行设计,设计李亚普诺夫函数为

$$V(t)=\frac{1}{2}s(t)s(t)^{\mathrm{T}} \tag{7-20}$$

对方程(7-20)求时间的导数,得到

$$\dot{V}(t)=s(t)\dot{s}(t) \tag{7-21}$$

可以看到李亚普诺夫函数对时间的导数为滑模面函数 $s(t)$ 及其对时间导数的乘积,为求解 $s(t)$ 对时间的导数,可以将方程(7-19)代入方程(7-15),得到

$$
\begin{aligned}
\dot{s}(t) &= \boldsymbol{G}\dot{\boldsymbol{R}}(t) - \boldsymbol{G}\widetilde{\boldsymbol{A}}\boldsymbol{H}\boldsymbol{Z}(t) - \boldsymbol{G}\widetilde{\boldsymbol{A}}\boldsymbol{T}((\boldsymbol{G}\widetilde{\boldsymbol{A}}_0\boldsymbol{T})^{-1}(\boldsymbol{G}\dot{\boldsymbol{R}}(t) - \boldsymbol{G}\widetilde{\boldsymbol{A}}_0\boldsymbol{H}_0\boldsymbol{Z}_0(t)) + \\
&\quad \varepsilon\operatorname{sgn}(s(t))) \\
&= \boldsymbol{G}\dot{\boldsymbol{R}}(t) - \boldsymbol{G}\widetilde{\boldsymbol{A}}\boldsymbol{H}\boldsymbol{Z}(t) - \boldsymbol{G}\widetilde{\boldsymbol{A}}\boldsymbol{T}(\boldsymbol{G}\widetilde{\boldsymbol{A}}_0\boldsymbol{T})^{-1}(\boldsymbol{G}\dot{\boldsymbol{R}}(t) - \boldsymbol{G}\widetilde{\boldsymbol{A}}_0\boldsymbol{H}_0\boldsymbol{Z}_0(t)) - \\
&\quad \boldsymbol{G}\widetilde{\boldsymbol{A}}\boldsymbol{T}\varepsilon\operatorname{sgn}(s(t)) \\
&= (\boldsymbol{G} - \boldsymbol{G}\widetilde{\boldsymbol{A}}\boldsymbol{T}(\boldsymbol{G}\widetilde{\boldsymbol{A}}_0\boldsymbol{T})^{-1}\boldsymbol{G})\dot{\boldsymbol{R}}(t) + \boldsymbol{G}\widetilde{\boldsymbol{A}}\boldsymbol{T}(\boldsymbol{G}\widetilde{\boldsymbol{A}}_0\boldsymbol{T})^{-1}\boldsymbol{G}\widetilde{\boldsymbol{A}}_0\boldsymbol{H}_0\boldsymbol{Z}_0(t) - \\
&\quad \boldsymbol{G}\widetilde{\boldsymbol{A}}\boldsymbol{H}\boldsymbol{Z}(t) - \boldsymbol{G}\widetilde{\boldsymbol{A}}\boldsymbol{T}\varepsilon\operatorname{sgn}(s(t)) = \boldsymbol{G}^*\dot{\boldsymbol{R}}(t) + \psi - \widetilde{\boldsymbol{GAT}}\varepsilon\operatorname{sgn}(s(t))
\end{aligned}
\tag{7-22}
$$

式中：$\boldsymbol{G}^* = \boldsymbol{G} - \boldsymbol{G}\widetilde{\boldsymbol{A}}T(\boldsymbol{G}\widetilde{\boldsymbol{A}}_0\boldsymbol{T})^{-1}\boldsymbol{G}$；$\psi = \boldsymbol{G}\widetilde{\boldsymbol{A}}\boldsymbol{T}(\boldsymbol{G}\widetilde{\boldsymbol{A}}_0\boldsymbol{T})^{-1}\boldsymbol{G}\widetilde{\boldsymbol{A}}_0\boldsymbol{H}_0\boldsymbol{Z}_0(t) - \boldsymbol{G}\widetilde{\boldsymbol{A}}\boldsymbol{H}\boldsymbol{Z}(t)$。将方程(7－22)代入方程(7－21)，得到：

$$
\begin{aligned}
\dot{V}(t) &= s(t)\dot{s}(t) \\
&= s(t)\boldsymbol{G}^*\dot{\boldsymbol{R}}(t) + s(t)\psi - \boldsymbol{G}\widetilde{\boldsymbol{A}}\boldsymbol{T}\varepsilon|s(t)| < 0
\end{aligned}
\tag{7-23}
$$

根据模型实际物理参数的意义，可以推导 $\boldsymbol{G}\widetilde{\boldsymbol{A}}\boldsymbol{T}$ 为正数，所以，方程(7－23)中开关变量 ε 应该满足

$$
\varepsilon > (\boldsymbol{G}\widetilde{\boldsymbol{A}}\boldsymbol{T})^{-1}|\boldsymbol{G}^*\dot{\boldsymbol{R}}(t) + \psi| \tag{7-24}
$$

从不等式(7－24)可以看出，ε 取决于未知矩阵 $\widetilde{\boldsymbol{A}}$ 和 $\boldsymbol{H}$，同时需要全反馈状态变量 $\boldsymbol{Z}(t)$。由于控制信号 $u(t)$ 为等效控制信号 $u_{eq}(t)$ 和非线性控制变量 $u_f(t)$ 之和，使得 ε 的选取对于控制效果有重要影响。依据李亚普诺夫第二种方法，ε 应满足不等式(7－24)，在这个条件下，多数研究者[146,147]选取 ε 为足够大的常数，从而使系统满足李亚普诺夫意义下的局部渐进稳定条件。然而，从方程(7－19)可以知道，当开关变量 ε 过大时，系统会出现较严重的抖振，甚至使系统在进行动态跟踪控制时出现不稳定。为了正确确定 ε，需要从 ε 与模型参数 $\widetilde{c}$ 和 $\widetilde{d}$ 的映射关系入手，首先做如下符号上的规定：

$$
\boldsymbol{Z}(t) = \boldsymbol{Z}_0(t) - \Delta\boldsymbol{Z}(t),\ \widetilde{\boldsymbol{A}} = \widetilde{\boldsymbol{A}}_0 - \Delta\widetilde{\boldsymbol{A}},\ \boldsymbol{H} = \boldsymbol{H}_0 - \Delta\boldsymbol{H},\ \widetilde{c} = \widetilde{c}_0 - \Delta\widetilde{c},
$$

$$\tilde{d}=\tilde{d}_0-\Delta\tilde{d}\ ,\ \tilde{c}_0\in[\tilde{c}_l\quad \tilde{c}_u]\ ,\ \tilde{d}_0\in[\tilde{d}_l\quad \tilde{d}_u] \tag{7-25}$$

式中:下标 l 为参数变化区间的下界值; u 为上界值。在式(7-25)的基础上,$\boldsymbol{G}^*$ 可以通过参数的变化区间进行表示,即

$$\begin{aligned}\boldsymbol{G}^* &=\boldsymbol{G}-\boldsymbol{G}\widetilde{\boldsymbol{A}}\boldsymbol{T}(\boldsymbol{G}\widetilde{\boldsymbol{A}}_0\boldsymbol{T})^{-1}\boldsymbol{G}=\boldsymbol{G}-\boldsymbol{G}(\boldsymbol{G}\widetilde{\boldsymbol{A}}\boldsymbol{T})(\boldsymbol{G}\widetilde{\boldsymbol{A}}_0\boldsymbol{T})^{-1}\\ &=\boldsymbol{G}(\boldsymbol{G}\widetilde{\boldsymbol{A}}_0\boldsymbol{T})(\boldsymbol{G}\widetilde{\boldsymbol{A}}_0\boldsymbol{T})^{-1}-\boldsymbol{G}(\boldsymbol{G}\widetilde{\boldsymbol{A}}\boldsymbol{T})(\boldsymbol{G}\widetilde{\boldsymbol{A}}_0\boldsymbol{T})^{-1}\\ &=\boldsymbol{G}(\boldsymbol{G}(\widetilde{\boldsymbol{A}}_0-\widetilde{\boldsymbol{A}})\boldsymbol{T})(\boldsymbol{G}\widetilde{\boldsymbol{A}}_0\boldsymbol{T})^{-1}\\ &=\boldsymbol{G}(\boldsymbol{G}\Delta\widetilde{\boldsymbol{A}}\boldsymbol{T})(\boldsymbol{G}\widetilde{\boldsymbol{A}}_0\boldsymbol{T})^{-1}\end{aligned} \tag{7-26}$$

分析映射矩阵 $\widetilde{\boldsymbol{A}}$ 的结构我们知道,矩阵的第一行和第二行均为常量,只有第三行中的元素是模型参数 $\tilde{c}$ 和 $\tilde{d}$ 的函数,可以利用这一特殊构造,对 $\Delta\widetilde{\boldsymbol{A}}$ 进行简化得到:

$$\Delta\widetilde{\boldsymbol{A}}=\begin{bmatrix}\boldsymbol{0}_{1\times 3n} & \boldsymbol{0}_{1\times 3n} & 0\\ \boldsymbol{0}_{1\times 3n} & \boldsymbol{0}_{1\times 3n} & 0\\ \boldsymbol{0}_{1\times 3n} & -\Delta\tilde{c}\,\boldsymbol{C}_3\,\boldsymbol{M}^{-1}\boldsymbol{C} & \Delta\tilde{d}\,\boldsymbol{C}_3\,\boldsymbol{M}^{-1}\boldsymbol{F}\end{bmatrix} \tag{7-27}$$

从式(7-27)可以看出,矩阵 $\Delta\widetilde{\boldsymbol{A}}$ 的前两行元素均为零,模型参数的变化只出现在第三行元素上,此外,由于矩阵 $\boldsymbol{T}$ 与 $\Delta\widetilde{\boldsymbol{A}}$ 有同样的结构,所以,式(7-26)可以进一步简化为

$$\begin{aligned}\boldsymbol{G}^* &=\boldsymbol{G}(\boldsymbol{G}\Delta\widetilde{\boldsymbol{A}}\boldsymbol{T})(\boldsymbol{G}\widetilde{\boldsymbol{A}}_0\boldsymbol{T})^{-1}=\boldsymbol{G}\boldsymbol{G}\begin{bmatrix}0\\0\\ \dfrac{\Delta\tilde{d}k_{amp}\,\boldsymbol{C}_3\,\boldsymbol{M}^{-1}1F}{\tau}\end{bmatrix}(\boldsymbol{G}\widetilde{\boldsymbol{A}}_0\boldsymbol{T})^{-1}\\ &=g_3\Delta\tilde{d}\,\frac{k_{amp}}{\tau}\boldsymbol{G}\,\boldsymbol{C}_3\,\boldsymbol{M}^{-1}\boldsymbol{F}\,(\boldsymbol{G}\widetilde{\boldsymbol{A}}_0\boldsymbol{T})^{-1}\end{aligned} \tag{7-28}$$

可以看到,矩阵 $\boldsymbol{G}^*$ 只与模型参数 $\tilde{d}$ 的变化区间 $\Delta\tilde{d}$ 有关,根据符

号规定 $\Delta\tilde{d}=\tilde{d}_0-\tilde{d}$，由于 $\tilde{d}$ 未知，可以通过 $\tilde{d}_l$ 对 $\Delta\tilde{d}$ 进行确定，即 $\Delta\tilde{d}=\tilde{d}_0-\tilde{d}_l$，所以，通过表达式(7－28)我们建立了 $\boldsymbol{G}^*$ 与模型参数偏差之间的函数关系，同理需要建立 ψ 与参数偏差之间的数学关系，采用式(7－25) 定义的符号规定：

$$\begin{aligned}\psi &= \boldsymbol{G}\widetilde{\boldsymbol{A}}\boldsymbol{T}(\boldsymbol{G}\widetilde{\boldsymbol{A}}_0\boldsymbol{T})^{-1}\boldsymbol{G}\widetilde{\boldsymbol{A}}_0\boldsymbol{H}_0\boldsymbol{Z}_0(t)-\boldsymbol{G}\widetilde{\boldsymbol{A}}\boldsymbol{H}\boldsymbol{Z}(t)\\
&=(\boldsymbol{G}\widetilde{\boldsymbol{A}}_0\boldsymbol{T})^{-1}\boldsymbol{G}(\widetilde{A}_0-\Delta\widetilde{\boldsymbol{A}})\boldsymbol{T}\boldsymbol{G}\widetilde{\boldsymbol{A}}_0\boldsymbol{H}_0\boldsymbol{Z}_0(t)-\\
&\quad(\boldsymbol{G}\widetilde{\boldsymbol{A}}_0\boldsymbol{T})^{-1}\boldsymbol{G}\widetilde{\boldsymbol{A}}_0\boldsymbol{T}\boldsymbol{G}(\widetilde{\boldsymbol{A}}_0-\Delta\widetilde{\boldsymbol{A}})(\boldsymbol{H}_0-\Delta\boldsymbol{H})(\boldsymbol{Z}_0(t)-\Delta\boldsymbol{Z}(t))\\
&=\boldsymbol{G}\Delta\widetilde{\boldsymbol{A}}\boldsymbol{H}_0\boldsymbol{Z}_0(t)+\boldsymbol{G}\widetilde{\boldsymbol{A}}_0\Delta\boldsymbol{H}\boldsymbol{Z}_0(t)-(\boldsymbol{G}\widetilde{\boldsymbol{A}}_0\boldsymbol{T})^{-1}\boldsymbol{G}\Delta\widetilde{\boldsymbol{A}}\boldsymbol{T}\boldsymbol{G}\widetilde{\boldsymbol{A}}_0\cdot\\
&\quad\boldsymbol{H}_0\boldsymbol{Z}_0(t)-\boldsymbol{G}\Delta\widetilde{\boldsymbol{A}}\Delta\boldsymbol{H}\boldsymbol{Z}_0(t)+\boldsymbol{G}(\widetilde{\boldsymbol{A}}_0-\Delta\widetilde{\boldsymbol{A}})(\boldsymbol{H}_0-\Delta\boldsymbol{H})\Delta\boldsymbol{Z}(t)\\
&=\boldsymbol{G}\Delta\widetilde{\boldsymbol{A}}\boldsymbol{H}_0\boldsymbol{Z}_0(t)+\boldsymbol{G}\widetilde{\boldsymbol{A}}_0\Delta\boldsymbol{H}\boldsymbol{Z}_0(t)-(\boldsymbol{G}\widetilde{\boldsymbol{A}}_0\boldsymbol{T})^{-1}\boldsymbol{G}\Delta\widetilde{\boldsymbol{A}}\boldsymbol{T}\boldsymbol{G}\widetilde{\boldsymbol{A}}_0\cdot\\
&\quad\boldsymbol{H}_0\boldsymbol{Z}_0(t)-\boldsymbol{G}\Delta\widetilde{\boldsymbol{A}}\Delta\boldsymbol{H}\boldsymbol{Z}_0(t)+\boldsymbol{G}\widetilde{\boldsymbol{A}}_0\boldsymbol{H}_0\Delta\boldsymbol{Z}(t)-\\
&\quad\boldsymbol{G}\widetilde{\boldsymbol{A}}_0\Delta\boldsymbol{H}\Delta\boldsymbol{Z}(t)-\boldsymbol{G}\Delta\widetilde{\boldsymbol{A}}\boldsymbol{H}_0\Delta\boldsymbol{Z}(t)+\boldsymbol{G}\Delta\widetilde{\boldsymbol{A}}\Delta\boldsymbol{H}\Delta\boldsymbol{Z}(t)\end{aligned}\tag{7-29}$$

式中，

$$\Delta\widetilde{\boldsymbol{A}}\boldsymbol{H}_0=\begin{bmatrix}\boldsymbol{0}_{1\times3n} & \boldsymbol{0}_{1\times3n} & 0\\ \boldsymbol{0}_{1\times3n} & \boldsymbol{0}_{1\times3n} & 0\\ \boldsymbol{0}_{1\times3n} & -\Delta\tilde{c}\boldsymbol{C}_3\boldsymbol{M}^{-1}\boldsymbol{C} & \Delta\tilde{d}\boldsymbol{C}_3\boldsymbol{M}^{-1}\boldsymbol{F}\end{bmatrix}\cdot$$

$$\begin{bmatrix}\boldsymbol{0} & \boldsymbol{I} & \boldsymbol{0}_{3n\times1}\\ -\boldsymbol{M}^{-1}\boldsymbol{K} & -\tilde{c}_0\boldsymbol{C}_3\boldsymbol{M}^{-1}\boldsymbol{C} & \tilde{d}_0\boldsymbol{M}^{-1}\boldsymbol{F}\\ \boldsymbol{0}_{1\times3n} & \boldsymbol{0}_{1\times3n} & -\dfrac{1}{\tau}\end{bmatrix}$$

$$
= \begin{bmatrix} \mathbf{0}_{1\times 3n} & \mathbf{0}_{1\times 3n} & 0 \\ \mathbf{0}_{1\times 3n} & \mathbf{0}_{1\times 3n} & 0 \\ \Delta\tilde{c}\,\boldsymbol{C}_3\,\boldsymbol{M}^{-1}\boldsymbol{C}\,\boldsymbol{M}^{-1}\boldsymbol{K} & \Delta\widetilde{cc_0}\,\boldsymbol{C}_3\,\boldsymbol{M}^{-1}\boldsymbol{C}\,\boldsymbol{M}^{-1}\boldsymbol{C} & -\boldsymbol{C}_3\,\boldsymbol{M}^{-1}\left(\Delta\widetilde{cd_0}\boldsymbol{C}\,\boldsymbol{M}^{-1}\boldsymbol{F} + \dfrac{\Delta\tilde{d}}{\tau}\boldsymbol{F}\right) \end{bmatrix}
$$

$$
\Delta\tilde{\boldsymbol{A}}\Delta\boldsymbol{H} = \begin{bmatrix} \mathbf{0}_{1\times 3n} & \mathbf{0}_{1\times 3n} & 0 \\ \mathbf{0}_{1\times 3n} & \mathbf{0}_{1\times 3n} & 0 \\ \mathbf{0}_{1\times 3n} & -\Delta\tilde{c}\,\boldsymbol{C}_3\,\boldsymbol{M}^{-1}\boldsymbol{C} & \Delta\tilde{d}\,\boldsymbol{C}_3\,\boldsymbol{M}^{-1}\boldsymbol{F} \end{bmatrix} \cdot \begin{bmatrix} \mathbf{0} & \mathbf{0} & \mathbf{0}_{3n\times 1} \\ \mathbf{0} & -\Delta\tilde{c}\,\boldsymbol{M}^{-1}\boldsymbol{C} & \Delta\tilde{d}\,\boldsymbol{M}^{-1}\boldsymbol{F} \\ \mathbf{0}_{1\times 3n} & \mathbf{0}_{1\times 3n} & 0 \end{bmatrix}
$$

$$
= \begin{bmatrix} \mathbf{0}_{1\times 3n} & \mathbf{0}_{1\times 3n} & 0 \\ \mathbf{0}_{1\times 3n} & \mathbf{0}_{1\times 3n} & 0 \\ \mathbf{0} & \Delta\tilde{c}^2\,\boldsymbol{C}_3\,\boldsymbol{M}^{-1}\boldsymbol{C}\,\boldsymbol{M}^{-1}\boldsymbol{C} & -\Delta\tilde{c}\Delta\tilde{d}\,\boldsymbol{C}_3\,\boldsymbol{M}^{-1}\boldsymbol{C}\,\boldsymbol{M}^{-1}\boldsymbol{F} \end{bmatrix}
$$

$$
\tilde{\boldsymbol{A}}_0\Delta\boldsymbol{H} = \begin{bmatrix} \boldsymbol{C}_3 & \mathbf{0}_{1\times 3n} & 0 \\ \mathbf{0} & \boldsymbol{C}_3 & 0 \\ -\boldsymbol{C}_3\,\boldsymbol{M}^{-1}\boldsymbol{K} & -\tilde{c}_0\,\boldsymbol{C}_3\,\boldsymbol{M}^{-1}\boldsymbol{C} & \tilde{d}_0\,\boldsymbol{C}_3\,\boldsymbol{M}^{-1}\boldsymbol{F} \end{bmatrix} \cdot \begin{bmatrix} \mathbf{0} & \mathbf{0} & \mathbf{0}_{3n\times 1} \\ 0 & -\Delta\tilde{c}\,\boldsymbol{M}^{-1}\boldsymbol{C} & \Delta\tilde{d}\,\boldsymbol{M}^{-1}\boldsymbol{F} \\ \mathbf{0}_{1\times 3n} & \mathbf{0}_{1\times 3n} & 0 \end{bmatrix}
$$

$$
= \begin{bmatrix} \mathbf{0}_{1\times 3n} & \mathbf{0}_{1\times 3n} & 0 \\ \mathbf{0} & -\Delta\tilde{c}\,\boldsymbol{C}_3\,\boldsymbol{M}^{-1}\boldsymbol{C} & \Delta\tilde{d}\,\boldsymbol{C}_3\,\boldsymbol{M}^{-1}\boldsymbol{F} \\ \mathbf{0} & \Delta\widetilde{cc_0}\,\boldsymbol{C}_3\,\boldsymbol{M}^{-1}\boldsymbol{C}\,\boldsymbol{M}^{-1}\boldsymbol{C} & -\Delta\widetilde{dc_0}\,\boldsymbol{C}_3\,\boldsymbol{M}^{-1}\boldsymbol{C}\,\boldsymbol{M}^{-1}\boldsymbol{F} \end{bmatrix}
$$

$$G\Delta\widetilde{A}T = [g_1 \quad g_2 \quad g_3]\begin{bmatrix} \mathbf{0}_{1\times 3n} & \mathbf{0}_{1\times 3n} & 0 \\ \mathbf{0}_{1\times 3n} & \mathbf{0}_{1\times 3n} & 0 \\ \mathbf{0} & -\Delta\widetilde{c}\,\boldsymbol{C}_3\boldsymbol{M}^{-1}\boldsymbol{C} & \Delta\widetilde{d}\,\boldsymbol{C}_3\boldsymbol{M}^{-1}\boldsymbol{F} \end{bmatrix}\begin{bmatrix} \mathbf{0}_{3n\times 1} \\ \mathbf{0}_{3n\times 1} \\ \dfrac{k_{amp}}{\boldsymbol{\tau}} \end{bmatrix}$$

$$= g_3\Delta\widetilde{d}\,\frac{k_{amp}}{\boldsymbol{\tau}}\boldsymbol{C}_3\boldsymbol{M}^{-1}\boldsymbol{F}$$

从式(7－29)知道，ψ 是 $\Delta\widetilde{d}$ 、$\Delta\widetilde{c}$ 和 $\Delta\boldsymbol{Z}$ 的函数，从而使得开关变量 ε 也是这些偏差变量的函数，其大小取决于系统的状态变量；相对于常数值的 ε ，依据系统状态变化而变化的开关变量可以更有效的使系统运行在滑模面上，从而达到更好的动态跟踪控制效果。如果可以确定偏差变量 $\Delta\widetilde{d}$ 、$\Delta\widetilde{c}$ 和 $\Delta\boldsymbol{Z}$ 的边界值，则可以通过状态矩阵 $\boldsymbol{G}^*$ 和 ψ 确定开关变量 ε ，从而通过方程(7－19)确定系统的控制信号，从而可以克服模型参数由于磁滞非线性以及动态涡流损耗产生的频率依赖性，实现对系统在不同驱动频率下的动态跟踪控制。

7.3　基于遗传算法的非线性参数识别

通过前一节的讨论，为了确定非线性控制信号 $u_f(t)$ ，需要确定模型偏差变量的边界值。对于单自由度系统，其动力学模型可以表示成线性化参数模型的表达形式，从而可以利用梯度法对模型参数进行自适应识别。对于自由度为 n 的系统(设本章建立的有限元模型自由度为 n ，悬臂梁进行离散的有限单元个数为 $n/3-1$)，参数化模型中的参数向量为需要辨识的模型参数 $\widetilde{d}$ 和 $\widetilde{c}$ 的非线性函数，由于无法满足持续性激励条件(Persistent excitation condition)，普通的梯度识别方法无法解决非线性参数识别中的参数收敛问题。事实上，设系统初始条件为零，方程(7－10)的传递函数表达式为

$$H(s) = \boldsymbol{\Gamma}(s\boldsymbol{I}-\boldsymbol{A})^{-1}\boldsymbol{B} = \frac{b_m s^m + b_{m-1}s^{m-1} + \cdots + b_1 s + b_0}{s^n + a_{n-1}s^{n-1} + \cdots + a_1 s + a_0} \tag{7-30}$$

式中：$n-m=2$。由于系统中需要辨识的参数为 $\tilde{d}$ 和 $\tilde{c}$，作如下符号上的规定：

$$\theta_1=\tilde{d},\ \theta_2=\tilde{c} \tag{7-31}$$

将传递函数(7-30)进行模型参数化，得到：

$$z=\varphi\phi=[\varphi_1\quad\varphi_2][\phi_1\quad\phi_2] \tag{7-32}$$

式中：$\boldsymbol{\varphi}$ 为参数化模型中的参数向量，其表达式为

$$\begin{aligned}\boldsymbol{\varphi}&=[b_m,\quad\cdots\quad b_0,\quad a_{n-1},\quad\cdots\quad a_0]\\&=[f_m(\theta_1,\theta_2),\quad\cdots\quad f_0(\theta_1,\theta_2),\quad g_{n-1}(\theta_1,\theta_2),\quad\cdots\quad g_0(\theta_1,\theta_2)]\end{aligned} \tag{7-33}$$

ϕ 为回归变量，由于需要辨识的参数为 θ_1 和 θ_2，当系统模型由状态空间方程(7-10)转化为传递函数模型(7-30)时，θ_1 和 θ_2 以非线性函数 f 和 g 中自变量的形式出现在参数向量 φ 中，如果用单频率信号对系统参数进行识别，无法满足梯度法中的持续性激励条件，自适应识别过程无法收敛。为此，本章采用非线性遗传算法，对参数 θ_1 和 θ_2 进行识别，将方程(7-30)写成能观标准型形式：

$$\begin{aligned}\dot{\boldsymbol{X}}_f(t)&=\boldsymbol{A}_f(\boldsymbol{\theta})\ \boldsymbol{X}_f(t)\ +\boldsymbol{B}_fI_c(t)\\y_f(t)&=\boldsymbol{C}_f(\boldsymbol{\theta})\ \boldsymbol{X}_f(t)\end{aligned} \tag{7-34}$$

式中：$\boldsymbol{\theta}=[\theta_1\quad\theta_2]$ 为需要被识别的参数；y_f 为输出信号；$\boldsymbol{A}_f$ 和 $\boldsymbol{C}_f$ 为以 $\boldsymbol{\theta}$ 为自变量的非线性函数。方程(7-34)的估计量可以通过以下方程进行预测：

$$\begin{aligned}\dot{\hat{\boldsymbol{X}}}_f(t)&=\hat{\boldsymbol{A}}_f(\hat{\boldsymbol{\theta}})\ \hat{\boldsymbol{X}}_f(t)\ +\boldsymbol{B}_fI_c(t)\\\hat{y}_f(t)&=\hat{\boldsymbol{C}}_f(\hat{\boldsymbol{\theta}})\ \hat{\boldsymbol{X}}_f(t)\end{aligned} \tag{7-35}$$

为了应用遗传算法对参数进行识别，每个待识别的参数 θ_i 分别用一组二进制字符串进行编码，称为一个基因，将不同的基因进行级联得到染色体 $\hat{\boldsymbol{W}}$，遗传算法的参数识别过程就是搜寻最优的染色体 $\hat{\boldsymbol{W}}$，使得 $\hat{y}_f(k)\rightarrow y_f(k)$ 。为了实现搜索目的，可以将识别过程理解为方程最

优化过程,即将实验数据与模型预测输出进行对比,累积误差为最小的一组参数即为需要的搜寻结果,定义如下的误差函数:

$$J(\boldsymbol{\theta}) = \sum_{i=1}^{N_l} \sum_{k=1}^{N_g} (y_i(k) - \hat{y}_i(k))^2 \tag{7-36}$$

式中:N_l 为染色体的个数;N_g 为所需要进行误差统计的信号的长度。为了确定搜索范围,设待识别的参数满足下列边界条件:

$$\theta_{\min}^i \leqslant \theta_i \leqslant \theta_{\max}^i \tag{7-37}$$

式中:$\theta_{\min}^i$ 和 $\theta_{\max}^i$ 分别为参数向量第 i 个元素的下边界和上边界。在识别过程中,参数利用二进制数进行编码,编码的长度取决于需要识别参数的精度,精度越高,所需要的字符串长度越大,相应的识别过程更长。为了确定对父辈染色体的选择,需要定义适应度函数,设适应度函数与识别累积误差成反比:

$$f_t(\boldsymbol{\theta}, t) = \frac{K}{\sum_{i=1}^{N_l} \sum_{k=1}^{N_g} (y_i(k) - \hat{y}_i(k))^2} \tag{7-38}$$

式中:K 为适应度函数的增益比。父辈染色体在通过适应度函数进行选择以后,经过杂交和变异,产生子代染色体,然后进行下一次适应度函数的选择,通过这样一个过程不断进行循环搜索,为了设置循环结束条件,设 $J(\boldsymbol{\theta}) < \delta$ 时,认为循环结束,此时预测参数的数值即为我们需要辨识的参数值,δ 为条件中设定的数值较小的常数,决定了辨识的精度。

遗传算法中选取人口数量为 $N_p = 120$,杂交的概率为 $P_c = 0.7$,变异概率 $P_m = 0.002$,设待识别参数进行二进制编码的精度为 $p_i = 0.0001$,选取驱动频率为 350Hz 对系统参数进行识别,识别循环次数为 20 次,参数值选取 20 次识别结果的平均值,其结果如图 7-3 所示。从图中可以看出,θ_1 的辨识结果在 2.02×10^{-9} 附近波动,θ_2 的辨识结果在 7.7×10^6 附近,模型的预测误差界定于一个相对较小的有界域内;识别过程中参数的收敛结果如图 7-4 所示,从图中可以看出,参数在第二次迭代以后开始收敛,随着参数识别中发生的染色体杂交以及变异过程,参数的选择开始出现小幅度波动,在经过 7 次迭代以后,参数选择满足循环结束条件,识别过程结束。

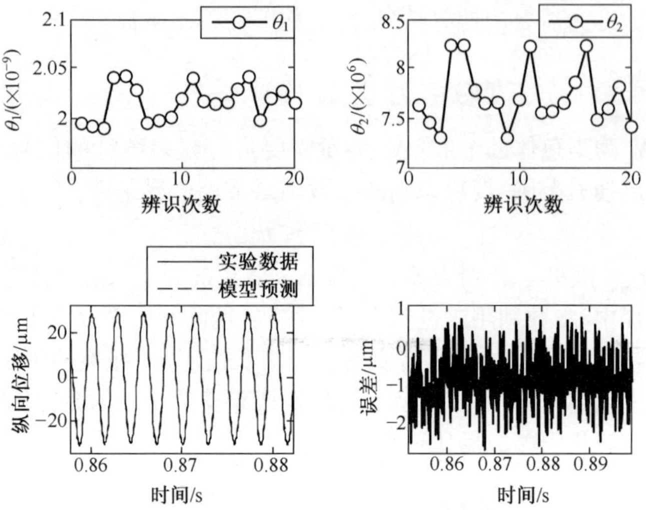

图 7-3 驱动频率 350Hz 时模型参数识别结果

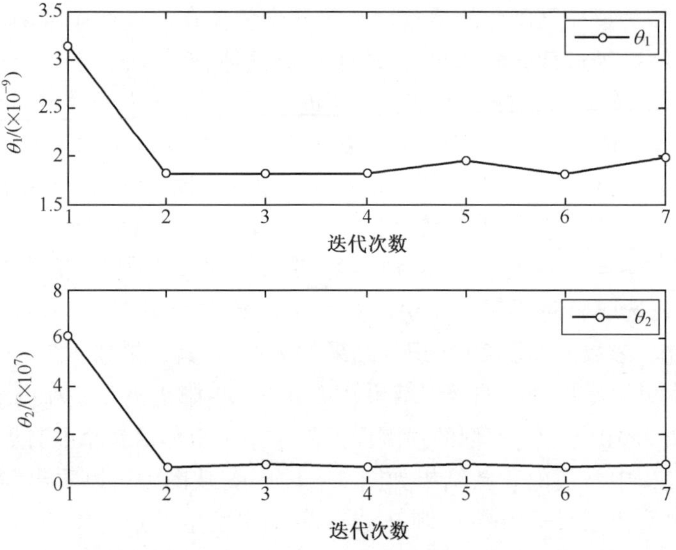

图 7-4 遗传算法参数识别过程的收敛性（350Hz）

驱动频率不同时模型参数的辨识结果如图 7－5 所示，从图中可以看出，当系统频率相对较低时（ < 220Hz），模型参数波动很小，基本为常数，这解释了为什么当系统驱动频率较低时，在控制器设计过程中可以利用线性模型对磁致驱动系统进行建模，同时达到较好的控制效果；当驱动频率进一步升高时，从图中可以看出模型参数开始出现较大变化，如果不改变控制器初始参数值，需要考虑图 7－5 中显示的参数变化的边界值，对控制器进行健壮性设计，本书在下一节中，将在方程（7－18）和方程（7－24）的基础上，对滑模变结构控制的健壮性设计进行仿真和相应的实验研究。

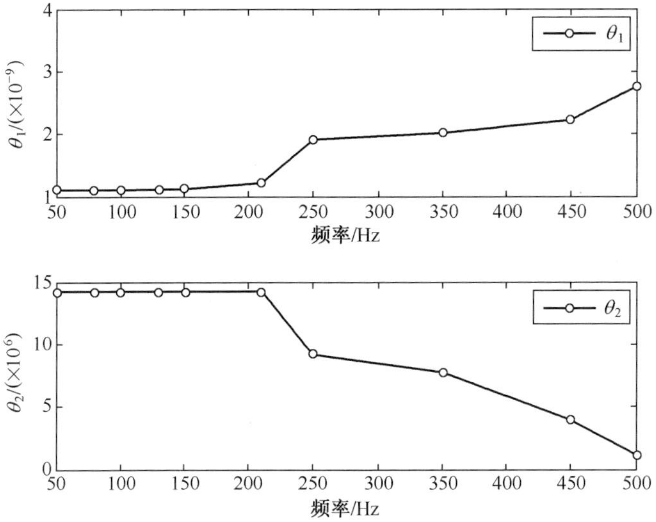

图 7－5　驱动频率不同时的参数辨识结果

7.4　滑模变结构健壮性控制仿真研究

假设系统在动态频率驱动时，参数不发生变化，模型误差为零，此时非线性控制变量 $u_f(t)$ 取为零，设系统驱动频率为 350Hz，控制仿真结果如图 7－6 所示。从图 7－6 中可以看出，动态跟踪误差信号以指数形式趋近于零，由于滑模面函数的存在，误差信号的收敛速度取决于滑模面函数中的控制向量 $\boldsymbol{G}$，为满足不同动态性的要求，可以设计不同的 $\boldsymbol{G}$ 对动态跟踪的速度进行调整；另外，从图中可以看到，滑模面函数的稳态值并非为理想状态时候的零，而是在一个在零附近很小区间内波动的数值，这一现象的产生来源于对状态空间方程(7-10)进行数值求解的结果，由于数值解方法的不同，以及系统中采样频率的差别，直接引起图7-6中所示的滑模面稳态值在零附近波动。

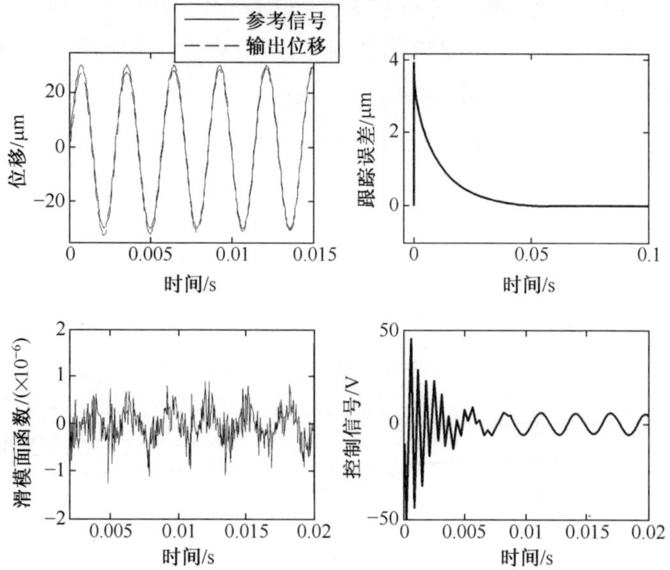

图7-6 模型误差为零(理想情况)时的控制结果(350Hz)

图7-6为理想条件下多自由度系统滑模变结构控制的仿真结果，事实上，在上一节的研究中，揭示了当系统驱动频率不同时，模型参数 $\tilde{d}$ 和 $\tilde{c}$ 会发生相应的变化，并非理想状态下的常数，此时在等效控制的基础上，需要叠加非线性控制变量 $u_f(t)$ 来抑制模型参数变化所引起的系统扰动，达到系统健壮性的要求。设系统实际参数值为 $\tilde{c} = 9 \times 10^6$，$\tilde{d} = 2.406 \times 10^{-9}$，取模型参数为 $\tilde{c}_0 = 7.57 \times 10^6$，$\tilde{d}_0 = 1.916 \times 10^{-9}$，当仅仅采用等效控制变量 $u_{eq}(t)$ 时，仿真结果如图7-7所示。从图7-7中可以看出，滑模面函数无法收敛，数值远大于零，由于滑模面函数无

法趋近零,相应的动态跟踪误差也不断增大,事实上,如果在仿真过程中的控制信号输出端不进行饱和限制,滑模面函数值和相应的动态跟踪误差将趋近无穷大。

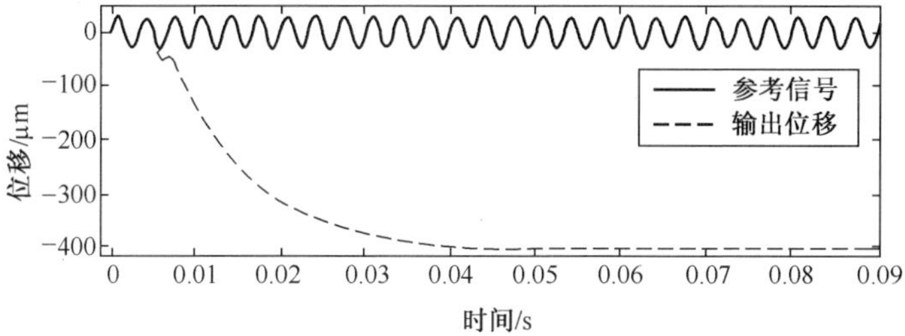

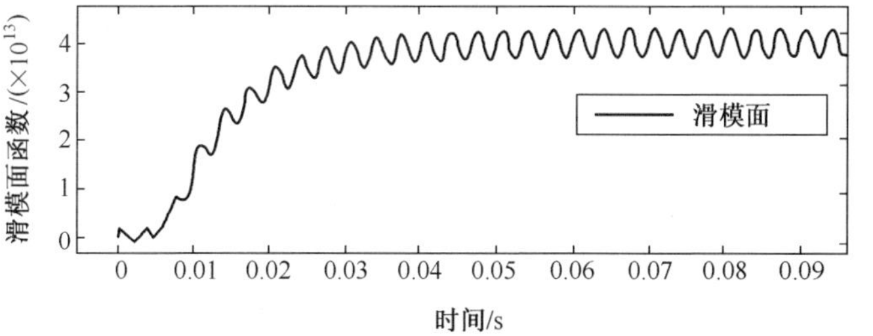

图7-7 当 $\tilde{c} \neq \tilde{c}_0, \tilde{d} \neq \tilde{d}_0$ 时的控制仿真结果(线性控制,350Hz)

为了对模型参数偏差引起的系统扰动进行抑制,利用方程(7-19)对控制系统进行健壮性设计,不等式(7-24)对开关变量 ε 进行了确定,通过参数识别,模型参数变化的区间为 $\tilde{c}_l = 1.0 \times 10^6$, $\tilde{d}_l = 1.0 \times 10^{-9}$, $\tilde{c}_u = 16 \times 10^6$, $\tilde{d}_u = 3.0 \times 10^{-9}$,模型参数仍然选取 $\tilde{c}_0 = 7.57 \times 10^6$, $\tilde{d}_0 = 1.916 \times 10^{-9}$。

状态变量偏差 $\Delta \boldsymbol{Z}$ 的边界值可以通过实际测量信号进行确定,定义如下的误差函数:

$$\Delta r \equiv \frac{\| z_m - z_p \|}{\| z_m \|} \tag{7-39}$$

式中:z_m 和 z_p 分别为模型状态变量和实际测量变量,这里可以测量的状态变量为悬臂梁纵向位移,$\Delta \boldsymbol{Z}$ 的边界值可以通过 $\Delta \boldsymbol{Z}_b = \Delta r\, \boldsymbol{Z}_{0b}$ 进行

计算，$\boldsymbol{Z}_{0b}$ 为模型变量的边界值。由不等式(7-24)可以知道，所提出的开关变量 ε 与系统状态变量相关，是时间的函数而不是一个常量，所以，当系统参数实际偏差较小时，ε 可以自动调节其大小，不会引起非线性控制变量被过分放大的问题。为了作对比研究，将开关变量取作常数 ε_c，与所提出的 ε 进行对比，从不等式(7-24)知道，ε_c 必须大于或者等于 ε 的最大值，才能满足李亚普诺夫意义下的局部渐进稳定性。仿真结果如图 7-8 所示。

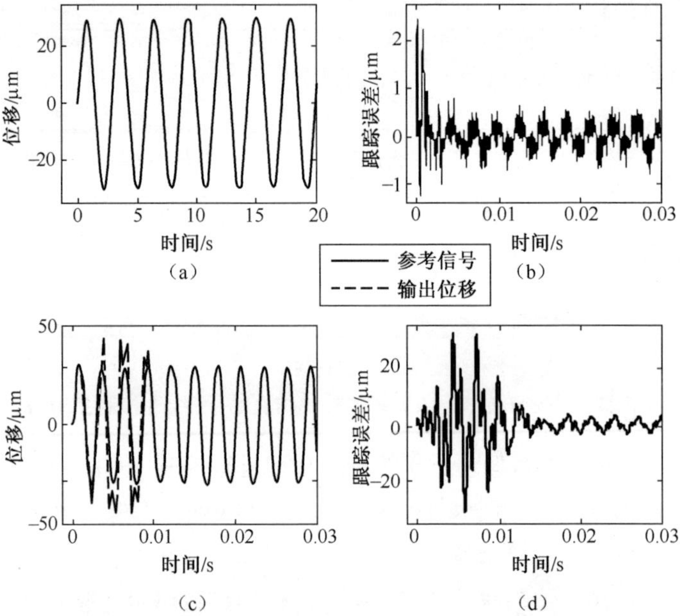

图 7-8　分别采用 ε 和 ε_c 时的仿真结果对比(350Hz)

(a)开关变量为 ε 时的控制结果；(b) 开关变量为 ε 时的跟踪误差；
(c)开关变量为 ε_c 时的控制结果；(d) 开关变量为 ε_c 时的跟踪误差。

从图 7-8 中可以看出，由于施加了非线性控制变量 $u_f(t)$，系统重新回到稳定，由于采用了与状态变量相关的开关变量 ε，图 7-8(a)中的瞬态误差和稳态误差都比图 7-8(c)中的小，对比图 7-8(b)和图 7-8(d)还可以发现，图 7-8(b)中系统在时间 0.005s 后开始趋于稳态，图 7-8(d)中系统在 0.015s 以后才开始稳定，可见图 7-8(b)中系统趋于稳定的速度更快。

7.5　滑模变结构健壮性控制实验研究

本节具体讨论滑模变结构的控制实验研究，选取线性 PI 控制作为对比实验，将实验结果进行对比，实验装置如图 7－9 所示。控制器由 dSpace ControlDesk 实现，智能悬臂梁纵向位移由激光位移传感器检测并反馈，为减少外界振动干扰，整套实验及检测装置被设置于隔振平台上。PI 控制实验结果如图 7－10 所示，PI 参数通过阶跃响应进行确定，从阶跃响应曲线可以看到，系统稳态误差基本为零，同时超调量较小，然而由于 Galfenol 合金磁滞非线性的存在，阶跃响应曲线的动态性较差，从图中可以看出调节时间大于 0.05s，上升时间和调节时间相对较长，使得控制系统无法跟踪频率较高的信号；可以看到当参考信号频率为 80Hz 时，系统输出位移在幅值上与参考信号基本一致，但在相位上滞后较大，从而形成较大的动态跟踪误差。

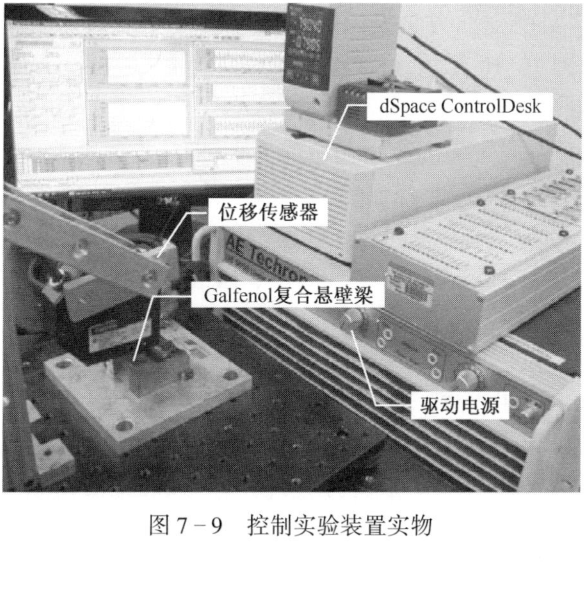

图 7－9　控制实验装置实物

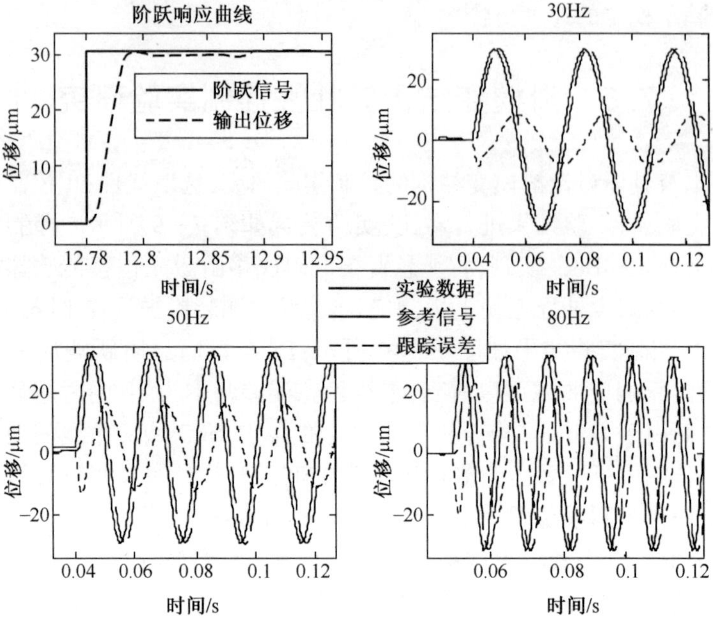

图 7-10 PI 控制实验结果

基于多自由度动力学模型的非线性滑模变结构控制实验结果如图 7-11~图 7-16 所示,系统驱动频率选择为 30~400Hz,模型参数初始值通过准静态实验进行辨识,$\tilde{c}_0 = 7.57 \times 10^6$,$\tilde{d}_0 = 1.916 \times 10^{-9}$,在动态实验过程中,不需要改动初始值大小,即使模型参数具有频率相关性;由于采用了非线性控制变量 $u_f(t)$,通过方程(7-19)和不等式(7-24)可以实现系统的健壮性控制。

在图 7-11 和图 7-12 中,采用与 PI 控制同样的动态频率,可以看出,与线性 PI 控制不同,所提出的控制算法可以同时在幅值和相位上对参考信号进行跟踪,跟踪误差稳态值界定在相对较小的区间内。从图 7-12 还可以看到,滑模面函数值不为零,而是一个时间上周期变化的波动曲线,这是由于实际系统中采样频率受限制的原因;理想条件下,如果采样频率可以无限高,则滑模面函数在经历动态收敛过程以后,稳态值将严格等于零,相应的动态跟踪误差也为零,从而控制系统可以完全跟踪外界参考信号。

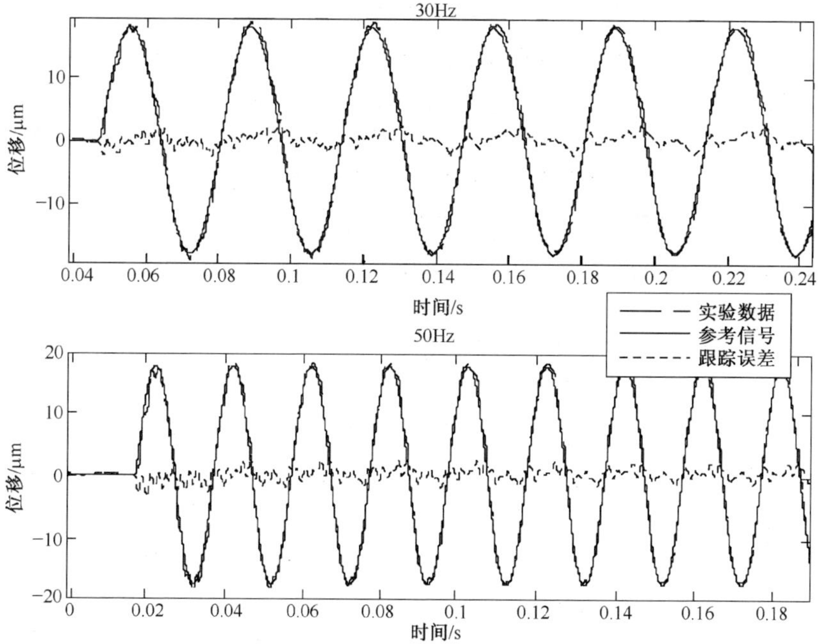

图 7 - 11　滑模变结构控制实验结果(30Hz,50Hz)

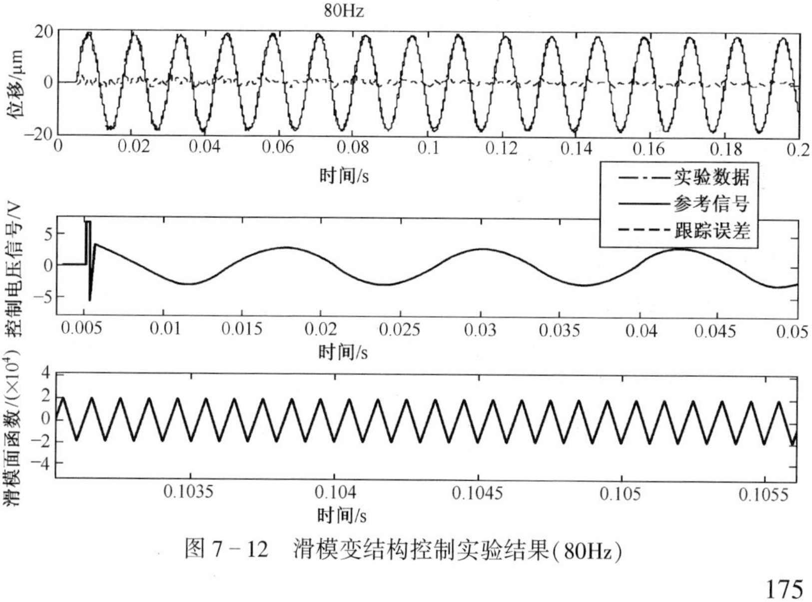

图 7 - 12　滑模变结构控制实验结果(80Hz)

当驱动频率进一步升高时,实验结果如彩图7－13~彩图7－16所示。从图中可以看到,跟踪误差瞬态值相对稳态值较大,并且驱动频率越高,跟踪误差的瞬态响应时间越长,从图7－15和图7－16可以发现,当系统达到滑模面并且运行在滑模面上以后,系统瞬态响应仍然存在,在经历一段时间以后才逐渐趋于稳态,这解释了为什么在跟踪误差曲线中出现波动的现象。观察滑模面函数的时间轨迹我们还可以发现,滑模面的收敛趋势与跟踪误差的收敛具有一致性,初始阶段,系统远离滑模面运行,跟踪误差信号较大,此时在控制信号的作用下,系统被迫以一定斜率朝着滑模面方向运动,随着系统不断接近滑模面,跟踪误差不断变小,最终系统在有限的时间内到达滑模面,随后保持在滑模面上,呈现出稳定状态,这种系统运行的轨迹可以同时在滑模面函数和跟踪误差信号中观测到。当系统频率较低时,我们无法观测到这种运行轨迹,如图7－11和图7－12所示。这是因为当频率较低时,系统可以在很短时间内到达滑模面,系统运行轨迹发生在非常短的时间内,所以,在图中无法观测到运行的路径。从方程(7－18)知道,等效控制变量包含参考信号的时间导数项,频率越高,控制系统需要输出的能量则越大,由于控制输出端受到饱和条件的限制,无法在短时间内输出所需要的能量,所以,导致系统瞬态运行的时间较长,从而可以在实验结果中观测到系统运行的轨迹。

对比图7－13~图7－16中结果还可以发现,动态频率越高,跟踪误差相对越大,由于滑模变结构控制的控制精度主要取决于等效控制变量$u_{eq}(t)$,并且$u_{eq}(t)$是初始矩阵$\widetilde{\boldsymbol{A}}_0$和$\widetilde{\boldsymbol{H}}_0$的函数,参数值通过准静态实验进行辨识获得,所以,当驱动频率与准静态接近时,初始矩阵$\widetilde{\boldsymbol{A}}_0$和$\widetilde{\boldsymbol{H}}_0$的数值更准确,从而控制精度更高;当系统实际参数$\widetilde{\boldsymbol{A}}$和$\widetilde{\boldsymbol{H}}$偏离初始值$\widetilde{\boldsymbol{A}}_0$和$\widetilde{\boldsymbol{H}}_0$时,非线性控制变量$u_f(t)$使系统仍然保持稳定,从图7－16可以看到,当参数发生较大偏差时(图7－5),动态跟踪误差相对较大,但系统仍然处于稳定状态,达到健壮性控制的要求。

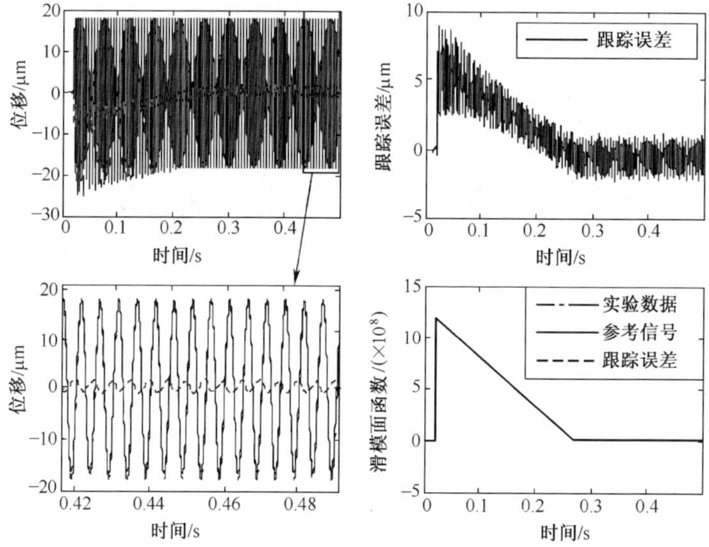

图 7-13　滑模变结构控制实验结果(200Hz)

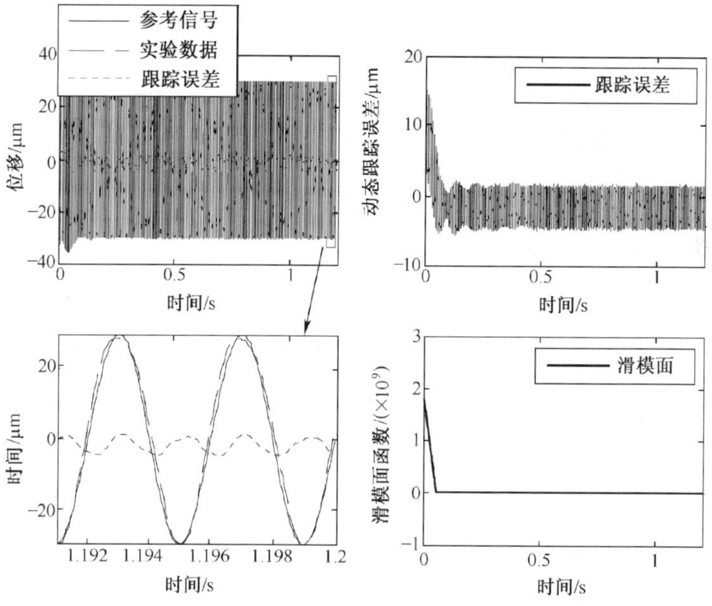

图 7-14　滑模变结构控制实验结果(250Hz)

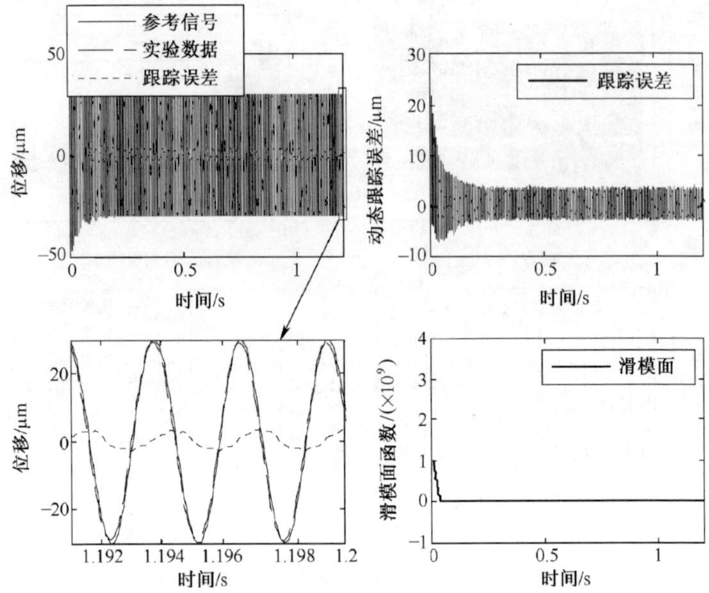

图 7-15 滑模变结构控制实验结果(350Hz)

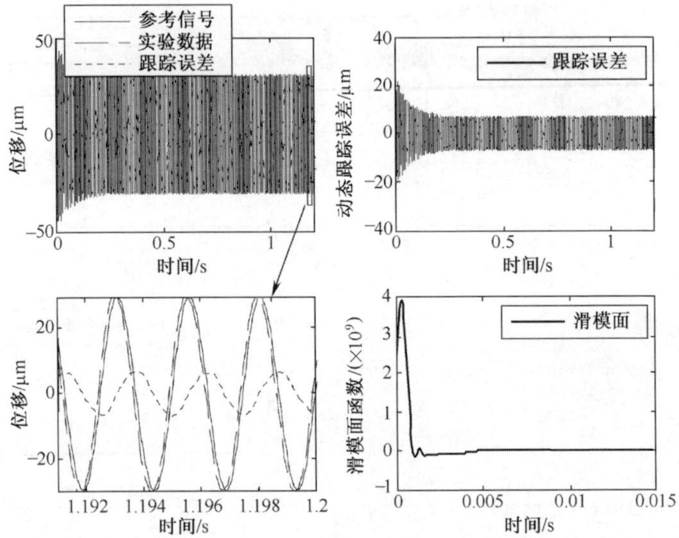

图 7-16 滑模变结构控制实验结果(400Hz)

第8章

Galfenol合金应用研究

材料是人类物质生活和文明进步的基础,新材料对国民经济和高新技术的发展具有重要的推动作用。随着人们对 Galfenol 合金研究的不断深入和拓展,材料性能不断得到改善,加工工艺的精细化和制备水平不断提高,使得材料在尺寸、形状和性能上更加适用于现代智能器件的设计、研制和开发。Galfenol 合金饱和磁场低,磁场灵敏度高,并且具有较高的抗拉强度,在一些器件的设计中不需要采用复杂的预应力机构,器件结构因而变得简单。此外 Galfenol 合金磁导率高,温度特性好,能够在较宽的温度范围内使用,这些优良的特性使得 Galfenol 合金在微位移致动、传感等领域都具有重要的应用价值。

8.1 Galfenol 合金在微位移执行器中的应用

8.1.1 磁致伸缩致动技术

磁致伸缩材料的应用器件包括位移致动器与传感器。致动器件从微观的小行程精密的微纳驱动器件,到宏观的具有行程放大效果的仿生型蠕动、尺蠖型致动器,惯性冲击型致动器,以及结合有柔顺机构的位移放大型驱动器,和利用共振产生动态驱动放大的超声换能器件;致动器的运动维度也从一维的简单位移驱动,旋转型致动电机,发展到单晶片、双晶片的悬臂梁结构的二维弯曲变形,以及基于新型结构型磁致伸缩材料的三维驱动。

传统的致动技术包括电磁电机、气压与液压马达，以及传递这些运动的滚珠丝杠系统。在电压驱动条件下，电磁电机利用磁场与通电导体之间的洛伦兹力实现转动或直线运动；而气压与液压马达分别依靠气体与液体的流量与压力实现转动或直线驱动。常规的精密和超精密加工设备系统结构庞大，而且位移驱动精度越高，设备对环境的要求也越高，系统的成本也随之成倍地增加。系统的精度也有一定局限性。

传统的致动技术属于结构型致动，在机电系统中需要通过离散的元器件结合起来工作，并在外部传感器的辅助下实现控制。在较大尺度应用中具有最佳性能，以标准器件形式进行应用，但与生物医学应用兼容性差。

相比于传统驱动技术，新型致动器技术是基于磁致伸缩材料本身的物理效应实现的驱动，直接将输入的能量转换成微位移输出，减少了复杂而庞大的机械支撑结构，避免了传统方式中的机械传动摩擦，位移分辨率高，结构的成本显著降低。其集合致动、传感功能于一体，可嵌入机电系统中，形成智能型驱动结构。可针对具体应用进行设计，易于实现微型化，与生物医学应用兼容性较强。

微致动包括两方面的含义：一是大尺寸的器件产生微纳尺度的位移输出；二是器件本身是微纳尺度的，其输出位移也在同样的微纳尺度范围。

从能量输入到输出的状态，致动器可分为半主动致动器与主动致动器。半主动致动器的机械能量输出是非正的，即消耗了能量，如阻尼单元 MR/ER 系统。主动致动器的机械能量输出可正可负，如弹簧单元。前者是耗能单元，后者是储能单元。按致动器的运动方式，也可以分为直线运动和旋转运动。

致动器根据输入的信号来产生输出的信号及动作。下面几条准则是判断致动器应用性能优越与否的基础：简单明确的输入-输出对应关系，理想的情况是输入对应唯一的输出；线性化的输入-输出关系，线性化意味着控制过程的直接、有效而又简洁；输出的稳定性与可靠性，输出不能产生较大的波动，通常高功率工作条件下温度的漂移是影响稳定性的主要因素。从定量与定性的角度出发，致动器有动态特性、静态特性及可应用性等指标。

1. 动态特性

(1) 能量密度:最大输出机械能与致动器体积或者重量之比。

(2) 做功密度:每个工作循环,所做的机械功与致动器体积或重量之比。能量密度等于做功密度与工作频率的乘积。

(3) 时间常数与频率带宽。

时间常数:在一阶系统中,时间常数 τ 是指在无载荷情况下,对于施加的阶跃输入信号系统做出响应的参数输出值达到最终输出值的63.2%时所需要的时间。在驱动系统中,机械时间常数 τ_m 常指无载荷体条件下致动器的输出速度达到最终目标值63.2%时所需要的时间。

频率带宽:致动器的频率带宽是由其截止频率区间定义的,截止频率是指致动器输出速度经过3dB衰减时所对应的频率。

(4) 能量效率:输出的机械能与输入的电能之间的比值。

2. 致动器尺度效应

确定致动器的尺度规模效应的最好方法是确立上述动态特性参数与尺度化的比例关系。以长度 L 方向的尺度效应为例,致动器输出行程与 L 成正比,其输出力与 L 平方成正比,而输出的能量密度与 L 的立方成正比。严格地讲,尺度效应需要针对致动器不同的物理原理、能量场来分别分析。

3. 静态性能

(1) 最大输出力:致动器无应变或转动产生时的最大施加载荷或扭矩。

(2) 最大行程:在无载荷条件下,致动器产生的最大位移或应变输出。对于旋转型电机,行程不受限制。

4. 可应用性及环境的影响程度

致动器的可应用性需要考虑致动器本身的特性与应用场合的兼容性。一方面需要利用应用对象的主要变化特征或所处的环境与致动器本身的物理效应相互结合;另一方面又需要避免环境的变化因素与致动器应用要求之间的冲突与矛盾。

8.1.2 致动器应用领域

基于 Galfenol 合金的致动技术主要有以下几种典型应用。

1. 仿生蠕动型位移放大致动器及旋转电机

文献[148]基于 Galfenol 实现了微型驱动器自推进作用机理并进行了动力学分析。由于 Galfenol 具有良好的可加工性和韧性，它很容易加工成各种形状。而且，由于 Galfenol 具有较大的抗拉强度不需要对其施加预应力。作者在设计中使用了小型低阻抗线圈，只需要施加较低的电压便可使 Galfenol 材料产生变形。正基于 Galfenol 这些优点，使微型驱动器的设计得以实现，如图 8-1 所示。

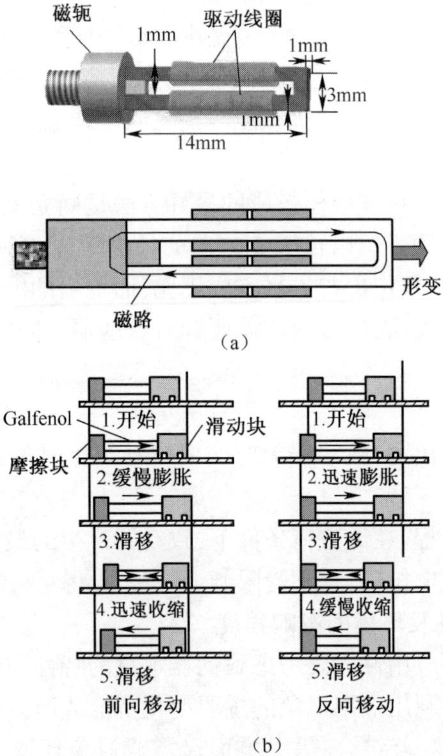

图 8-1 微型驱动器的设计原理图(a)及自推进作用原理(b)

微型驱动器主要由 U 形芯、驱动线圈和磁轭组成。U 形芯的横截面积为 $3mm^2$，长度为14mm。U 形芯的每一分支均缠绕了铜线圈，铜线圈的直径为 0.05mm，线圈匝数为 430 圈，电阻为 21Ω。磁轭通过环氧树脂与 U 形芯相连，从而构成了一个闭环磁路。当给线圈施加激励电流时，U 形芯便在纵向产生相应的变形。通过给驱动器线圈施加锯齿波电流，使驱动器“缓慢膨胀”或者“迅速收缩”，系统在摩擦力和内力相互作用下，实现自行的前进或者后退。

文献[149]中开发了一套基于 Galfenol 合金的线性电机，用于驱动微型机器人。一般情况下，微型机器人可由小型电磁电机或者压电陶瓷执行器提供推动力。但电磁电机噪声大且需要放大机构增大驱动力，而压电陶瓷材料脆性大难以加工。微型机器人需要低功耗和较大工作温度范围的驱动机构，因此，该文献作者基于 Galfenol 的优良性能设计开发了一种新型线性电机，结构原理如图 8－2 所示。

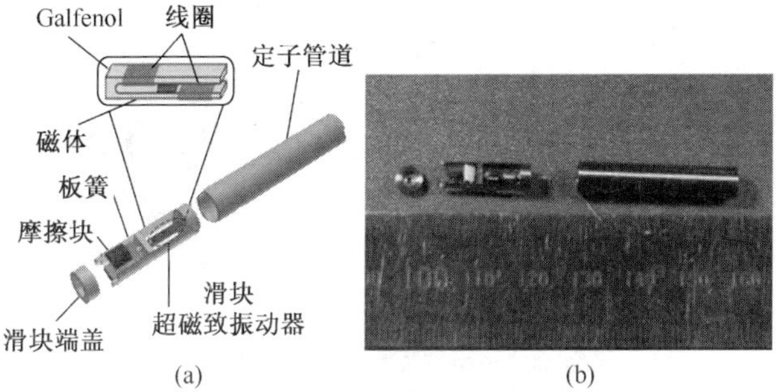

图 8－2　超磁致线性电机的虚拟样机(a)及其实物图(b)

线性电机一端为滑块，滑块材料为不锈钢 SUS430，另一端平板弹簧与摩擦块相连产生摩擦力。其中，滑块直径为 5mm，长为 19mm，质量仅为 0.6g。线性电机在定子管道中运动，通过平板弹簧可以调节摩擦力大小。

此外，Toshiyuki Ueno 等人在文献[150]中提出一种基于 Galfenol (Fe－Ga)的微型球形电机，其结构图如图 8－3 所示。球形电机由 4 根矩形截面 Galfenol 棒、缠绕线圈、球形转子、永恒磁铁及其固定装置组成。球形转子附着在 4 根 Galfenol 棒端部，Galfenol 棒以 90°间隔成圆周布置,各棒相互平行且都缠绕铜线圈。磁铁安装在Galfenol棒中心为球形转子提供偏置磁场,使球形转子吸附在Galfenol棒上。当在相对的线圈中施加相差180°的驱动电流时,一端Galfenol棒膨胀,另一端Galfenol棒收缩,进而在转子中产生扭矩。两组Galfenol棒通过磁场作用,可使转子产生二维转动。该球形马达可应用于内窥镜中,作为镜头的微型旋转驱动器。Toshiyuki Ueno等人在另一篇文献中基于Galfenol材料设计了另一种二自由度的致动器,结构中设计有两组正交的Galfenol薄片,在线圈磁场作用下该致动器可实现X与Y两个方向的运动,两个方向运动特征相同,具有相同的最大位移和共振频率。结构的输出力较高。致动器原理与实物图如图8-4所示。

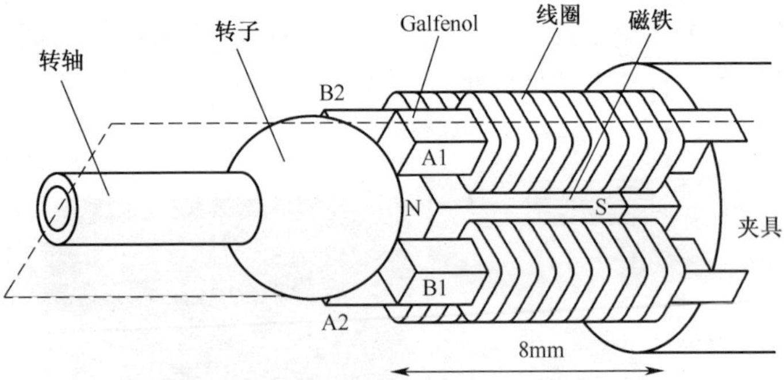

(a)

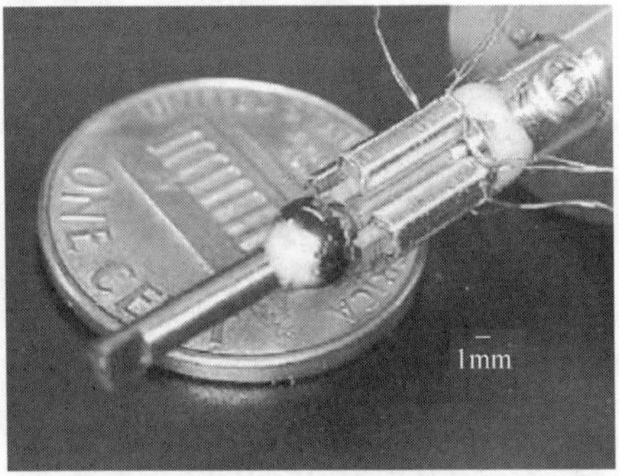

(b)

图8-3 球形电机结构原理(a)及其实物图(b)

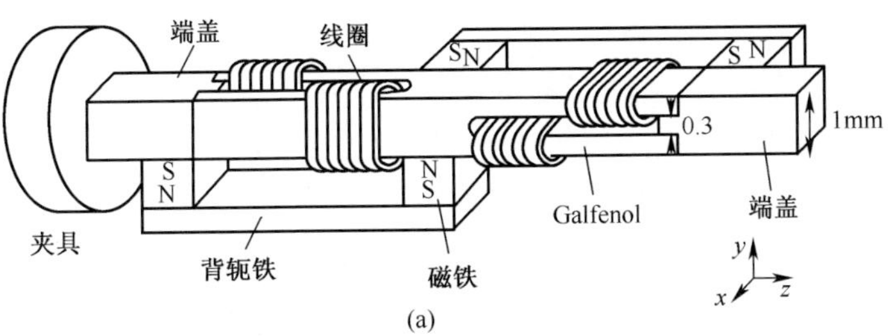

(a)

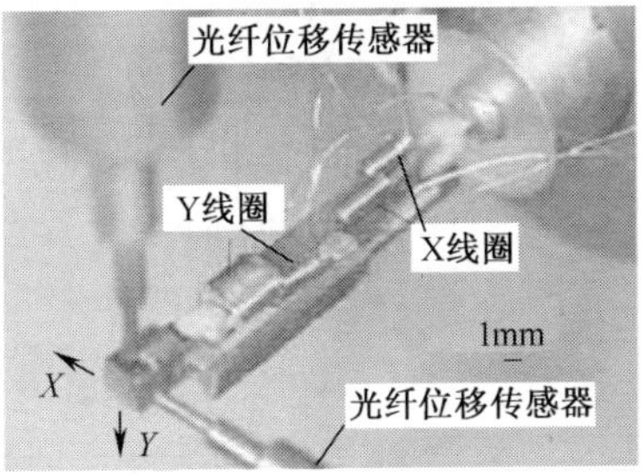

(b)

图 8－4　二自由度 Galfenol 致动器原理(a)与实物图(b)

2. 基于柔顺放大机构的致动器

柔顺放大机构的基本原理是利用杠杆放大的方法实现输入到输出的位移放大,使得磁致伸缩材料的微小位移驱动通过放大满足实际应用中对行程的要求。

图 8－5 显示的是三种常用的柔顺放大机构月牙型、虹桥型、钹型,

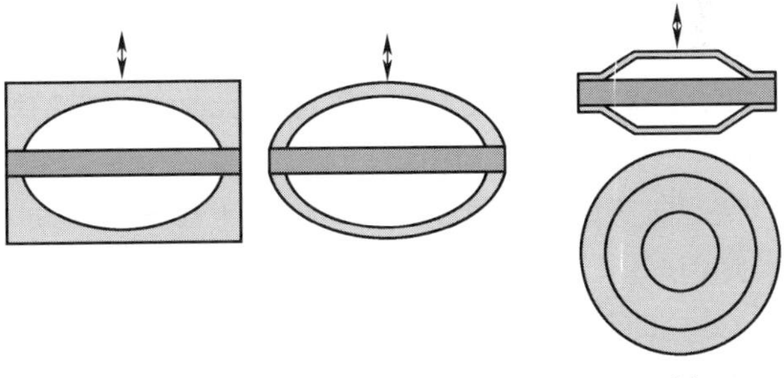

(a)　(b)　(c)

图 8－5　三种形式的柔顺放大机构

(a)月牙型;(b)虹桥型;(c)钹型。

钹型结构源于一种传统的打击乐器。图 8-5 中中间深灰色矩形部分皆表示致动单元，沿长度方向伸长或缩短，上下对称的浅颜色部分是柔顺放大结构，箭头表示放大位移的输出方向。当致动单元伸长时，放大结构往中心回收，当致动单元缩短时，放大结构往外侧放大输出。

悬臂梁结构可以实现挠曲的二维运动，同时也是一种位移放大结构。智能材料的悬臂梁结构通常是智能材料层和基体层的黏合结构，智能材料在产生伸长时，受到基体材料的约束，使得整个悬臂梁产生弯曲。图 8-6 所示的是单晶片与双晶片悬臂梁结构，其中灰色部分代表基体层，其对应白色的黏合层是功能材料层，虚线部分表示弯曲的方向，可以看到单晶片只有一个运动方向，而双晶片能实现两个方向的弯曲。

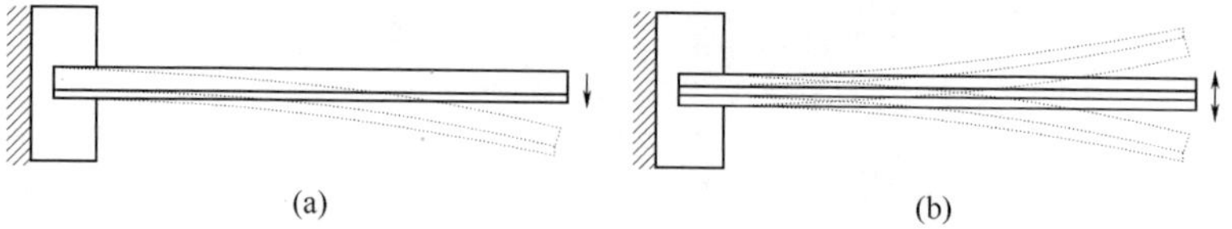

图 8-6　单晶片及双晶片悬臂梁结构
(a) 单晶片；(b) 双晶片。

图 8-7 是 Galfenol 微弯曲复合悬臂梁装置[119]。将 Galfenol 合金加工成 C 形磁轭并覆盖镍元素构成双层薄膜结构。薄膜的长度和宽度分别为 10mm 和 1mm，Galfenol 层厚度为 0.675mm，镍金属层厚度 0.325mm，中性轴恰好位于黏结面进而确定了结构弹性模量。双层薄膜一端与铁板相连构成封闭磁路。薄膜缠绕了两组 140 匝的线圈，线圈直径为 0.1mm，电阻为 2Ω，这样磁场可沿着薄膜材料的纵向分布。由于 Galfenol 和镍金属的磁致伸缩受到黏结面的约束，薄膜在受到磁场作用时产生弯曲变形。利用高精密切屑加工技术从 1mm 厚的多晶 Galfenol(成分 81.6%Fe，18.4%Ga) 模板中加工得到了磁轭，并测量了两种方式得到磁轭的表现特性。一种为 Galfenol 和 SUS 层压结构，另一种为 Galfenol 和镍的层压结构。其中 Galfenol 由于应力退火而带有残余内部机械应力。相比于前一种类型 13μm 的输出位移，后一种类型观测到的输出位移可达 22μm，其 70% 的增幅缘于预应力效应和镍

的负磁致伸缩性质,验证可知该复合悬臂梁装置的高弯曲(拉伸)特性可承受 500g 的悬挂静载,共振时则可在 200g 的载荷下工作。

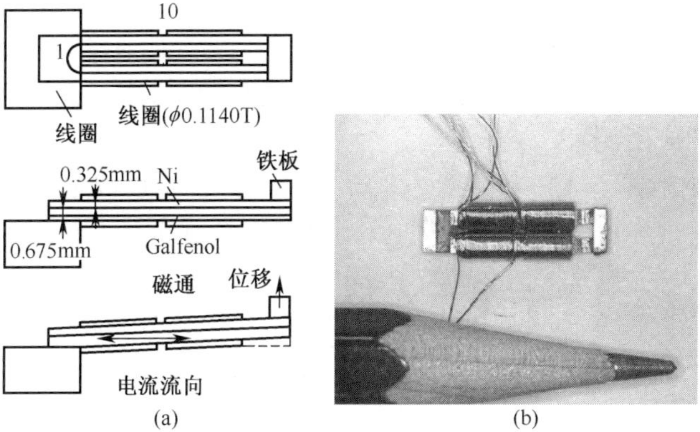

图 8-7　微弯曲复合悬臂梁装置原理图(a)及实物图(b)

文献[151]研究了 Galfenol 薄膜以及它在纳米级领域中的磁致伸缩特性,并采用 Galfenol 悬臂梁设计制作了一个非接触式微驱动器,应用于人眼给药装置。

3. 流体传输与控制

微驱动器产生的位移小,当其应用于流体传输中时受到很大限制,若应用连接有动态校正的液压放大器则可克服这个难题。

文献[152]应用 Galfenol 材料基于双向混合泵的位移放大器成功地解决了这一问题。如图 8-8 所示,这种新型位移放大器可以有效矫

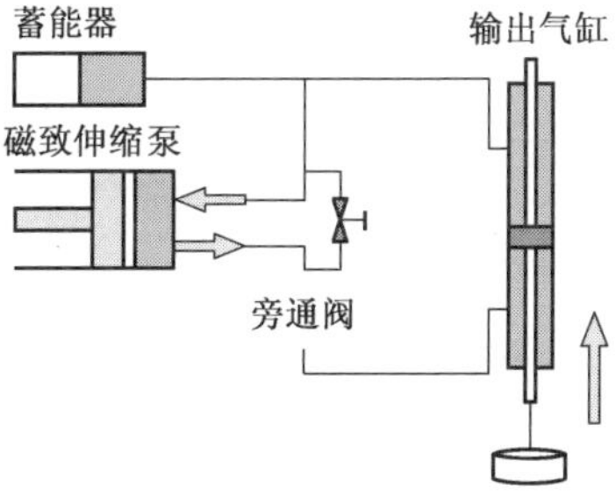

图 8-8　基于双向混合泵的位移放大器

正 5000Hz 下由层状超磁致伸缩材料驱动的活塞输出量,并以 5Hz 频率驱动气缸输出。而这个频率正好是典型直升机转子的转速,5Hz 的输出可用于主转子的控制。而且,从这个设备中可以获得 1/1000 的输出频率和 1000 倍大小的行程,这一性能远远优于其他材料的特性。他们开发的致动装置可以控制直升机变距拉杆运动,在直升机领域里具有良好的应用前景。

此外,文献[153]利用双压电晶片 FeGa/Ni 双层膜上的超磁致伸缩率值呈现相反的特性,在施加驱动磁场下具有明显的角度磁致伸缩属性、较大的磁致伸缩位移量($180\times10^{-6}\sim200\times10^{-6}$),优良的延展性和更高的抗拉强度等优点,将其应用于微量阀的设计,对微气流进行控制。实验证明,这种气动阀在两个自由度方向均获得了较大的位移。

8.2 Galfenol 合金在传感器中的应用

Galfenol 合金具有磁致伸缩逆效应,当受到外部负载作用时,材料内部磁化强度发生改变,进而产生感应电压信号,通过检测感应电压的大小与方向,可以达到对外部负载进行检测的目的。利用 Galfenol 合金的这一特性,可以采用该材料作为敏感元件,开发各种不同用途的传感器结构。

如图 8-9 所示,Galfenol 棒可用于开发力传感器或压力传感器。力或者振动会导致 Galfenol 磁棒化特性的改变,这种变化量可通过感应线圈中的磁通进行监测。

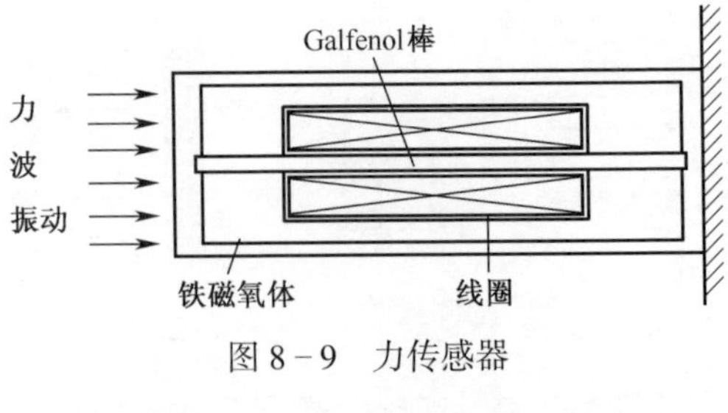

图 8-9 力传感器

基于 Galfenol 的非接触式扭矩传感器如图 8-10 所示。两个超磁致伸缩薄片与转轴相连,转轴承受扭转载荷。转轴上的扭转力矩在一薄片上产生拉应力,在另一薄片上产生压应力,应力的变化使两个薄片的磁化强度均发生改变。随着超磁致伸缩薄片磁阻的变化,它们在纵向磁场上的磁场分布也将改变。

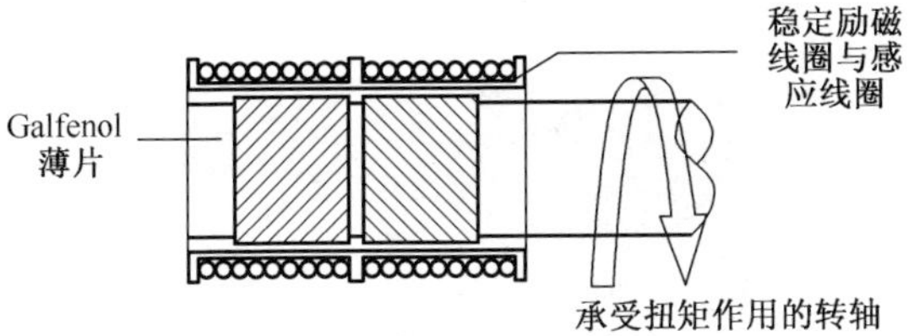

图 8-10　扭矩传感器

此外,Calkins 等人开发的传感器装置还包括定位传感器、运动传感器和力传感器[99],Garshelis 等人为超磁致伸缩扭矩传感器作了一些创新设计,例如,所开发的具有方向极性的环形激励超磁致伸缩环,显著地提高了基于这一技术的传感器的可靠性和健壮性[154]。

W. J. Fischer 等人开发的 Galfenol 谐振传感器,用于无线接骨板的弯曲测量[155]。医学表明,若骨折愈合的过程可以用无线监控,可以缩短病人的住院时间。W. J. Fischer 等人正是基于这一点,利用 Galfenol 芯线圈和电容组成谐振电路,实现了对弯曲板间接无线测量。该传感器如图 8-11 所示。Galfenol 谐振弯曲传感器粘贴在光滑表面上并嵌入接骨板中。试验表明,该传感器具有线性度较好的谐振频率—力特性,并且时间和频域的测量都是通过外部测量线圈实现的。

在微观领域里,薄膜和微机电系统结构制备技术显著减小了超磁致传感器的尺寸和成本,提高了超磁致传感器的灵敏度和健壮性。特别是 Galfenol 具有较强的韧性,能够在硅衬底上外延沉积,使之非常适合在微观传感器及小型声传感器领域中的应用[156]。如图 8-12 所示的 Galfenol 纳米线小型声传感器可通过提高纵横比来外延分解声波信号的各种频谱,其灵敏度可以控制在较小的频带内。

微小的毛状或纤毛传感器在人类疾病的诊断中起着重要作用。文献[157]从内耳耳蜗的封装和传导过程获得灵感,利用 Galfenol 纳米线

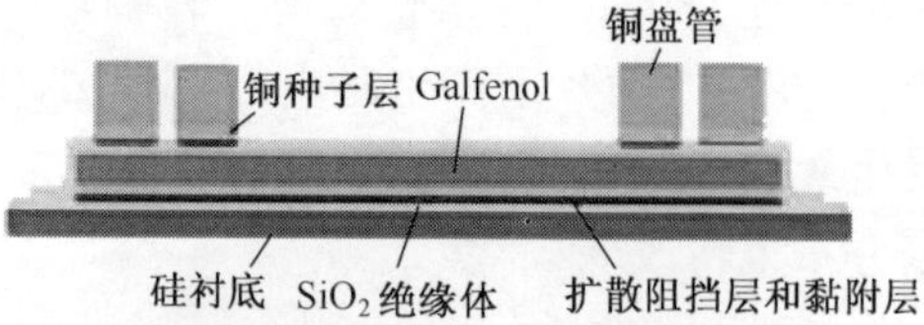

(a)

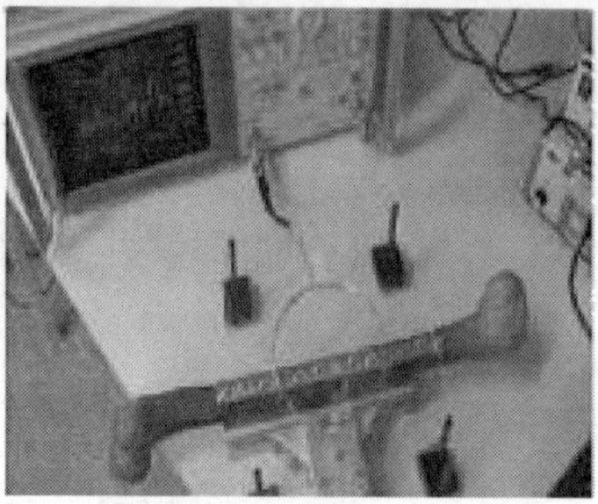

(b)

图 8-11　用于骨折愈合监测的 Galfenol 谐振传感器原理图(a)及实物图(b)

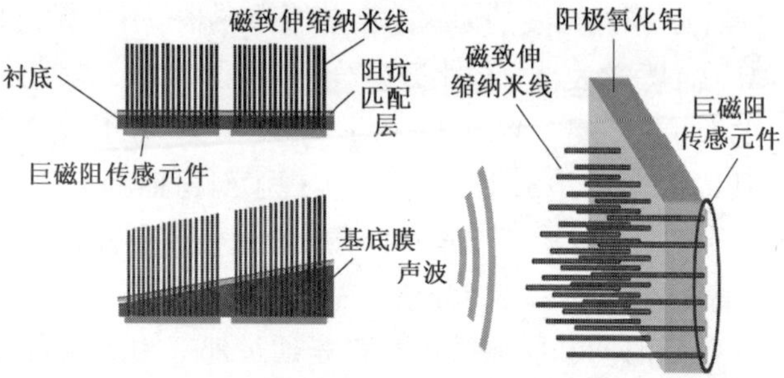

图 8-12　Galfenol 纳米线声波信号频谱外延分解原理图

制作而成人造纤毛声波传感器来感应声波信号。该研究采用电化学沉积而成的纳米 AAO 模板,可以制作出镍、钴和 Galfenol 纳米线。模板上有各种几何形状的孔洞,高深宽比的纳米线直径从 10nm 到 200nm 不等,长度可达 60μm,这些孔洞可以制作成阵列,用电化学中霍耳槽制成的 Galfenol 薄膜,可以利用 X 射线衍射和能量色散 X 射线光谱仪进行表征,以确定最佳的沉积电流密度。纳米线纤毛传感器可以应用于包括声纳传感、水下摄像机和医疗设备中。图 8-13 为纤毛传感器表面的 SEM 微观图。

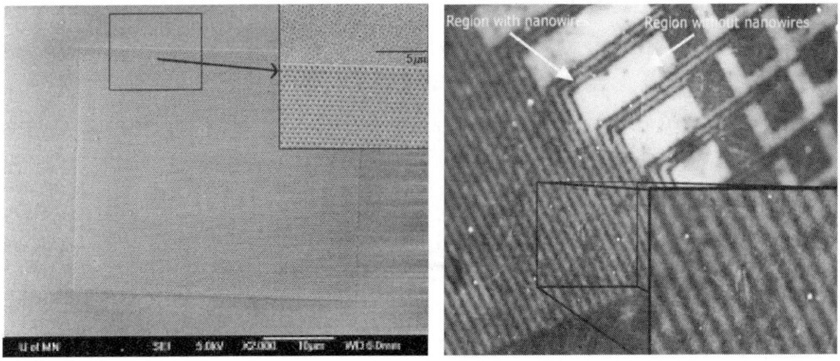

图 8-13　纤毛传感器表面的 SEM 微观图

此外,文献[158]运用由 PZT 和 Galfenol 组成的磁电(ME)薄膜结构,设计并制造出了转速计器件。将转速器安装在被测量电机的装配齿轮上。六块具有交流电极的稀土磁体对应于磁电薄膜传感器安装在转轴上。旋转磁体产生振荡磁场,磁场中的 Galfenol 材料因为磁致伸缩效应产生应变。交流应变传输给压磁材料产生电压,由于测量电压的响应频率与轴的转速成一定的函数关系,进而可以获取测量轴的实际转速。

8.3　典型工程实例

Galfenol 合金与 Terfenol-D、压电陶瓷等材料相比具有独特的机械特性,本章前面两节介绍了 Galfenol 合金在微驱动和传感方面的应用概况,这一节将在前面内容的基础上,结合具体工程实例,介绍 Galfenol 合金的典型应用,并将之与其他两种类型的智能材料作对比研究。

8.3.1　典型工程实例一:悬臂梁结构驱动器

基于悬臂梁结构的位移驱动器是 Galfenol 合金的一个典型应用,利用悬臂梁可以实现力和位移的传递。由于合金具备其他智能材料无法达到的机械特性，因此 Galfenol 合金可以广泛地应用在以悬臂梁为基础元件的智能器件中。图 8－14 所示为 Galfenol 悬臂梁驱动器的典型结构，通过 Galfenol 合金的主动伸缩应变，悬臂梁驱动器产生对外界力和位移的输出。在本书第 4 章中，研究了悬臂梁输出挠度与厚度比之间的关系，当悬臂梁曲率一定时，输出挠度可以表示为

$$D = -\frac{1}{2}\kappa L^2 \tag{8-1}$$

从式(8－1)可以看出，当悬臂梁曲率一定时，其挠度大小与悬臂梁长度的平方成正比，长度越大，则悬臂梁的输出位移越大。然而一味增加悬臂梁的长度，将加剧悬臂梁驱动层所承受的张力，普通脆性较大的智能材料无法承受这样的载荷。Galfenol 合金独特的力学性能，可以满足在大挠度条件下对驱动器件进行驱动，本节将研究不同长度、不同 Galfenol 覆盖比条件下悬臂梁驱动器的驱动特性以及受力特性，并将之与 Terfenol－D 和 PZT 材料进行对比。

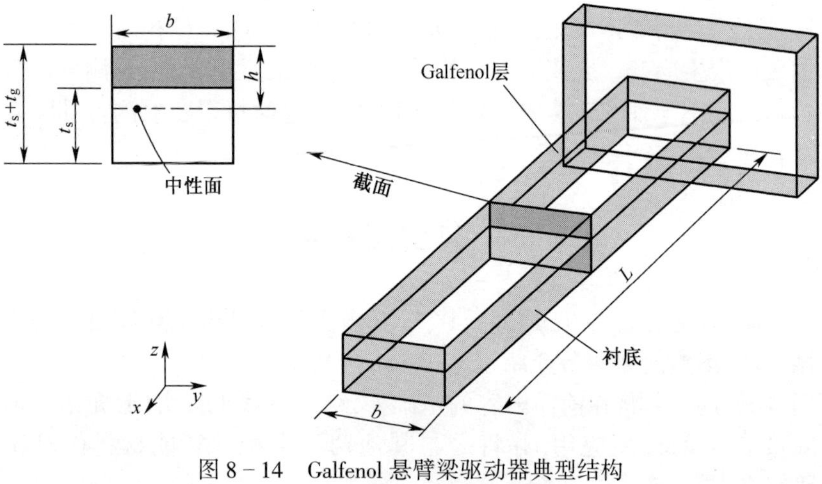

图 8－14　Galfenol 悬臂梁驱动器典型结构

本书第 5 章中基于虚功原理，建立了 Galfenol 合金长度和衬底长度相同时驱动器的动力学耦合模型，本章将在第 5 章的基础上，采用类似的方法研究 Galfenol 合金采用不同覆盖长度时驱动器的动力学响应。不同覆盖比时的 Galfenol 悬臂梁示意图如图 8－15 所示，衬底层

厚度为 t_s ,其长度为 L ;Galfenol 层厚度为 t_g ,其长度为 L_2。

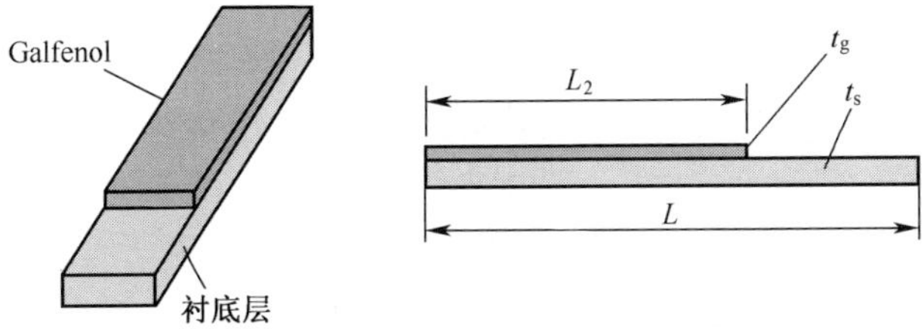

图 8-15 悬臂梁驱动器中的 Galfenol 合金覆盖比

驱动器内部应力所做的虚拟功可以表示为

$$\delta W_{\sigma}=E_g I_g\int_0^{L_2}\frac{\partial^2 v(t,x)}{\partial x^2}\delta\frac{\partial^2 v(t,x)}{\partial x^2}\mathrm{d}x-E_g Q_g\int_0^{L_2}\frac{\partial^2 v(t,x)}{\partial x^2}\delta\frac{\partial u(t,x)}{\partial x}\mathrm{d}x-$$
$$E_g Q_g\int_0^{L_2}\frac{\partial u(t,x)}{\partial x}\delta\frac{\partial^2 v(t,x)}{\partial x^2}\mathrm{d}x+E_g A_g\int_0^{L_2}\frac{\partial u(t,x)}{\partial x}\delta\frac{\partial u(t,x)}{\partial x}\mathrm{d}x+$$
$$E_g\int_0^{L_2}\int_{A_g}\lambda(H,\sigma_g)\delta\frac{\partial^2 v(t,x)}{\partial x^2}z\mathrm{d}A_g\mathrm{d}x-E_g\int_0^{L_2}\int_{A_g}\lambda(H,\sigma_g)\delta\frac{\partial u(t,x)}{\partial x}\mathrm{d}A_g\mathrm{d}x+$$
$$E_s I_s\int_0^{L}\frac{\partial^2 v(t,x)}{\partial x^2}\delta\frac{\partial^2 v(t,x)}{\partial x^2}\mathrm{d}x-E_s Q_s\int_0^{L}\frac{\partial^2 v(t,x)}{\partial x^2}\delta\frac{\partial u(t,x)}{\partial x}\mathrm{d}x-$$
$$E_s Q_s\int_0^{L}\frac{\partial u(t,x)}{\partial x}\delta\frac{\partial^2 v(t,x)}{\partial x^2}\mathrm{d}x+E_s A_s\int_0^{L}\frac{\partial u(t,x)}{\partial x}\delta\frac{\partial u(t,x)}{\partial x}\mathrm{d}x \tag{8-2}$$

式(8-2)与式(5-7)的区别在于 Galfenol 合金的覆盖长度不同,需要对两层分开进行建模。采用类似的方法,惯性力和结构阻尼所做的虚拟功可以表示成:

$$\delta W_{\rho}=\int_0^{L_2}\int_{A_g}\rho a^u\delta u\mathrm{d}A\mathrm{d}x+\int_0^{L_2}\int_{A_g}\rho a^v\delta v\mathrm{d}A\mathrm{d}x+\int_0^{L}\int_{A_s}\rho a^u\delta u\mathrm{d}A\mathrm{d}x+$$
$$\int_0^{L}\int_{A_s}\rho a^v\delta v\mathrm{d}A\mathrm{d}x$$
$$=\int_0^{L_2}\int_{A_g}\rho\frac{\partial^2 u(t,x)}{\partial t^2}\delta u\mathrm{d}A\mathrm{d}x+\int_0^{L_2}\int_{A_g}\rho\frac{\partial^2 v(t,x)}{\partial t^2}\delta v\mathrm{d}A\mathrm{d}x+$$
$$\int_0^{L}\int_{A_s}\rho\frac{\partial^2 u(t,x)}{\partial t^2}\delta u\mathrm{d}A\mathrm{d}x+\int_0^{L}\int_{A_s}\rho\frac{\partial^2 v(t,x)}{\partial t^2}\delta v\mathrm{d}A\mathrm{d}x \tag{8-3}$$

$$\delta W_c = \int_0^{L_2}\int_{A_g} c\frac{\partial u(t,x)}{\partial t}\delta u\mathrm{d}A\mathrm{d}x + \int_0^{L_2}\int_{A_g} c\frac{\partial v(t,x)}{\partial t}\delta v\mathrm{d}A\mathrm{d}x + \int_0^{L}\int_{A_s} c\frac{\partial u(t,x)}{\partial t}\delta u\mathrm{d}A\mathrm{d}x + \int_0^{L}\int_{A_s} c\frac{\partial v(t,x)}{\partial t}\delta v\mathrm{d}A\mathrm{d}x \tag{8-4}$$

则弱解式的虚功原理方程可以表示成：

$$\begin{aligned}
&E_gI_g\int_0^{L_2}\frac{\partial^2 v(t,x)}{\partial x^2}\delta\frac{\partial^2 v(t,x)}{\partial x^2}\mathrm{d}x - E_gQ_g\int_0^{L_2}\frac{\partial^2 v(t,x)}{\partial x^2}\delta\frac{\partial u(t,x)}{\partial x}\mathrm{d}x - \\
&E_gQ_g\int_0^{L_2}\frac{\partial u(t,x)}{\partial x}\delta\frac{\partial^2 v(t,x)}{\partial x^2}\mathrm{d}x + E_gA_g\int_0^{L_2}\frac{\partial u(t,x)}{\partial x}\delta\frac{\partial u(t,x)}{\partial x}\mathrm{d}x + \\
&E_sI_s\int_0^{L}\frac{\partial^2 v(t,x)}{\partial x^2}\delta\frac{\partial^2 v(t,x)}{\partial x^2}\mathrm{d}x - E_sQ_s\int_0^{L}\frac{\partial^2 v(t,x)}{\partial x^2}\delta\frac{\partial u(t,x)}{\partial x}\mathrm{d}x - \\
&E_sQ_s\int_0^{L}\frac{\partial u(t,x)}{\partial x}\delta\frac{\partial^2 v(t,x)}{\partial x^2}\mathrm{d}x + E_sA_s\int_0^{L}\frac{\partial u(t,x)}{\partial x}\delta\frac{\partial u(t,x)}{\partial x}\mathrm{d}x + \\
&\int_0^{L_2}\int_{A_g}\rho\frac{\partial^2 u(t,x)}{\partial t^2}\delta u\mathrm{d}A\mathrm{d}x + \int_0^{L_2}\int_{A_g}\rho\frac{\partial^2 v(t,x)}{\partial t^2}\delta v\mathrm{d}A\mathrm{d}x + \\
&\int_0^{L}\int_{A_s}\rho\frac{\partial^2 u(t,x)}{\partial t^2}\delta u\mathrm{d}A\mathrm{d}x + \int_0^{L}\int_{A_s}\rho\frac{\partial^2 v(t,x)}{\partial t^2}\delta v\mathrm{d}A\mathrm{d}x + \\
&\int_0^{L_2}\int_{A_g} c\frac{\partial u(t,x)}{\partial t}\delta u\mathrm{d}A\mathrm{d}x + \int_0^{L_2}\int_{A_g} c\frac{\partial v(t,x)}{\partial t}\delta v\mathrm{d}A\mathrm{d}x + \\
&\int_0^{L}\int_{A_s} c\frac{\partial u(t,x)}{\partial t}\delta u\mathrm{d}A\mathrm{d}x + \int_0^{L}\int_{A_s} c\frac{\partial v(t,x)}{\partial t}\delta v\mathrm{d}A\mathrm{d}x \\
&= -E_g\int_0^{L_2}\int_{A_g}\lambda(H,\sigma_g)\delta\frac{\partial^2 v(t,x)}{\partial x^2}z\mathrm{d}A_g\mathrm{d}x + \\
&\quad E_g\int_0^{L_2}\int_{A_g}\lambda(H,\sigma_g)\delta\frac{\partial u(t,x)}{\partial x}\mathrm{d}A_g\mathrm{d}x
\end{aligned} \tag{8-5}$$

在对方程(8-5)进行求解时，采用第 5 章中相同的型函数对方程进行离散，不同之处在于，在进行单元划分时，由于两层的长度不同，为了计算方便，需要使某一个单元的节点刚好分布于 Galfenol 合金的右边界处(图 8-16)，这样可以提高模型的计算效率。在经过离散以后，

得到离散形式的表达式为

$$\begin{bmatrix} \boldsymbol{m}_e^u & \boldsymbol{0} \\ \boldsymbol{0} & \boldsymbol{m}_e^v \end{bmatrix}\begin{bmatrix} \ddot{\boldsymbol{q}}_e^u \\ \ddot{\boldsymbol{q}}_e^v \end{bmatrix} + \begin{bmatrix} \boldsymbol{c}_e^u & \boldsymbol{0} \\ \boldsymbol{0} & \boldsymbol{c}_e^v \end{bmatrix}\begin{bmatrix} \dot{\boldsymbol{q}}_e^u \\ \dot{\boldsymbol{q}}_e^v \end{bmatrix} + \begin{bmatrix} \boldsymbol{k}_e^u & -(\boldsymbol{k}^{uv})^{\mathrm{T}} \\ -(\boldsymbol{k}^{uv}) & \boldsymbol{k}_e^v \end{bmatrix}\begin{bmatrix} \boldsymbol{q}_e^u \\ \boldsymbol{q}_e^v \end{bmatrix}$$

$$= \begin{bmatrix} \boldsymbol{f}^{\lambda,u} \\ -\boldsymbol{f}^{\lambda,u} + f_e^{ext} \end{bmatrix} \tag{8-6}$$

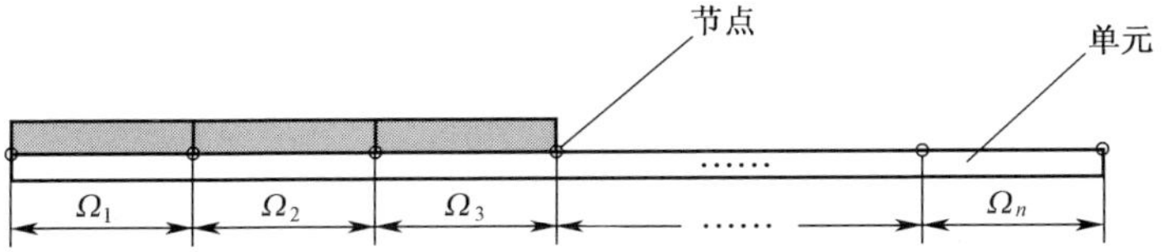

图 8－16　不同覆盖长度时的单元划分

因为采用了不用的覆盖长度，因而方程(8－6)中的单元矩阵需要分开进行积分运算：

$$\boldsymbol{m}_e^u = \boldsymbol{m}_e^{u,g} + \boldsymbol{m}_e^{u.s}, \boldsymbol{m}_e^v = \boldsymbol{m}_e^{v,g} + \boldsymbol{m}_e^{v.s}, \boldsymbol{c}_e^u = \boldsymbol{c}_e^{u,g} + \boldsymbol{c}_e^{u,s}, \boldsymbol{c}_e^v = \boldsymbol{c}_e^{v,g} + \boldsymbol{c}_e^{v,s},$$

$$\boldsymbol{k}_e^u = \boldsymbol{k}_e^{u,g} + \boldsymbol{k}_e^{u,s}, \boldsymbol{k}_e^v = \boldsymbol{k}_e^{v,g} + \boldsymbol{k}_e^{v,s}, \boldsymbol{k}_e^{uv} = \boldsymbol{k}_e^{uv,g} + \boldsymbol{k}_e^{uv,s} \tag{8-7}$$

式中：单元矩阵中的上标 g 和 s 分别表示 Galfenol 层和衬底层的计算结果，在超出长度 L_2 的位置，上标 g 的单元矩阵结果变为零。在计算力载荷矩阵时，其计算方法与方程(5－23)中的相同，只是积分单元个数变少，在超出 Galfenol 合金覆盖长度之外，其积分为零。按照不同的 Galfenol 层长度，定义覆盖比为

$$\eta = \frac{L_2}{L} \tag{8-8}$$

研究静态条件下不带负载时，悬臂梁驱动器在不同覆盖比时的最大输出，其结果如图 8－17 所示。从图中可以看出，驱动器空载时，当 Galfenol 合金达到饱和磁致伸缩应变 λ_s 时，驱动器的最大输出位移随着 Galfenol 覆盖比的增大而增加，位移始终为正方向，当覆盖比超过 70%时，位移增加的斜率逐渐变小。

驱动器带载时的位移输出曲线分别如图 8－18 和图 8－19 所示，

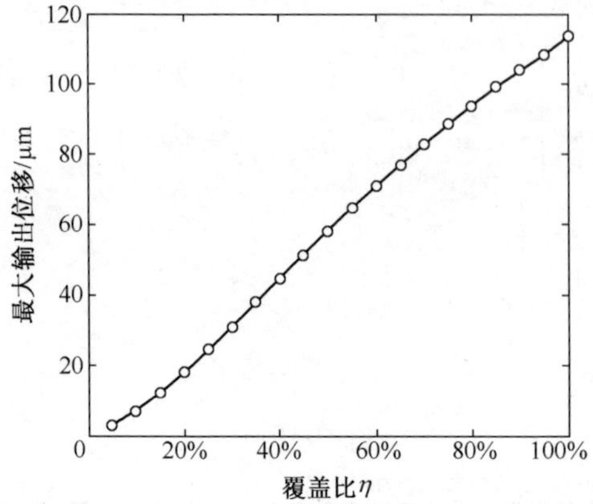

图 8-17　静态空载时驱动器最大输出位移与覆盖比的关系曲线

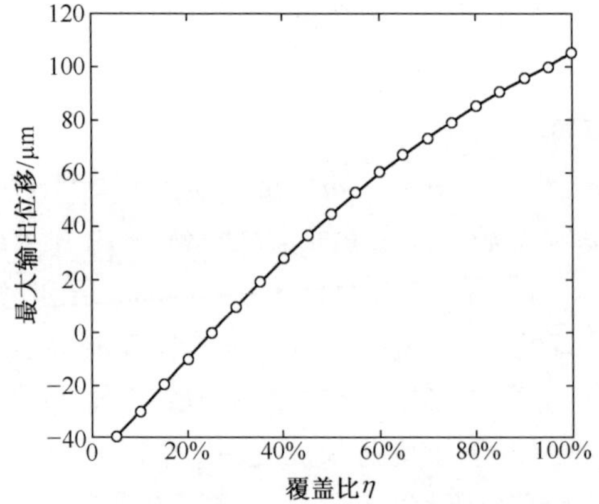

图 8-18　静态带载时驱动器最大输出位移与覆盖比的关系曲线(0.8N)

载荷加载于悬臂梁末端,大小分别为 0.8N 和 3N。从图中可以看出,驱动器输出位移随着 Galfenol 覆盖比的不同开始出现方向上的改变,载荷为 0.8N 时,覆盖比低于 25%时驱动器开始出现负方向的位移,此时驱动器已无法带动载荷。当负载为 3N 时(图 8-19),覆盖比低于 80%时驱动器开始无法驱动负载。对比两张图可以发现,驱动器的带载能力与 Galfenol 合金的覆盖比有直接关系,覆盖比越高,驱动器带载能力越强。对于同样的载荷,覆盖比高的驱动器其驱动位移大。对于同样的输出位移，以 20μm 为例，35%的 Galfenol 覆盖比只能驱动 0.8N 的负载。但当增加 Galfenol 覆盖比达到 95%时（图 8-19），对于同样的位移，驱动器可以驱动 3N 的负载。

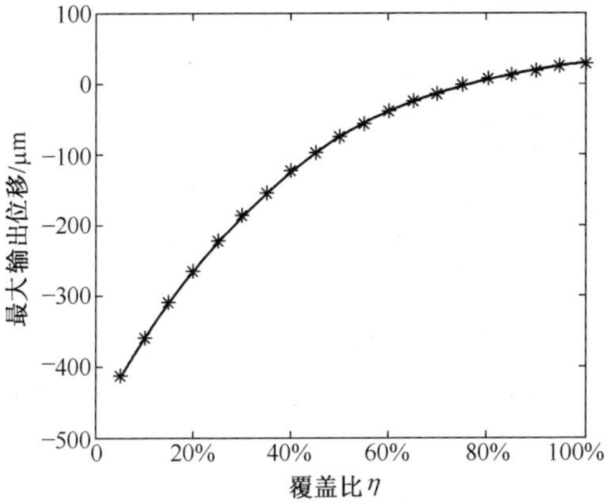

图 8-19　静态带载时驱动器最大输出位移与覆盖比的关系曲线(3N)

增加 Galfenol 合金的覆盖比，提高悬臂梁的长度，可以提升驱动器的带载能力，增加输出位移，但是同时会加剧材料内部承受的张力。由方程(6-40)可知，Galfenol 合金内部应力是内部磁感应强度和应变的函数，当磁感应强度一定时，应变越大，则应力越大。为了对驱动器进行可靠性设计，防止失效，需要研究材料内部应力与外部负载间的变化关系。采用三维有限元的方法对驱动器内部应力的分布进行研究，本书第 6 章中介绍了 Galfenol 驱动器三维耦合动力学建模方法，这里采用这一模型对材料内部的应力分布进行研究。Galfenol 驱动器的几何模型如图 8-20 所示，包括励磁线圈、轭铁磁路和悬臂梁三部分。不同覆盖比时驱动器内部应力的三维分布如彩图 8-21 所示。

图 8-19 中显示了驱动负载为 3N 时，末端位移随 Galfenol 覆盖比的变化关系。当覆盖比低于 80%时，驱动器无法带动负载。当覆盖比为 100%时，驱动器 x 轴法相应力三维分布如图 8-21(a)所示，覆盖比为 70%时的应力分布如图 8-21(c)所示，当无磁致伸缩应变，仅仅施加末端载荷时驱动器的应力分布如图 8-21(b)所示。从图中可以看

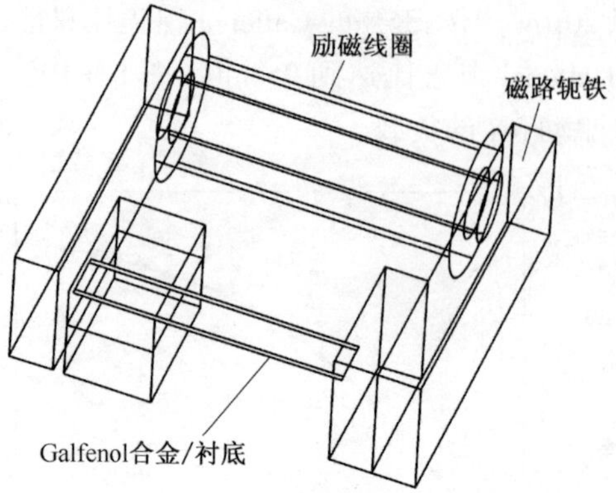

图 8-20　Galfenol 驱动器几何结构

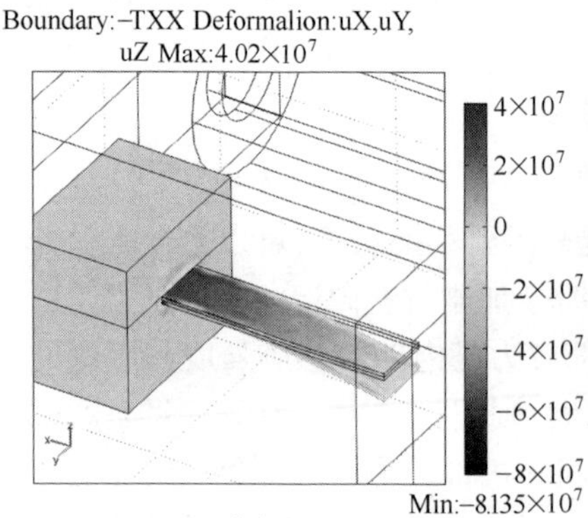

（a）

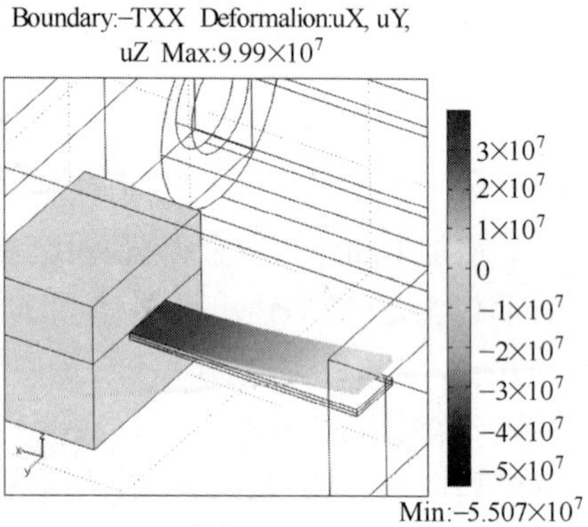

（b）

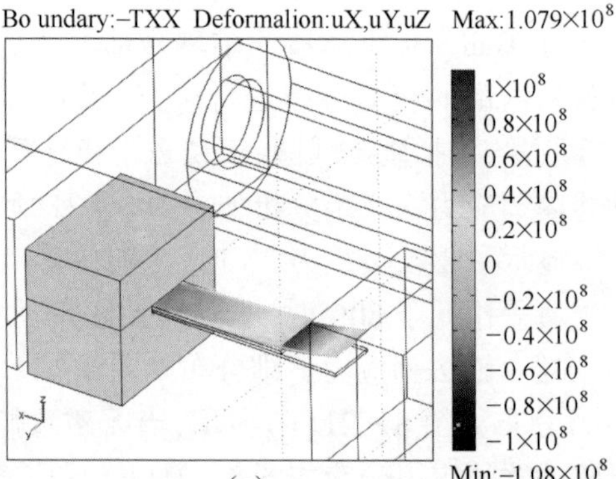

（c）

图 8-21　3N 时悬臂梁 x 轴法相应力三维分布图

（a）饱和磁致伸缩应变、100%覆盖比；（b）零磁致伸缩应变、100%覆盖比；

（c）饱和磁致伸缩应变、70%覆盖比

出，当覆盖比为 100%时悬臂梁的形变向下，说明驱动器此时可以驱动负载。当覆盖比变为 70%时（图 8－21（c）），悬臂梁向上弯曲，说明此时驱动器无法克服负载的阻力，在负载的驱动下向上发生形变。当不施加驱动磁场时，Galfenol 合金的磁致伸缩应变为零，悬臂梁因为末端负载的作用发生向上弯曲（图 8－21（b））。与图 8－21 相对应的 Galfenol 合金内部应力沿长度方向的变化如图 8－22 所示。

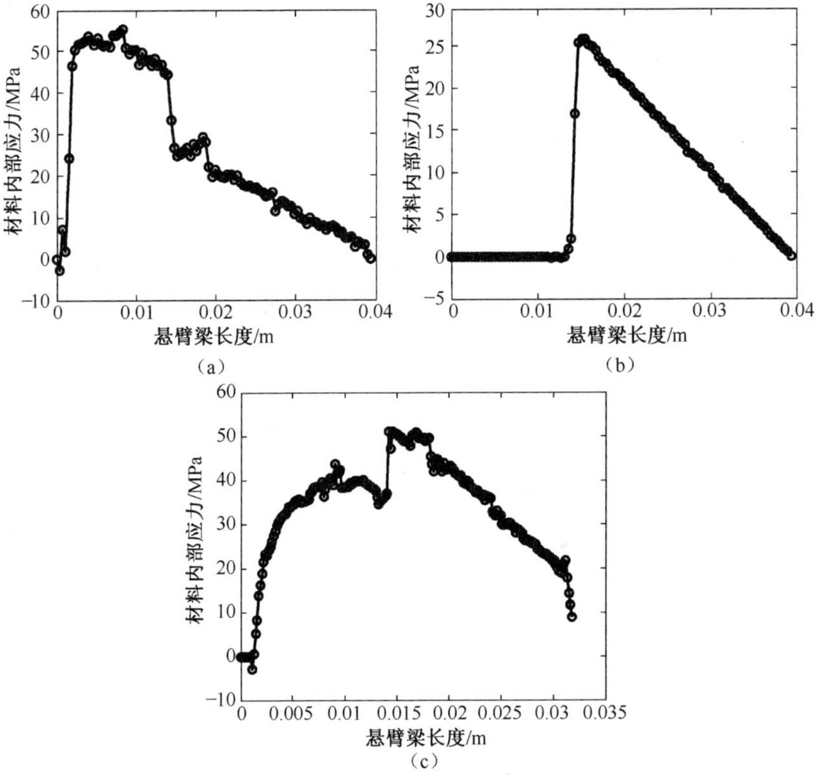

图 8－22　3N 时悬臂梁 x 轴法相应力沿长度方向分布图

（a）饱和磁致伸缩应变、100%覆盖比；（b）零磁致伸缩应变、100%覆盖比；（c）饱和磁致伸缩应变、70%覆盖比。

从图 8－22（a）中可以看出，Galfenol 内部的拉伸应力最大值超过了 50MPa，超过了稀土超磁致伸缩材料（Terfenol－D）所能承受的范围。本书第 1 章中对比 Terfenol - D 和 Galfenol 材料进行了介绍，Galfenol 所能承受的拉伸应力超过 500MPa，Terfenol - D 和压电陶瓷等材料对应的应力范围为 28MPa 左右，无法满足这一应用需求。对比图 8 - 22(a)和图 8 - 22(b)可以发现，对同样的载荷，Galfenol 合金进行励磁驱动以后产生的应力远高于无励磁时候的应力。由于无励磁，图 8 - 22(b)中 Galfenol 与夹块固定的一段其内部应力基本为零，最大应力出现在自由段靠近夹块的位置。图 8 - 22(a)中由于励磁的存在，与夹块一起被固定的 Galfenol 段出现较大的内部应力，并沿长度的方向逐渐变小。

为了研究材料内部应力随覆盖比的变化关系，对驱动器施加固定的挠度(400μm)，改变 Galfenol 合金的覆盖比，材料最大内部应力随覆盖比的变化曲线如图 8 - 23 所示。从图中可以看出，最大应力值整体上随着覆盖比的减少而变小，进一步分析图 8 - 23 可以发现，覆盖比在 10%和 70%附近出现拐点，应力变化的斜率在 70%以上时变得平缓，低于 10%时变得陡峭，这说明当覆盖比大于 70%时，继续增加覆盖比，材料内部需要承受的应力增加缓慢。图 8 - 23 中最大应力超过 50MPa，这说明 Terfenol - D、压电陶瓷等脆性较大的材料无法满足该应用需求，为了满足要求，可以通过减少覆盖长度的方法减小材料内部承受的

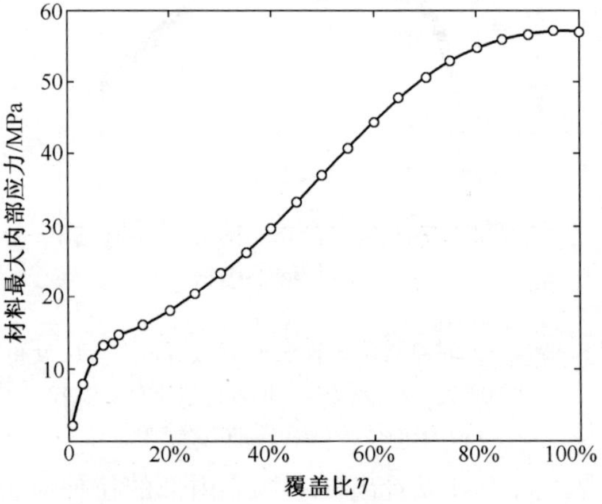

图 8 - 23　固定位移时材料内部应力随覆盖比的变化关系

拉伸应力，但该做法将直接导致驱动器的驱动能力变小（图 8－18、图 8－19）。Galfenol 独特的机械特性可以满足应力较大时的应用场合，弥补了 Terfenol－D 和压电陶瓷等材料的不足。

8.3.2　典型工程实例二：Galfenol 交变载荷力传感技术

力传感技术是与人类日常生活和生产紧密联系的一项重要科学技术，随着现代高级、精密和尖端科技不断地发展，人们对力的检测方法和检测手段不断提出更高的要求。传统的力检测方法有两种，分别为应变式压力检测和压电式压力检测。在应变式压力传感器中，利用弹性敏感元件和应变计将被测压力转换为电阻值的变化，进而通过电阻的变化得到力的大小。该方法对应变片的装配精度要求较高，测量精度很大程度取决于贴片的精度，且其线性工作区间小，动态响应较差；压电传感是一类利用材料压电效应的力检测技术，当材料受压力作用发生机械应变时，其相对的两个侧面上将会产生异性电荷，通过检测电荷量的变化即可得到外界压力的大小。压电式力传感器结构简单，工作可靠，但是由于需要采集压电效应中产生的电荷量，压电传感器无法测量静态和准静态的压力[159]，同时由于压电材料脆性大，无法进行机械加工，当应力过大或者发生剪切应变时，材料会发生断裂[114]。

如图 8－24 所示，连续时变负载的方向和大小随时间变化，设其负方向表示压力，正方向表示拉力，t_1 时刻之前负载正交变换，t_1 时刻之后负载变为静态常力。压电材料本身的物理特性限制了其应用范围，无法对 t_1 时刻前后的负载进行连续测量。

磁致伸缩力传感器是一类新近出现的力检测技术，其中的典型代表是基于超磁致伸缩材料（GMM，牌号 Terfenol－D）的力传感器[160,161]。当 Terfenol－D 承受外加应力时，其磁化率发生变化，磁结构中的磁场分布也会发生变化，从而可以通过检测磁场的变化来得到外界力的大小。在安装了霍耳器件对静态磁场进行测量以后，该技术可以对静态常力进行测量。但是，与压电材料一样，Terfenol－D 具有脆性大的缺陷，无法承受较大的拉应力和剪切应变。当拉力和压力负载交变出现时（图 8－24），无法对负载进行连续性交变测量，限制了该类技术的实际应用和市场推广。

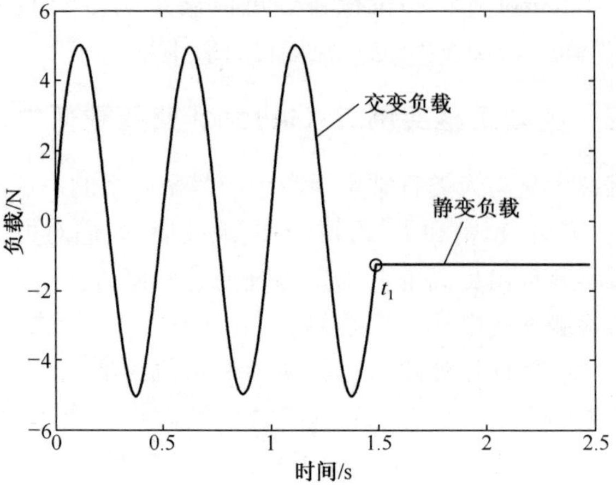

图 8－24　连续时变负载示意图

Galfenol 合金具备优良的力学性能和磁致伸缩效应，可以承受连续交变的拉力和压力负载。当合金承受如图 8－24 所示的连续时变负载时，材料的磁化率发生改变，从而引起系统磁路中磁感应强度和磁场强度的变化，通过检测磁场强度的改变可以获得外加拉力或者压力的大小。这就是磁致伸缩逆效应，也称作 Villari 效应。

8.3.2.1　Galfenol 力传感原理

为了能够对拉力和压力负载进行连续测量，Galfenol 合金力传感器基本工作原理如图 8－25 所示。图中 Galfenol 合金的两端加工成与锁紧结构配合的接口，通过固定螺母分别与输出轴和底座进行固定，可以对 Galfenol 棒进行挤压或者拉伸，实现对交变时变负载进行连续测量的目的。传统的压电材料、Terfenol－D 等材料脆性大，无法进行机械加工，因此无法实现图 8－25 中的功能。

图 8－25 中通过两级励磁线圈对 Galfenol 合金进行激励，材料此时达到初始磁化强度 $\boldsymbol{M}_0$，当对 Galfenol 合金施加外力时，材料的磁化强度 $\boldsymbol{M}$ 发生改变，引起磁化率 $\boldsymbol{\chi}(\boldsymbol{H},\boldsymbol{\sigma})$ 的变化，从而在采样线圈两端

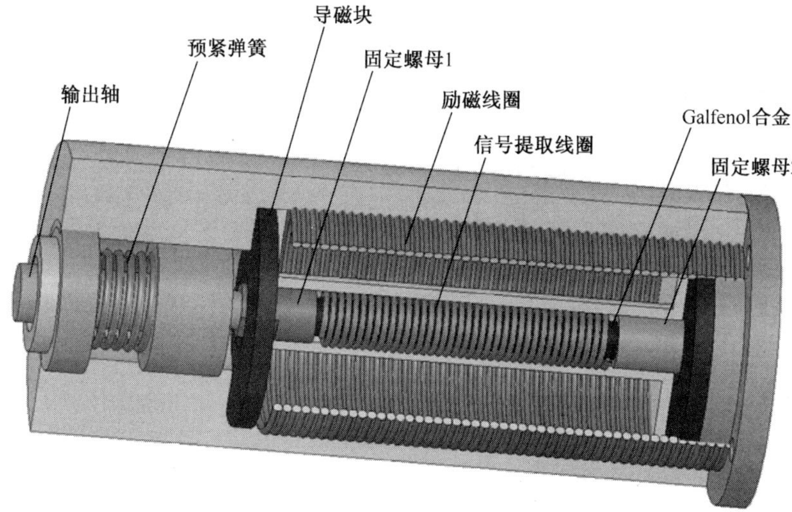

图 8 - 25　Galfenol 力传感器几何模型示意图

产生感应电动势，依据建立的应力与磁化率 $\boldsymbol{\chi}(\boldsymbol{H},\boldsymbol{\sigma})$ 的映射模型，就可以对力的大小进行计算。

Galfenol 合金力传感的核心在于通过建立材料磁化率与外加应力的函数关系，利用磁化率表征外加负载的大小。Galfenol 合金的磁-机耦合效应可以用方程(6 - 37)进行表示。方程(6 - 37)中，$\boldsymbol{\mu}^{\sigma}$ 为磁导率张量，上标 $\boldsymbol{\sigma}$ 表示应力为常数条件下磁导率的测量值；$\boldsymbol{s}^{H}$ 为磁场强度为常量时的柔顺系数张量；$\boldsymbol{d}$ 为压磁系数张量；该系数矩阵通过建立 Galfenol 合金三维磁化非线性模型获得。磁化强度 $\boldsymbol{M}$ 可以表示成 $\boldsymbol{B}$ 的函数 $\boldsymbol{M} = \boldsymbol{B}/\mu_0 - \boldsymbol{H}$，从而通过(6 - 37)中的非线性系数矩阵将磁场变量 $\boldsymbol{B}$、$\boldsymbol{H}$、$\boldsymbol{M}$ 与机械变量 $\boldsymbol{S}$ 和 $\boldsymbol{\sigma}$ 进行耦合。研究 Galfenol 合金磁化率与外加应力的函数关系，首先需要解决材料的磁-机耦合关系。三维条件下驱动磁场的控制方程可以用式(6 - 4)和式(6 - 7)表示。

力传感器的机械动力学响应表示成式(6 - 9)的控制方程，式中 $\boldsymbol{f}_B$ 表示体积力，$\boldsymbol{u}$ 表示结构的位移矢量。通过磁-机耦合效应方程(6 - 37)，将驱动磁场控制方程(6 - 4)和(6 - 7)所表征的磁场变量 $\boldsymbol{B}$、$\boldsymbol{H}$、$\boldsymbol{M}$ 与方程(6 - 9)所表征的机械变量 $\boldsymbol{S}$ 和 $\boldsymbol{\sigma}$ 进行耦合，得到弱解形式的力传感器动力学耦合模型,即将 $\boldsymbol{B}$ 表示成 $\boldsymbol{\sigma}$ 与 $\boldsymbol{H}$ 的函数:

$$\boldsymbol{B}=f(\boldsymbol{\sigma},\boldsymbol{H}) \tag{8-9}$$

由于 $\boldsymbol{M}=\boldsymbol{B}/\mu_0-\boldsymbol{H}$,磁导率 $\boldsymbol{\chi}(\boldsymbol{H},\boldsymbol{\sigma})=\boldsymbol{M}/\boldsymbol{H}$,因而可以最终通过方程(6-4)、方程(6-7)、方程(6-9)、方程(6-37)和方程(8-9)将 Galfenol 合金磁化率表示成 $\boldsymbol{\sigma}$ 与 $\boldsymbol{H}$ 新的函数关系式:

$$\boldsymbol{\chi}(\boldsymbol{H},\boldsymbol{\sigma})=\hbar(\boldsymbol{\sigma},\boldsymbol{H}) \tag{8-10}$$

注意到,由于材料内部应力 $\boldsymbol{\sigma}$ 同时影响合金的磁化过程和动力学响应,此时的函数方程(8-10)以隐式偏微分方程的形式出现。为了对式(8-10)进行求解,利用有限元方法对耦合模型在三维空间域进行离散化,同时在时间域对弱解式方程中的时间微分项进行离散化,求解出 Galfenol 合金承受外力作用时磁化率 $\boldsymbol{\chi}(\boldsymbol{H},\boldsymbol{\sigma})$ 与外加应力的映射关系,从而可以通过磁化率的变化得到外加力的大小。

8.3.2.2 传感器结构优化设计

传感器的工作首先需要提供励磁条件,目前在有关 Galfenol 力传感方面的研究中,其主要研究机构有美国马里兰大学和俄亥俄州立大学[121,132,162,163]。文献[121]和[162]分别研究了基于梁结构的力检测方法,文献[163]和[132]提出了一种基于棒状 Galfenol 合金的力传感结构,如图 8-26 所示。

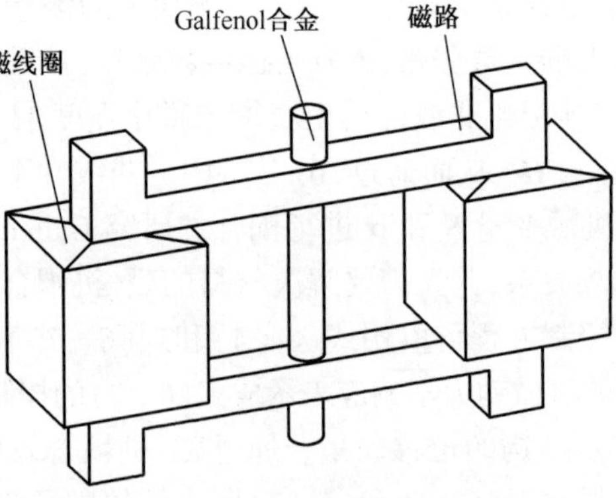

图 8-26 开放式传感器结构

Galfenol 合金位于闭合磁路中部，磁路两端各安置一个励磁线圈提供驱动磁场。该结构采用开放式的结构对磁路进行设计，其漏磁比较严重，为了提供足够的驱动磁场，线圈体积较大，传感器整体体积也无法进行控制。为了减少漏磁，需要对磁路和结构进行优化设计，采用封闭结构对磁路进行设计（图 8－25），并且设置导磁体，同时在 Galfenol 合金底部安装霍耳芯片，对通过 Galfenol 合金的磁通密度进行测量。

为了进行对比研究，采用有限元方法，分别对两种方案的传感器磁路分布进行计算，同时计算其能量利用效率，材料具体规格与参数如表 8－1 所列。

表 8－1 材料具体规格与参数

线圈高度	35 mm	Galfenol 相对导磁率	90
电流密度	$1\times10^6\,A/m^2$	导磁体相对导磁率	3000
线圈厚度	10mm	壳体相对导磁率	100

图 8－25 中传感器为中心对称结构，采用二维轴对称模型对其进行建模，图 8－26 中的传感器结构则采用三维方法对其进行建模，两种模型中线圈高度、绕线厚度以及加载电流密度均相同（表 8－1）。数值计算结果如彩图 8－27 所示，图中显示了 z 方向上磁通密度的切片计算结果，可以看到，所提出的新型传感器结构中，z 方向的磁感应强度在幅值上得到了大幅提升。

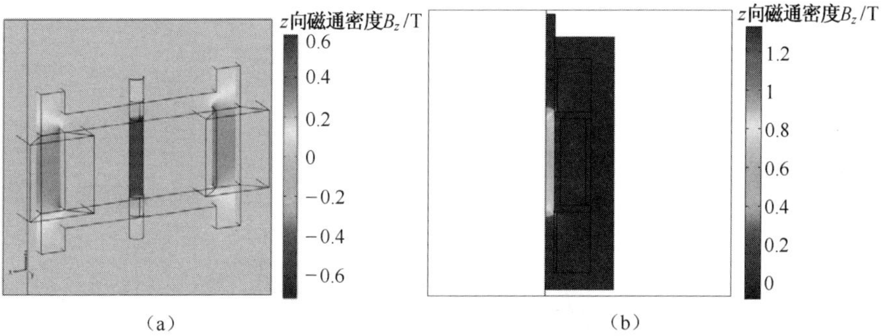

图 8－27 z 方向磁通密度分布图

（a）开放式传感器结构；（b）提出新传感器结构。

为计算Galfenol合金中磁感应强度的分布情况，以合金底部为坐标零点，计算合金中心轴线上关于z方向磁通密度的分布，其结果如图8-28和图8-29所示。从图中可以看出，磁感应强度最大值提升近50%，由于线圈高度的限制，两图中的磁通密度均呈钟罩型分布。进一步分析Galfenol合金两端的磁通密度发现，图8-29中磁通密度渐变平滑上升后趋于稳定值，而图8-28中合金两端的磁通密度渐变过程中同时经历了方向的交变，说明合金两端磁通密度的方向与合金中

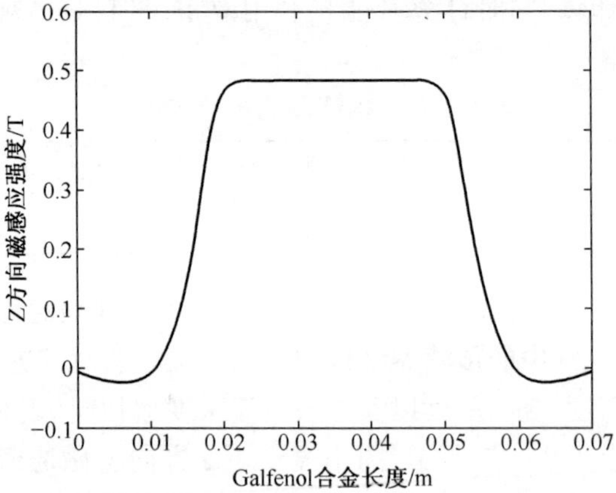

图8-28　Galfenol合金中心轴线上z方向磁通密度分布图（开放式传感器结构）

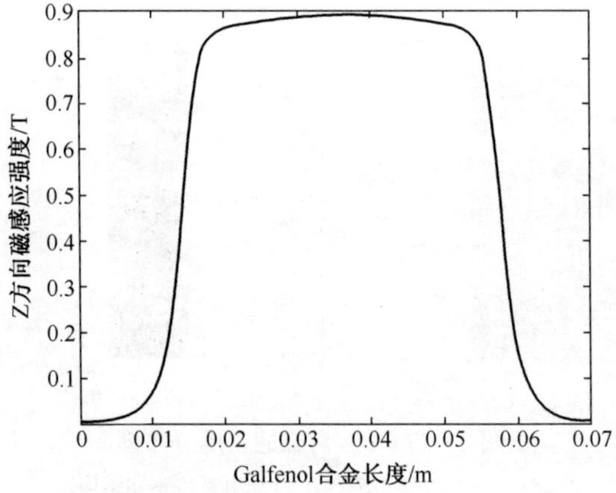

图8-29　Galfenol合金中心轴线z方向磁通密度分布图（提出新传感器结构）

部磁通密度方向相反。由于 Galfenol 合金的磁化过程与驱动磁场紧密相关，磁通密度在方向上的交变，将导致磁感应强度在 Galfenol 合金内部分布上局部形成对抗，对合金的磁化过程将产生严重的影响，从而最终影响传感器的工作效果。

在图 8－28 和图 8－29 中，为了进行对比，传感器设计中采用了与开放式磁路中相同尺寸的线圈，数值计算发现（图 8－29），由于励磁线圈高度小于 Galfenol 合金长度，合金两端的磁通密度分布不够理想，为了对这一结构进行优化，论文对线圈结构进行了如图 8－30 所示的优化。

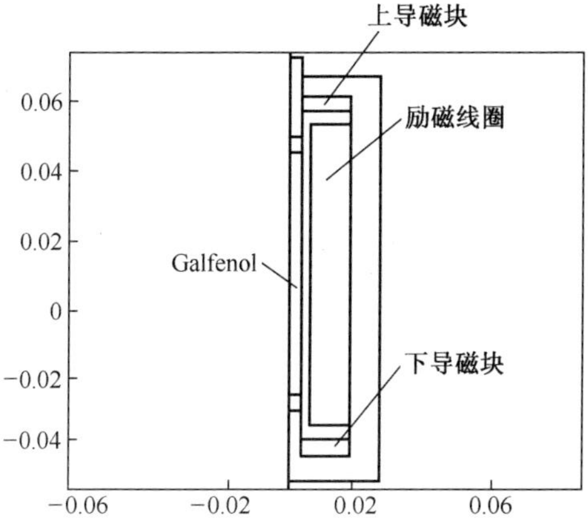

图 8－30　传感器磁路优化结构

加长励磁线圈长度，使得 Galfenol 合金处于线圈包围中，由于线圈骨架不导磁，在骨架上下端设置导磁块，减少磁路的损耗。数值计算结果分别如彩图 8－31 和图 8－32 所示。从图中可以看出，磁路中磁通密度幅值得到进一步提升，对比图 8－29 和图 8－32 还可以发现，Galfenol 合金内部磁通密度分布的均匀性得到显著改善，幅值也得到提升。

优化以后传感器的工作特性，还可以从能量的角度进行对比分析。能量利用效率是衡量传感器工作特性的一项重要指标，在三维条件下，传感器系统中磁能的大小可以通过对磁变量进行积分获得，即

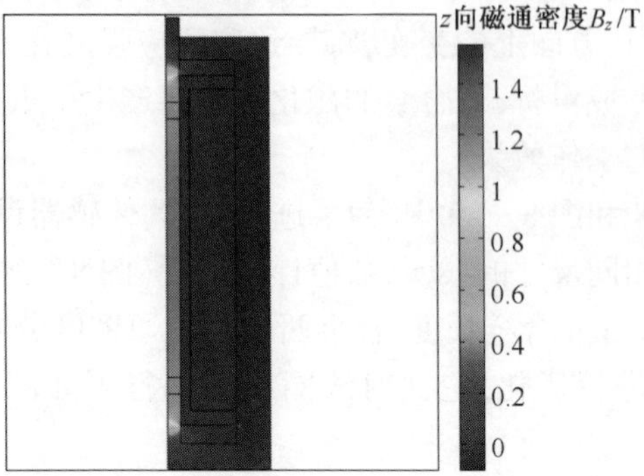

图 8-31　z 方向磁通密度分布(优化后结构)

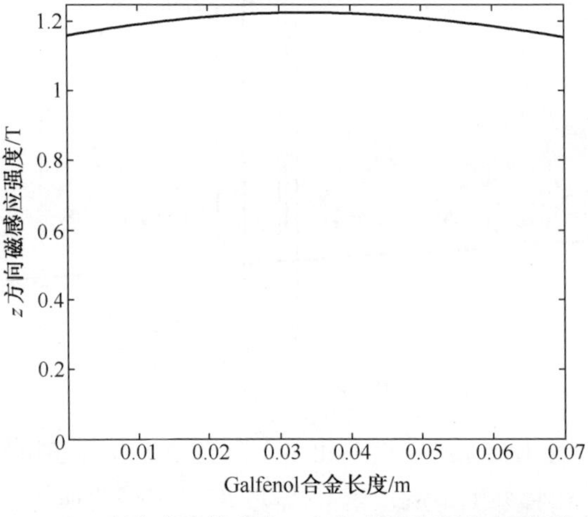

图 8-32　Galfenol 合金中心轴线上 z 方向磁通密度分布图(优化后结构)

$$W_{md} = \frac{1}{2}\boldsymbol{H} \cdot \boldsymbol{B}$$
$$W_m = \int_V W_{md} \mathrm{d}V \tag{8-11}$$

式中:$\boldsymbol{H}$ 为磁场强度矢量;$\boldsymbol{B}$ 为磁通密度矢量; W_{md} 为磁能密度,对磁能密度函数在体积域上进行体积积分,即可得到单个磁域上消耗的磁

能 W_m 。静态条件下，不考虑系统的电磁损耗以及动态涡流损耗，励磁线圈中输入的电能转化为传感器磁路中的磁能，分别消耗在 Galfenol 合金域、空气域和磁回路域上。为了对传感器的能量利用效率进行计算，定义 Galfenol 合金中消耗的磁能大小为 W_m^G ，系统中的总磁能为 W_m^T ，则传感器系统中的能量利用效率可以表示为

$$\eta = \frac{W_m^G}{W_m^T} \times 100\% \tag{8-12}$$

通过式(8－11)和式(8－12)则可以完成传感器系统中能量利用效率的计算。对于二维轴对称模型，式(8－11)中的三维磁场矢量和磁通密度矢量则需要写成方位矢量 $\boldsymbol{H}_R = [H_r \quad H_z]$ 和 $\boldsymbol{B}_R = [B_r \quad B_z]$ 进行替代，进而通过式(8－12)对能量效率进行计算。在不同励磁电流大小下，图 8－27(a)和图 8－31 中两种磁路结构，其磁场计算结果和能量利用效率对比如表 8－2 所列。

从表 8－2 中可以看出，优化以后的传感器结构，磁能利用效率提高超过 50%，当励磁电流逐步增强时，系统中的总磁能和 Galfenol 合金中的磁能密度都得到加强，但系统的能量利用效率基本保持不变，可见能量利用效率与系统的磁路结构紧密相关，与励磁电流密度大小则基本没有关联。

表 8－2 磁路中磁能及利用效率计算结果

励磁电流密度/(A/m²)		1×10^6	3×10^6	6×10^6
开放式磁路	Galfenol 磁能密度/(J/m³)	538	4532	17211
	Galfenol 磁能/J	0.0014	0.0112	0.0463
	系统总磁能/J	0.0127	0.1023	0.421
	能量利用率/%	11	10.9	11
优化后磁路	Galfenol 磁能密度/(J/m³)	6369	57326	2×10^5
	Galfenol 磁能/J	0.017	0.153	0.618
	系统总磁能/J	0.026	0.232	0.933
	能量利用率/%	65.4	65.9	66.2

8.3.2.3 Galfenol 力传感特性

与 Terfenol - D、压电陶瓷等材料不同，Galfenol 合金具备优良的力学性能和磁致伸缩效应，可以承受连续交变的拉力和压力负载（图 8 - 25）。为了研究传感器内部各个部件在施加载荷时的受力情况，采用三维有限元方法对其内部应力进行分析。在输出轴端面施加应力 - 30MPa，负号表示压应力，其内部应力分布如彩图 8 - 33 所示。

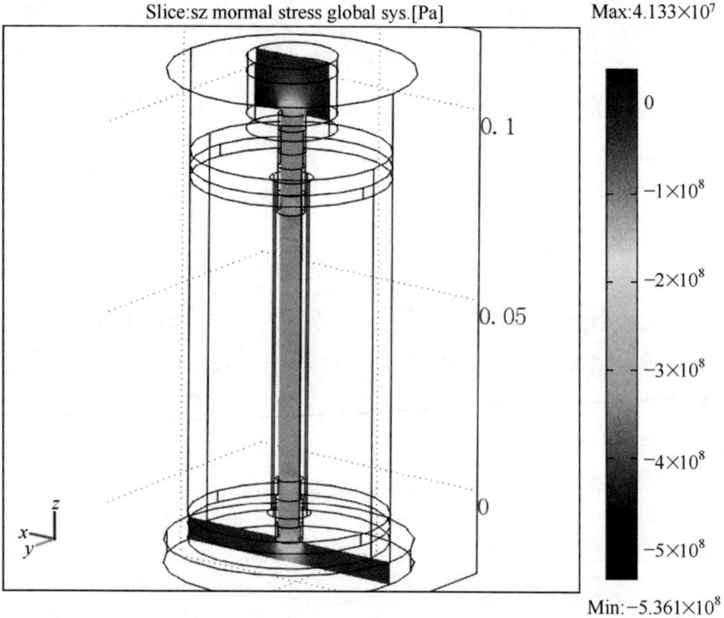

图 8 - 33 - 30MPa 压应力时内部轴向应力分布图

从图 8 - 33 中可以看出，由于横截面积不同，固定螺母和 Galfenol 合金棒所承受的应力远高于外部载荷，在输出轴和底座截面积开始变小处，应力开始出现骤变。图 8 - 34 显示了沿传感器中心轴线方向，从输出轴端面到底座面的内部应力分布曲线，从图中可以看出应力分布在中部区间较为平坦，由于螺母的存在，中间平坦区间的应力分布在螺母处出现抖动，因而在对螺母进行设计时，应选取机械强度较高的材料。对传感器施加交变载荷，Galfenol 棒中心处的应力分布曲线如图 8－35 所示，其中方向的变化表示拉力和压力的交变，由于 Galfenol 合金机械强度高，可以对其进行机械加工，因而可以利用图 8－25 中的结构施加方向交变的载荷（图 8－35 所示）。

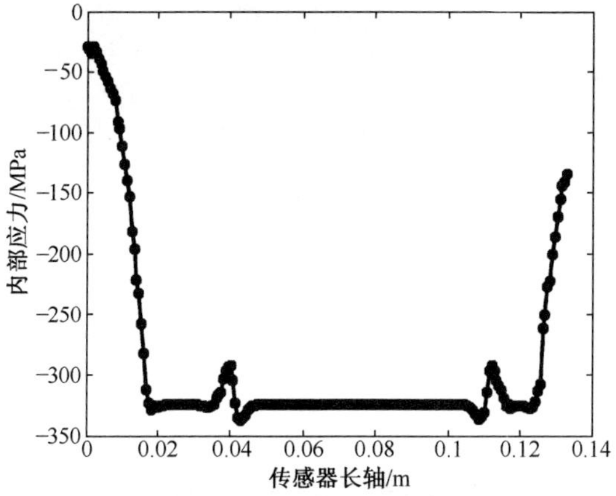

图 8－34　－30MPa 压应力时中心轴线应力分布图

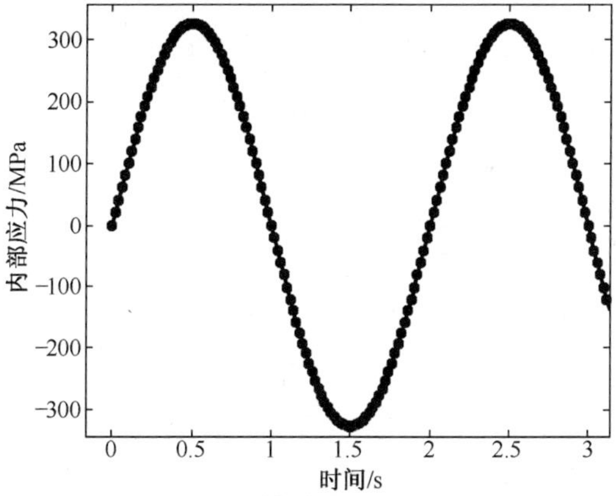

图 8－35　交变载荷时 Galfenol 中心处应力分布曲线

为了对 Galfenol 合金的力传感特性进行实验研究，笔者及其合作团队利用应力加载装置，对不同偏置磁场条件下合金磁化强度随外部应力的变化关系进行了研究，其中敏感元件采用多晶体 Galfenol（合金

成分为 < 100 > $Fe_{81.6}Ga_{18.4}$),由美国 Etrema 公司生产,磁晶体生长方向为[001]。力传感器内部结构如图 8-36 所示,力传感器实验测试装置如图 8-37 所示。

图 8-36 交变载荷力传感器内部结构

图 8-37 交变载荷力传感器测试装置实物图

为避免动态涡流损耗,实验过程采用 0.04Hz 准静态正弦信号对系统进行驱动,研究材料磁化强度 M 与励磁磁场 H 以及外加负载之间的关系,实验结果如图 8-38 和彩图 8-39 所示[163]。

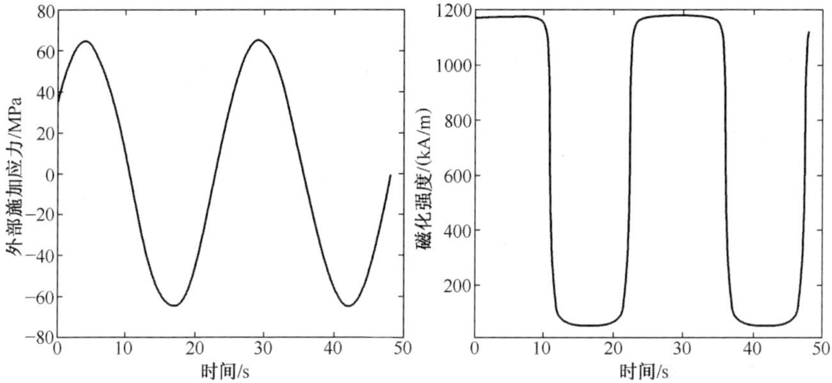

图 8-38　偏置磁场为 2.58kA/m 时施加应力和材料磁化强度在时域内的变化曲线

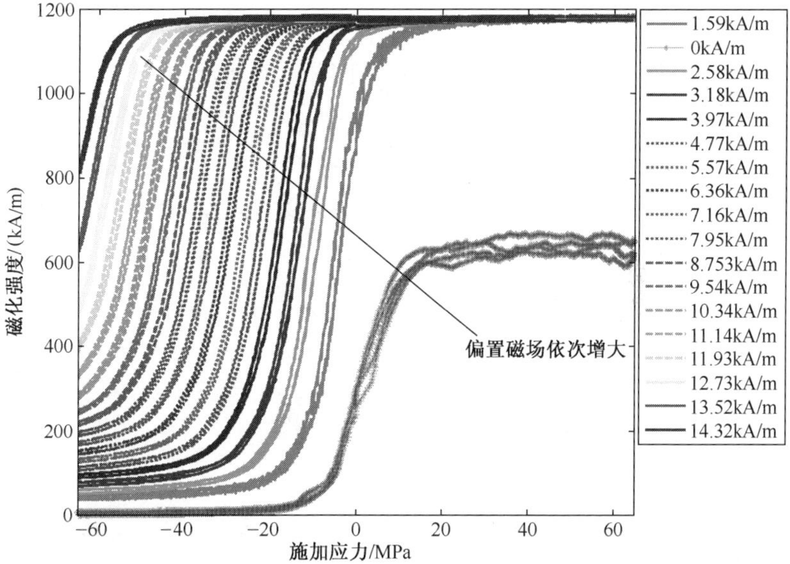

图 8-39　不同偏置磁场下 Galfenol 合金磁场强度随应力的变化关系

从图 8-38 可以看出,外加载荷正负周期变化,幅值变化范围为

±63.71MPa,压电材料和 Terfenol - D 磁致伸缩合金由于物理脆性的限制,无法实现对这一类方向交变载荷的测量。观察图 8 - 39 中的磁化曲线还可以发现,偏置磁场增大时,磁化强度曲线呈现向负应力方向移动的趋势,并且偏置磁场越高,磁化强度的幅值变化范围越窄。这是因为 Galfenol 合金的饱和磁化强度时一定的,当合金受到偏置磁场作用时,在一定概率范围内其内部磁畴已经开始发生向磁场方向的偏转,偏置磁场越强,这种磁畴偏转的概率以及偏转角度越大。在受到外部载荷作用时,由于磁畴初始偏转的存在,应力变化所引起的磁畴偏转则十分有限,这解释了为什么偏置磁场越高时,磁化强度的幅值变化范围越窄。观察图 8 - 39 还可以发现,材料磁化强度的极小值随着偏置磁场的增大而升高,这是由偏置磁场所引起的初始磁化强度不同决定的,偏置越高,则材料内部的初始磁化强度越强。

8.3.2.4 传感信号解调

传感器在实际测量过程中,磁化率 $\boldsymbol{\chi}(\boldsymbol{H},\boldsymbol{\sigma})$ 的变化集中体现在传感线圈感应电动势的变化上,其原理如图 8 - 40 所示。

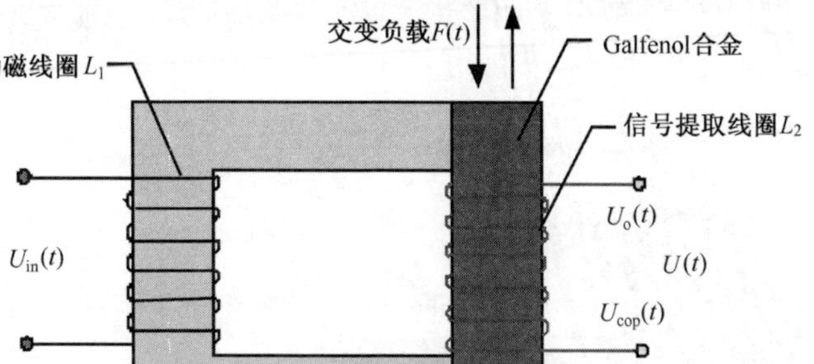

图 8 - 40　传感器工作原理示意图

图 8 - 40 中铁芯与 Galfenol 合金构成闭合磁路,励磁线圈 L_1 与信号提取线圈 L_2 通过磁路进行链接,励磁电压 $U_{in}(t)$ 在 L_2 端产生感应电动势 $U_o(t)$;当 Galfenol 合金承受外加负载 $F(t)$ 时,由于磁化率 $\chi(H,\sigma)$ 的改变,线圈 L_2 两端产生磁-机耦合感应电动势 $U_{cop}(t)$,此时实际

测量得到感应电动势 $U(t)$,为 $U_o(t)$ 与 $U_{cop}(t)$ 进行调制以后的电压信号。$U(t)$ 的计算方程为(注:此处对电动势在单一方向上进行测量,所以电磁信号变量均以标量形式出现。)

$$U(t) = -N\frac{\mathrm{d}\Psi}{\mathrm{d}t} \tag{8-13}$$

式中:N 为 L_2的匝数密度;Ψ 为磁路中的磁链。由于磁感应强度 B 为单位面积上的法相磁通量,即

$$B = \frac{\Psi}{A_S} = \mu_0\mu_r H \tag{8-14}$$

式中:A_S 为磁路铁芯的横截面积;μ_r 为材料相对磁导率;H 为激励磁场强度。将式(8-14)代式入式(8-13),并结合公式 $B=\mu_0(H+M)=\mu_0(1+\chi)H$,得到

$$U(t) = -N\frac{\mathrm{d}\Psi}{\mathrm{d}t} = -\mu_0 AN \left[\frac{\mathrm{d}H}{\mathrm{d}t} + H\left(\frac{\partial\chi(H,\sigma)}{\partial\sigma}\frac{\mathrm{d}\sigma}{\mathrm{d}t} + \frac{\partial\chi(H,\sigma)}{\partial H}\frac{\mathrm{d}H}{\mathrm{d}t}\right) + \chi(H,\sigma)\frac{\mathrm{d}H}{\mathrm{d}t}\right] \tag{8-15}$$

注意到,由于磁化率$\chi(H,\sigma)$ 同时是磁场强度和应力的函数,式(8-15)中感应电动势的求解涉及磁化率对于这两个变量偏导数的求解。

分析图 8-40 的工作原理知道,感应电动势 $U(t)$ 是 $U_o(t)$ 与 $U_{cop}(t)$ 进行调制以后的结果,为了分离得到磁-机耦合电压信号,需要对 $U(t)$ 进行解调。设原波信号为

$$U_y(t) = A_y\sin(2\times\pi\times f_y\times t) \tag{8-16}$$

载波信号为

$$U_z(t) = A_z\sin(2\times\pi\times f_z\times t) \tag{8-17}$$

则调制以后的信号为

$$\begin{aligned} U_t(t) &= A_y\sin(2\times\pi\times f_y\times t)\times A_z\sin(2\times\pi\times f_z\times t) \\ &= -\frac{1}{2}A_y\times A_z[\cos(2\times\pi\times(f_y+f_z)\times t) - \\ &\quad \cos(2\times\pi\times(f_y-f_z)\times t)] \end{aligned} \tag{8-18}$$

从方程(8－18)可以看到,调制后的信号中包含频率 $(f_y + f_z)$ 项和 $(f_y - f_z)$ 项,利用解调技术,将方程(8－18)乘以原波信号以后,进行信号调频和调幅,辅以低通滤波,则可以在感应电动势 $U(t)$ 中分离提取磁-机耦合电压信号 $U_{cop}(t)$,实现对负载传感的目的。

在前面研究的基础上,对力传感器施加方向交变的负载,同时给激励线圈施加一个频率 5Hz、有效值大小为 0.066A 的偏置交流磁场,研究力传感器在交流偏置下的工作特性。选取磁化强度、外加磁场强度与时间的关系曲线来显示工作特性,测试结果分别如图 8－41 所示。

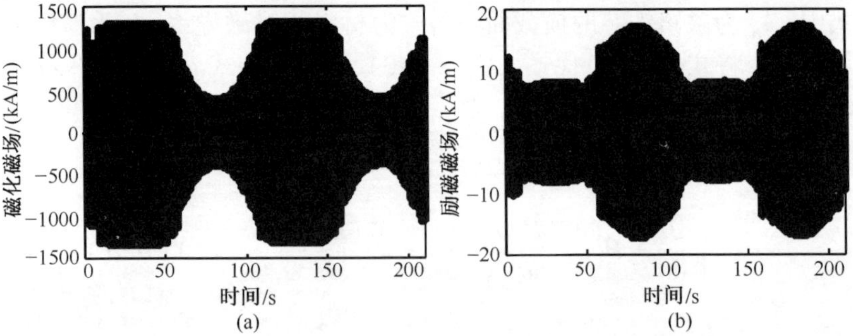

图 8－41　激励电流有效值为 0.066A 时磁化强度变化

图 8－41 中的磁化强度和磁场强度是激励电流和外加循环应力耦合作用下产生的。由上述图可以看到,耦合后的磁化强度在一段时间之内保持不变,此时磁化强度达到饱和,对应的此时力传感器受到拉应力的作用。当时间为 80s 和 183s 时,力传感器受到了压应力作用,此时磁畴受应力作用发生偏转的方向与外部励磁磁场方向相反,导致材料内部的磁化强度逐渐减小。在最大压应力处,材料内部磁化强度最低。

在图 8－41 的基础上,对测量的感应电压信号进行信号解调,得到电压信号 $U_{cop}(t)$,该电压通过数字积分电路积分后得到感应磁通,进而可以将磁通换算成 Galfenol 合金的磁化强度,得到不同应力条件下的磁化率,其结果如图 8－42 所示。

从图 8－42 中可以看出,材料磁化率在−30MPa 以下时缓慢变化,

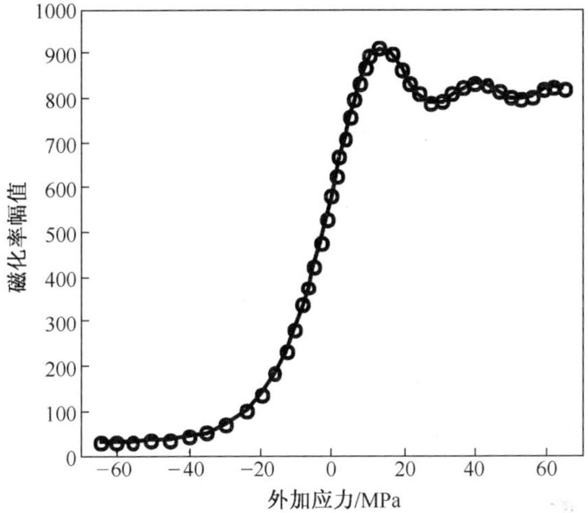

图 8－42　解调后材料磁化率随应力的变化关系

在−18～16MPa 区间呈线性上升分布，上升斜率大，20MPa 以后又开始出现平坦。该结果表明传感器对于−18～16MPa 之间的应力负载十分敏感，并且呈线性分布，利用磁化率在该应力区间的线性分布，可以实现对外部负载进行传感的目的。

参考文献

[1] 田民波.磁性材料[M].北京:清华大学出版社,2001.

[2] 钟文定.铁磁学:中册[M],1版.北京:科学出版社,1987.

[3] 姜德生,Richard Claus.智能材料器件结构与应用[M].武汉:武汉理工大学出版社,2000.

[4] 贾振元,郭东明.超磁致伸缩材料微位移执行器原理与应用[M].北京:科学出版社,2008.

[5] Wohlfarth E P.Ferromagnetic materials:a handbook on the properties of magnetically ordered substances[M].New York:North Holland Publishing,1980.

[6] Dapino M J,Calkins F T,Smith R C,et al.A magnetoelastic model for magnetostrictive sensors[C].1999 International Symposium on Active Control of Sound and Vibration (ACTIVE 99),1999,2:1193 - 1204.

[7] Anjanappa M,Wi Y.Magnetostrictive particulate actuators:configuration,modeling and characterization[J].Smart Materials and Structures,1997,6:393 - 402.

[8] E Hristoforou,Reilly R E.A digitizer based on reflections in delay lines[J].Journal of Applied Physics,1991,70(8):4577 - 4580.

[9] L Sandlund,Fahlander M,Cedell T,et al.Magnetostriction,elastic moduli and coupling factors of composite Terfenol - D[J].Journal of Applied Physics,1994,75(10):5656 - 5658.

[10] Bhattacharya.Studies on the Dynamics and Control of Smart Laminated Composite Beams and Plates[D].Bangalore:Indian Institute of Science,1997.

[11] Mcknight G,Carman G P.Oriented Terfenol - D Composites[J].Material Transactions,2002,43(S):1008 - 1014.

[12] Kohl M,Krevet B,Yeduru S R,et al.A novel foil actuator using the magnetic shape memory effect[J].Smart Materials and Structures,2011,20:1 - 8.

[13] Vasil'ev A N,Buchel'nikov V D,Takagi T,et al.Shape memory ferromagnets[J].Uspekhi Fizicheskikh Nauk,2003(6):1 - 37.

[14] Pons J,Cesari E,Segui C,et al.Ferromagnetic shape memory alloys:Alternatives to Ni - Mn - Ga[J].Materials Science and Engineering A,2008,481 - 482:57 - 65.

[15] 张成燕,宋帆,王珊玲,等.Mn 含量对 Fe - Mn - Si - Cr - Ni 合金记忆效应的影响机制[J].金属学报,2015,51(2):201 - 208.

[16] 李勇胜,张世荣,杨红川,等.Fe - Ga 合金磁致伸缩材料的研究进展[J].稀有金属,2006,

30(5):666 - 670.

[17] 陈定方,卢全国,梅杰,等.Galfenol 合金应用研究进展[J].中国机械工程,2011,22(11):1370 - 1378.

[18] 江洪林,张茂才,高学绪,等.快淬 Fe83Ga17 合金薄带的显微组织和磁致伸缩性能[J].金属学报,2006,42(2):177 - 180.

[19] 王庆伟.Fe - Ga 合金相结构和磁致伸缩研究[D].杭州:浙江大学,2007.

[20] 李纪恒,高学绪,朱洁,等.轧制 Fe - Ga 合金的织构及磁致伸缩[J].金属学报,2008,44(9):1031 - 1034.

[21] 胡勇,丁雨田,刘芬霞,等.Galfenol 合金的显微组织和磁致伸缩性能[J].铸造技术,2008,29(11):1597 - 1583.

[22] 王博文.超磁致伸缩材料制备与器件设计[M].北京:冶金工业出版社,2003.

[23] Wuttig M,Dai L,Cullen J.Elasticity and magnetoelasticity of Fe - Ga solid solutions[J].Applied Physics Letters,2002,80(7):1135.

[24] Ishimoto M,Numakura H,Wuttig M.Magnetoelastic damping in Fe - Ga solid - solution alloys[J].Materials Science and Engineering A,2006,442(1 - 2):195 - 198.

[25] Rafique S,Cullen J R,Wut ting M,et al.Magnetic anisotropy of FeGa alloys[J].Journal of Applied Physics,2008,95(11):6939 - 6941.

[26] Kumagai A,Fujita A,Fukamichi K,et al.Magnetocrystalline anisotropy and magnetostriction in ordered and disordered Fe - Ga single crystals[J].Journal of Magnetism and Magnetic Materials,2004,272 - 276:2060.

[27] Summers E,Lograsso T A,Snodgrass J D,et al.Magnetic and mechanical properties of polycrystalline Galfenol[J].Smart Structures and Materials 2004:Active Materials:Behavior and Mechanics,2004,5387:448.

[28] 徐翔,蒋成保,徐惠彬.$Fe_{72.5}$- $Ga_{27.5}$合金的相结构和磁致伸缩性能[J].金属学报,2005,41(5):483 - 486.

[29] Clark A E,Wun Fogle M,Restorff J B,et al.Magnetic and magnetostrictive properties of Galfenol alloys under large compressive stresses[C].4th Pacific Rim International Conference on Advanced Materials and Processing (PRICM4),Honolulu,HI,Dec.2001,11.

[30] 胡勇,丁雨田,刘芬霞,等.取向 Galfenol 合金的结构与磁致伸缩应变[J].铸造技术.压铸,2008,(12)1692 - 1695.

[31] 韩志勇.磁致伸缩材料 Fe - Ga 合金的研究[D].北京:北京科技大学,2004.

[32] 王璐,丁雨田,胡勇,等.新型驱动 Galfenol 合金研究进展[J].机械研究与应用,2011,(3):1 - 5.

[33] 刘国栋,李养贤,胡海宁,等.甩带 $Fe_{85}Ga_{15}$ 合金的巨磁致伸缩研究[J].物理学报,2004,53(09):3191.

[34] Cheng S F,Das B N,Wun Fogle M,et al.Structure of melt - spun Fe - Ga based magnetostric-

tive alloys[J].IEEE Transactions on Magnetics,2002,38:2838.

[35] 江洪林.Fe - Ga 合金组织结构和磁致伸缩性能的研究[D].北京:北京科技大学,2006.

[36] 张艳龙,雨田,胡勇,等.Fe82a18 合金的磁致伸缩效应及显微组织研究[J].铸造技术,2008,29(12):1703 - 1707.

[37] Na Suok - Min, Flatau Alison B. Magnetostriction and surface - energy - induced selective grain growth in rolled Galfenol doped with sulfur[J].Smart Structures and Materials2005:Active Materials:Behavior and Mechanics,2005,5761:192.

[38] 高学绪,李纪恒,朱洁,等.气体雾化制备Fe - Ga合金粉末的微结构及磁致伸缩性能[J].金属学报,2009,45(10):1267 - 1271.

[39] 徐世峰.新型 Fe - Ga 磁致伸缩合金物性研究[D].长春:吉林大学,2008.

[40] Adly A A, Mayergoyz I D.Experimental testing of the average Preisach model of hysteresis[J].IEEE Transactions on Magnetics,1992,28(5):2268 - 2270.

[41] Restorff J B, Savage H T, Clark A E, et al.Preisach modeling of hysteresis in Terfenol - D[J].Journal of Applied Physics,1990,67(9):5016 - 5018.

[42] Smith R C.Hysteresis modeling in magnetostrictive materials via Preisach operators[J].Journal of Mathematical Systems, Estimation, and Control,1998,8(2):249 - 252.

[43] Natale C, Velardi F, Visone C.Modeling and compensation of hysteresis for magnetostrictive actuators [J]. 2011 IEEE/ASME International Conference on Advanced Intelligent Mechatronics Proceedings 8 - 12 July 2001, Como, Italy, 744 - 749.

[44] Brokate M.Some mathematical properties of the Preisach model for hysteresis[J].IEEE Transactions on Magnetics,1989,25(4):2922 - 2924.

[45] Preisach F.über Die Magnetische Nachwrikung[J].Zeitschrift für Physik,1935,94:277 -302.

[46] Ktena A, Fotiadis D I, Berger A, et al.Preisach Modeling of AFC Magnetic Recording Media [J].IEEE Transactions on Magnetics,2004,40(4):2128 - 2130.

[47] Gorbet R B, Morris K A, Wang D W L.Passivity - Based Stability and Control of Hysteresis in Smart Actuators[J].IEEE Transactions on Control System Technology,2001,9(1):5 - 16.

[48] Ram Venkataraman Iyer, Xiaobo Tan, Krishnaprasad P S.Approximate Inversion of the Preisach Hysteresis Operator with Application to Control of Smart Actuators[J].IEEE Transactions on Automatic Control.2005,50(6):798 - 810.

[49] Mayergoyz I D.Mathematical models of hysteresis[M].New York:Spring - Verlag,1991.

[50] Natale C, Velardi F, Visone C.Identification and compensation of Preisach hysteresis models for magnetostrictive actuators[J].Physica B:Condensed Matter,2001,306(1 - 4):161 - 165.

[51] Hughes D, Wen J T.Preisach modeling and compensation for smart materials hysteresis[C].SPIE, Active Materials and Smart Structures 31,1994,2427:50 - 64.

[52] Philips D A, Dupre L R, Melkebeek J A.Comparizon of Jiles and Preisach hysteresis models in magnetodynamics[J].IEEE Transactions on Magnetics,1995,31(6):3551 - 3553.

[53] Adly A A, Mayergoyz I D. Magnetostriction simulation using anisotropic vector Preisach - type models[J]. IEEE Transactions on Magnetics, 1996, 32(5): 4773 - 4775.

[54] Gorbet R B, Wang D W L, Morris K A. Preisach model identification of a two - wire SMA actuator[C]. IEEE international Conference on Robotics andAutomation, Leuven, Belgium, 1998, 3: 2161 - 2167.

[55] Majima S, Kodama K, Hasegawa T. Modeling of shape memory alloy actuator and tracking control system with the model[J]. IEEE Transactions on Control Systems Technology, 2001, 9(1): 54 - 59.

[56] Tan X. Control of smart actuators[D]. MaryLand: University of Maryland, 2002: 8.

[57] Tan X, Baras J S. Modeling and control of hysteresis in magnetostrictive actuators[J]. Automatica, 2004, 40(9): 1469 - 1480.

[58] Torre E D, Bennett L H, Fry R A. Preisach - arrhenius model for thermal aftereffect[J]. IEEE Transactions on Magnetics, 2002, 38(5): 3409 - 3416.

[59] Suzuki T, Matsumoto E. Magnetoelastic behavior of ferromagnetic materials using stress dependent Preisach model based on continuum theory[J]. International Journal of Applied Electromagnetics and Mechanics, 2004, 19: 485 - 489.

[60] Smith R C, Dapino M J. A Homogenized Energy Model for the Direct Magnetomechanical Effect [J]. IEEE Transactions on Magnetics, 2006, 42(8): 1944 - 1957.

[61] Smith R C, Hatch A G. Parameter estimation techniques for a class of nonlinear hysteresis models[J]. Inverse problems, 2005, 21(4): 1363 - 1377.

[62] Smith R C, Hatch A G, Mukherjee B, et al. A Homogenized Energy Model for Hysteresis in Ferroelectric Materials: General Density Formulation[J]. Journal of intelligent material systems and structures, 2005, 6(9): 713 - 732.

[63] Smith R C. Modeling techniques for magnetostrictive actuators[C]. Smart Structures and Materials 1997: Smart Structures and Integrated Systems, San Diego, CA, USA, 1997, 3041: 243 - 253.

[64] Dapino M J, Smith R C, Flatau A B. Coupled structural - magnetic strain model for magnetostrictive transducers[C]. Smart Structures and Materials 1999: Smart Structures and Integrated Systems, 1999, 3668(1): 405 - 416.

[65] Calkins F T, Smith R C, Flatau A B. Energy - based hysteresis model for magnetostrictive transducers[J]. IEEE Transactions on Magnetics, 2000, 36(2): 429 - 439.

[66] Dapino M J, Smith R C, Flatau A B. Structural magnetic strain model for magnetostrictive transducers[J]. IEEE Transactions on Magnetics, 2000, 36(3): 545 - 556.

[67] 曹淑瑛.超磁致伸缩致动器的磁滞非线性动态模型与控制技术[D].天津:河北工业大学,2004.

[68] 曹淑瑛,王博文,闫荣格,等.超磁致伸缩致动器的磁滞非线性动态模型[J].中国电机工

程学报,2003,23(11):145-149.

[69] Cao S Y,Wang B W,Yan R G,et al.Optimization of hysteresis parameters for Jiles-Atherton model using a genetic algorithm[J].IEEE Transaction on Applied Superconductivity,2004,14(2):1157-1160.

[70] 曹淑瑛,王博文,郑家驹,等.应用混合遗传算法的超磁致伸缩致动器磁滞模型的参数辨识[J].中国电机工程学报,2004,24(10):127-132.

[71] 黄文美,王博文,曹淑瑛,等.计及涡流效应和应力变化的超磁致伸缩换能器的动态模型[J].中国电机工程学报,2005,25(16):132-136.

[72] Cao S Y,Wang B W,Zheng J J,et al.Modeling dynamic hysteresis for giant magnetostrictive actuator using hybrid generic algorithm[J].IEEE Transactions on Magnetics,2006,42(4):911-914.

[73] Huang W M,Wang B W,Cao S Y,et al.Dynamic strain model with eddy current effects for giant magnetostrictive transducer [J]. IEEE Transactions on Magnetics, 2007, 43(4):1381-1384.

[74] Jiles D C.Introduction to Magnetism and Magnetic Materials[M].Chapman and Hall Press,London,UK,1995.

[75] Jiles D C,Atherton D L.Theory of ferromagnetic hysteresis[J].Journal of Magnetism and Magnetic Materials,1986,61:48-60.

[76] Jiles D C,Atherton D L.Ferromagnetic hysteresis[J].IEEE Transactions on Magnetics,1983,19(5):2183-2185.

[77] Jiles D C,Thoelke J B,Devine M K.Numerical determination of hysteresis parameters for the modeling of magnetic properties using the theory of ferromagnetic hysteresis[J].IEEE Transactions on Magnetics,1992,28(1):27-35.

[78] Sablik M J,Kwun H,Burkhardt G L,et al.Model for the effect of tensile and compressive stress on ferromagnetic hysteresis[J]Journal of Applied Physics,1987,61(8):3799-3801.

[79] Sablik M J,Jiles D C.A model for magnetostriction hysteresis[J].Journal of Applied Physics,1988,64(10):5402-5404.

[80] Sablik M J,Jiles D C.Coupled magnetoelastic theory of magnetic and magnetostriction hysteresis[J].IEEE Transactions on Magnetics,1993,29(3):2113-2123.

[81] Jiles D C.Theory of the magnetomechanical effect[J].Journal of Physics.D:Applied Physics,1995,28:1537-1546.

[82] Sablik M J.A model for asymmetry in magnetic property behavior under tensile and compressive stress in steel[J].IEEE Transactions on Magnetics,1997,33:3958-3960.

[83] Dapino,M J,Smith R C,Faidley L E,et al.A Coupled Structural-Magnetic Strain and Stress Model for Magnetostrictive Transducers[J].Journal of Intelligent Material Systems and Structures,2000,11:135-152.

[84] D C Jiles, A Ramesh, Y Shi, et al. Application of the anisotropic extension of the theory of hysteresis to the magnetization curves of crystalline and textured magnetic materials[J]. IEEE Transactions on Magnetics, 1997, 33(5): 3961 - 3963.

[85] Brokate M, Sprekels J. Hysteresis and Phase Transitions[J]. New York: Spring Verlag, 1996.

[86] Kuhnen K. Modeling Identification and Compensation of Complex Hysteresis nonlinearities a modified Prandtl - ishlinskii Approach [J]. Europen Journal of Control, 2003, 9(4): 407 - 418.

[87] Smith R C, Dapino M J, Seelecke S. Free energy model for hysteresis in magnetostrictive transducers[J]. Journal of Applied Physics, 2003, 93(1): 458 - 466.

[88] Smith R C. Smart Material Systems, Model Development[M]. Philadelphia: Society for Industrial and Applied Mathematics, 2005, 501.

[89] 田春.超磁致伸缩执行器的本征非线性研究及其补偿控制[D].上海:上海交通大学,2007.

[90] 加卢什金 AИ.神经网络理论[M].阎平凡,译.北京:清华大学出版社,2002.

[91] 韩力群.人工神经网络理论、设计及应用[M].北京:化学工业出版社,2002.

[92] 刘福贵,陈海燕,刘硕.利用神经网络实现对磁滞特性的数值模拟[J].河北工业大学学报,2001,30(2):33 - 36.

[93] Adly A A, Abd - El - Hafiz S k. Using neural networks in the identification of Preisach - type hysteresis models[J]. IEEE Transactions on Magnetics, 1998, 34(3): 629 - 635.

[94] Serpico C, Vison C. Magnetic hysteresis modeling via feed - forward neural networks[J]. IEEE Transactions on Magnetics, 1998, 34(3): 623 - 628.

[95] Cincotti Daneri I. Neural network identification of a nonlinear circuit model of hysteresis[J]. Electronics Letters, 1997, 33(13): 1154 - 1156.

[96] Xu J H. Neural network control of a piezo tool positioner[C]. Electrical and Computer Engineering. Canadian Confernce, 1993, 14 - 17.

[97] 党选举,谭永红.在 Preisach 模型框架下的似对角动态神经网络压电陶瓷迟滞模型的研究[J].机械工程学报,2005,41(4):7 - 12.

[98] 李慧奇,杨延菊,邓聘,等.基于神经网络结合遗传算法的 Jiles - Atherton 磁滞模型参数计算[J].电网与清洁能源,2012,28(4):19 - 22.

[99] Calkins F T. Design, Analysis, and Modeling of Giant Magnetostrictive Transducers[D]. Ames: Iowa State Univesity, 1997.

[100] 黄昆.固体物理学[M].北京:高等教育出版社,1988.

[101] 杨兴.磁场与位移感知型超磁致伸缩微位移执行器及其相关技术研究[D].大连:大连理工大学,2001.

[102] Restorff J B, Wun - Fogle M, Clark A E, et al. Induced Magnetic Anisotropy in Stress - annealed Galfenol Alloys[J]. IEEE Transactions on Magnetics, 2006, 42(10): 3087 - 3089.

[103] Evans P G, Dapino M J. State – space constitutive model for magnetization and magnetostriction of Galfenol alloys[J]. IEEE Transactions on Magnetics. 2008, 44(7): 1711 – 1720.

[104] Du Trémolet de Lacheisserie E. Magnetostriction[M]. Boca Raton: CRC Press, 1993.

[105] Charles Kittel. Physical Theory of Ferromagnetic Domains[J]. Review of Modern Physics, 1949, 21(4): 541 – 583.

[106] Evans P G, Dapino M J. Fully – coupled model for the direct and inverse effects in cubic magnetostrictive materials[C]. Behavior and Mechanics of Multifunctional and Composite Materials 2008, 2008, 6929.

[107] Evans P G, Dapino M J. Efficient model for field – induced magnetization and magnetostriction of Galfenol[J]. Journal of Applied Physics, 2009, 105(11): 113901 –(1 – 6).

[108] Evans P, Dapino M J. Efficient magnetic hysteresis model for field and stress application in magnetostrictive Galfenol[J]. Journal of Applied Physics, 2010, 107(6): 063906 –(1 – 11).

[109] Armstrong W D. An incremental theory of magneto – elastic hysteresis in pseudo – cubic ferro – magnetostrictive alloys[J]. Journal of Magnetism and Magnetic Materials, 2003, 263(1 – 2): 208 – 218.

[110] Atulasimha J, Akhras G, Flatau. A B Comprehensive three dimensional hysteretic magnetomechanical model and its validation with experimental <100> single – crystal iron – gallium behavior[J]. Journal of Applied Physics, 2008, 103(7): 07B336.

[111] Haichang Gu, Gangbing Song. Active vibration suppression of a flexible beam with piezoceramic patches using robust model reference control[J]. Smart Materials and Structures, 2007, 16(4): 1453 – 1459.

[112] Kumar J S, Ganesan N, Warnamani S S, et al. Active control of beam with magnetostrictive layer[J]. Computers and Structures, 2003, 81(3): 1375 – 1382.

[113] Zabihollah A, Sedagahti R, Ganesan R. Active vibration suppression of smart laminated beams using layerwise theory and an optimal control strategy[J]. Smart Materials and Structures, 2007, 16(6): 2190 – 2201.

[114] Brian P Baillargeon, Senthil S Vel. Active vibration suppression of sandwich beam using piezoelectric shear actuators: experiments and numerical simulations[J]. Journal of Intelligent Material Systems and Structures, 2005, 16(6): 517 – 530..

[115] Suhariyono A, Goo N S, Park H C. Use of lightweight piezo – composite actuators to suppress the free vibration of an aluminum beam[J]. Journal of Intelligent Material Systems and Structures, 19, 101 – 112.

[116] Chen X. Optimization of a cantilever microswitch with piezoelectric actuation[J]. Journal of Intelligent Material Systems and Structures, 15, 823 – 834.

[117] Lee H S, Cho C. Study on advanced multilayered magnetostrictive thin film coating techniques for MEMS application[J]. Journal of Materials Processing Technology, 201, 678 – 682.

[118] 章愫,刘敬华,蒋成保,等.熔体快淬法制备 Fe81Ga19 磁致伸缩合金[J].金属学报,2008,44(3):361-364.

[119] Ueno Toshiyuki,Higuchi Toshiro.Investigation of Micro Bending Actuator using Iron-Gallium Alloy (Galfenol)[C].International Symposium on Micro-Nano Mechatronics and Human Science.Nagoya:2007,460-465.

[120] Datta S,Atulasimha J,Mudiyarthi C,et al.The modeling of magnetomechanical sensors in laminated structures[J].Smart Materials and Structures,2008,17(2):1-9.

[121] Downey P R,Flatau A B.Magnetoelastic bending of Galfenol for sensor applications[J].Journal of Applied Physics.2005,97(10):1-3.

[122] Datta S,Atulasimha J,Mudivarthi C,etc.Modeling of magnetomechanical actuators in laminated structures[J].Journal of Intelligent Material Systems and Structures,20,1121-1135.

[123] Li Xiaoping,Wan Y Shih,Ilhan A Aksay,etc.Electromechanical behavior of PZT-brass unimorphs[J].Journal of the American Ceramic Society,1999,82(7):1733-1740.

[124] Daspit G,Martin C,Pyo H J.Model development for piezoelectric polymer unimorphs[J].Smart Structures and Materials 2002:Modeling,Signal Processing,and Control ,2002,4693(514).

[125] Gehring G A,Cooke M D,Gregory I S,et al.Cantilever unified theory and optimization for sensors and actuators[J].Smart Materials and Structures,2000,9(6):918-931.

[126] Guerrero V H,Wetherhold R C.Magnetostrictive bending of cantilever beams and plates[J].Journal of Applied Physics,2003,94(10):6659-6666.

[127] Reddy J N.An introducing to the finite element method[M].New York:McGraw-Hill,1993.

[128] Kiral Z.Damped response of symmetric laminated composite beams to moving load with different boundary conditions[J].Journal of Reinforced Plastics and Composites,2008,28(20):2511-2526.

[129] Clough R W,Penzien J.Dynamics of Structures[M].New York:McGraw-Hill,1993.

[130] du Tremolet de Lacheisserie E,Peuzin J C.Magnetostriction and Internal Stresses in Thin Films:The Cantilever Method Revisited[J].Journal of Magnetism and Magnetic Materials,1994,136(1-2):189-196.

[131] Quandt E,Ludwig A.Magnetostrictive Actuation in Microsystems[J].Sensors and Actuators A:Physical,2000,81(1):275-280.

[132] Arjun Mahadevan.Force and Torque Sensing with Galfenol Alloys[D].Columbo:The Ohio State University,2009.

[133] 马西奎.电磁场理论及应用[M].西安:西安交通大学出版社,2000.

[134] Chandrupatla T R,Belegundu A D.Introduction to Finite Elements in Engineering[M].曾攀,译.北京:清华大学出版社,2006:242-245.

[135] Hatch A G,Smith R C,De T,et al.Construction and Experimental Implementation of a Model-

Based Inverse Filter to Attenuate Hysteresis in Ferroelectric Transducers[J].IEEE Transactions on Control Systems Technology,2006,14(6):1058-1069.

[136] Nealis J,Smith R C.Model-Based Robust Control Design for Magnetostrictive Transducers Operating in Hysteretic and Nonlinear Regimes[J].IEEE Transactions on Control Systems Technology,2007,15(1):22-39.

[137] Davino D,Giustiniani A,Visone C.Fast inverse Preisach Models in Algorithms for Static and Quasistatic Magnetic-Field Computations[J].IEEE Transactions on Magnetics,44(6):862-865.

[138] Leite J V,Sadowski N,Kuo-Peng P,et al.The Inverse Jiles-Atherton Model Parameters Identification[J].IEEE Transactions on Magnetics,2003,39(3 I):1397-1400.

[139] Oates W S,Smith R C.Optimal Tracking Using Magnetostrictive Actuators Operating in Nonlinear and Hysteretic Regimes[J].Journal of Dynamic Systems,Measurement and Control,2009,131(3):1-11.

[140] Oates W S,Evans P G,Smith R C,et al.Experimental Implementation of a Hybrid Nonlinear Control Design for Magnetostrictive Actuators[J].Journal of Dynamic Systems,Measurement and Control,2009,131(4):1-11.

[141] Chen X,Su C Y,Fukuda T.Adaptive Control for the Systems Preceded by Hysteresis[J].IEEE Transactions on Automatic Control,2008,53(4):1019-1025.

[142] Panusittikorn W,Ro P I.Modeling and Control of a Magnetostrictive Tool Servo System[J].Journal of Dynamic Systems,Measurement and Control,2008,130(3):1-11.

[143] Liaw H C,Shirinzadeh B,Smith J.Enhanced Sliding Mode Motion Tracking Control of Piezoelectric Actuators[J].Sensors and Actuators A:Physical,2007,138(1):194-202.

[144] Hwang C L,Chen Y M,Jan C.Trajectory Tracking of Large-Displacement Piezoelectric Actuators Using a Nonlinear Observer-Based Variable Structure Control[J].IEEE Transactions on Control Systems Technology,2005,13(1):56-66.

[145] Xu J X,Abidi K.Discrete-Time Output Integral Sliding-Mode Control for a Piezomotor-Driven Linear Motion Stage[J].IEEE Transactions on Industrial Electronics,2008,55(11):3917-3926.

[146] Wang W,Nonami K,Ohira Y.Model Reference Sliding Mode Control of Small Helicopter X.R.B Based on Vision[J].International Journal of Advanced Robotic Systems,2008,5(3):235-242.

[147] Lee J H,Allaire P E,Tao G,et al.Integral Sliding-Mode Control of a Magnetically Suspended Balance Beam:Analysis,Simulation,and Experiment[J].IEEE/ASME Transactions on Mechatronics,2001,6(3):338-346.

[148] Zuguang Zhang,Ueno Toshiyuki,Machida Kenji,et al.Dynamic analysis and realization of a miniature self-propelling mechanism using a magnetostrictive vibrator[C].The 12th Inter-

national Conference on Electrical Machines and Systems, ICEMS 2009[C]. Tokyo, Japan: 2009, 1-6.

[149] Zuguang Zhang, Ueno T, Higuchi T. Development of a Magnetostrictive Linear Motor for Microrobots Using Fe-Ga (Galfenol) Alloys[J]. IEEE Transactions on Magnetics, 2009, 45(10): 4598-4600.

[150] Toshiyuki Ueno, Chihiro Saito, Nobuo Imaizumi, et al. Miniature spherical motor using iron-gallium alloy (Galfenol)[J]. Sensors and Actuators A: Physical, 2009, 154(1): 92-96.

[151] Enyioha Chinwendu K, Stadler Bethanie J, Basantkumar Rajneeta. Fabrication and characterization of magnetostrictive cantilever beams for magnetic actuation[C]. 2007 IEEE SoutheastCon. Richmond: 2007, 606-606.

[152] Sirohi J, Cadou C, Chopra I. Frequency domain modeling of a piezohydraulic actuator[J]. Journal of Intelligent Material Systems and Structures, 2005, 16(6): 481-492.

[153] Saito Chihiro, Tanaka Masamune, Okazaki Teiko, et al. Rapid-solidified Magnetostrictive Polycrystalline Strong-Textured Galfenol (Fe-Ga) Alloy and its Applications for Micro Gas-valve[C]. Symposium V on Materials, Devices, and Characterization for Smart Systems held at the 2008 MRS Fall Meeting, Boston: 2008.

[154] Garshelis I J, Conto C R. A magnetoelastic torque transducer utilizing a ring divided into two oppositely polarized circum ferential regions[J]. Journal of Applied Physics, 1996, 79(8): 4756-4758.

[155] Fischer W J, Sauer S, Marschner U, et al. Galfenol resonant sensor for indirect wireless osteosynthesis plate bending measurements[C]. IEEE Sensors 2009 Conference SENSORS 2009. Christchurch, New zealand: 2009, 611-616.

[156] Weston J L, Butera A, Lograsso T, et al. Fabrication and characterization of Fe81Ga19 thin films[J]. IEEE Transactions on Magnetics, 2002, 38(5): 2832-2834.

[157] McGary Patrick D, Tan Liwen, Zou Jia, et al. Magnetic nanowires for acoustic sensors (invited)[J]. Journal of Applied Physics, 2006, 99(8): 08B310-1-08B310-6.

[158] Robert Myers, Rashed Adnan Islam, Makarand Karmarkar, et al. Magnetoelectric laminate composite based tachometer for harsh environment applications[J]. Applied Physics Letters, 2007, 91(12): 122904-1-122904-3.

[159] Kleinke D K, Uras H M. A magnetostrictive force sensor[J]. Review of Scientific Instruments, 1994, 65(5): 1699-1710.

[160] Paul A Bartlett, George S Katransa, Trugut Meydan. A hybrid magnetic sensor system for measuring dynamic forces[J]. IEEE Transactions on Magnetics, 2006, 42(10): 3288-3290.

[161] Qingxin Yang, Rongge Yan, Changzai Fan, et al. A magneto-mechanical strongly coupled model for giant magnetostrictive force sensor[J]. IEEE Transactions on Magnetics, 43(4): 1437-1440.

[162] Datta S, Atulasimha J, Flatau A B. Modeling of magnetostrictive Galfenol sensor and Validation using four point bending test [J]. Journal of Applied Physics, 2007, 101 (9):1-3.

[163] Evans P G, Dapino M J.Stress-dependent susceptibility of Galfenol and application to force sensing [J].Journal of Applied Physics, 2010, 108(7):1-7.

内 容 简 介

本书是一本关于 Galfenol 磁致伸缩合金(Fe - Ga 合金)磁特性分析、磁滞非线性建模理论及相关器件设计与应用的专著。本书的主要内容是多项国家自然科学基金、高等学校博士学科点专项基金、浙江省“钱江人才”计划项目等多项课题研究成果的总结,其主体研究内容包括了 Galfenol 合金磁特性分析、磁滞非线性建模理论、非线性控制方法以及 Galfenol 驱动器和传感器的设计与特性分析。书中通过具体算例,介绍了 Galfenol 合金的机械特性和磁致伸缩特性,并与 Terfenol - D、PZT 等功能材料在性能上进行了对比和分析。全书共分 8 章,第 1 章介绍了磁致伸缩机理和不同类型磁致伸缩材料及其特点;第 2 章介绍了 Galfenol 合金的制备方法;第 3 章介绍了磁滞非线性建模的一般理论,并重点介绍了考虑各向异性的 Galfenol 合金非线性建模方法;第 4 章介绍了 Galfenol 驱动器件的设计理论和方法;第 5 章讲解了磁滞非线性模型和机械结构模型相耦合的动力学建模方法;第 6 章将磁-机耦合的动力学建模方法从二维扩展到三维,建立了具有通用性的动力学耦合建模方法;第 7 章介绍了 Galfenol 驱动器的非线性控制方法;第 8 章介绍了 Galfenol 合金的应用研究,并通过具体工程算例,将 Galfenol 合金与 Terfenol - D、PZT 等功能材料进行了对比。

本书具有系统的理论知识,同时有较强的工程实用性。本书的研究对象为磁致伸缩合金,其内容可供从事相关功能材料及其应用研究的科研、工程技术人员参考。同时,书中所采用的有限元建模思想,以及非线性有限元模型的数值求解方法,对于从事工程领域的科技工作者、专业技术人员和高等院校工程相关专业的师生具有参考价值。

The book is mainly about the magnetic properties, nonlinear hysteresis modeling, design and applications of related devices of Galfenol alloy. The research results in the book are funded by several NSFC grants, the Ph.D. Programs Foundation ofministry of Education of China and the "Qianjiang Talent" research program. The content includes the magnetic property analysis of Galfenol, nonlinear hysteresis modeling, control design, characterizations of Galfenol actuators and sensors. The specific examples are given in the book to demonstrate the magnetostriction and the mechanical strength of the alloy. The comparisons with Terfenol – D, PZT are discussed as well. The book is written in 8 chapters. In Chapter 1, the magnetostrictive mechanism is introduced and different kinds of magnetostrictive materials are discussed. In Chapter 2, the preparation and the magnetic properties of the alloy are discussed. Details of the constitutive modeling are discussed in Chapter 3. Actuator design and optimization are introduced in Chapter 4. In Chapter 5 we study the coupled modeling framework. In Chapter 6 the framework is expanded from 2D to 3D. The nonlinear control design is discussed in Chapter 7. In Chapter 8, we have introduced two specific examples of Galfenol to demonstrate the magnetic properties and the mechanical strength of the alloy. The comparisons with Terfenol – D and PZT are discussed as well.

The book is written with systematic theoretical knowledges. Also the book supplies the authors strong engineering practicability. The research method and the conclusions obtained in the book provide the reference to the researchers who do the related research work. Meanwhile, the modeling framework using finite element method and the corresponding numerical solver developed in the book are based on the general principles, which means the modeling framework is adaptable and can be applied to other engineering applications where the magneto – mechanical coupling is involved.